STARK

TRAINING Grundwissen
REALSCHULE

Dirk Müller

Mathematik 6. Klasse

Aufgaben mit Lösungen

STARK

Bildnachweis
Umschlagbild: © Alexmax/Dreamstime.com
Illustrationen: © David Fuchs, Berlin: S. 3, 16, 21, 26, 28, 30, 31, 34, 38, 65, 87, 152, 161, 165, 202
S. 1: © David Hernandez/Dreamstime.com
S. 4: © Paavo Leinonen/www.sxc.hu
S. 12: © Claudia Martinéz/Dreamstime.com
S. 18: © Arkos Arkoulis/Dreamstime.com
S. 22: © 2007 Walter Myers
S. 29: © NASA
S. 39: © Klaus Rainer Krieger/Dreamstime.com (Kleeblatt vierblättrig)
S. 39: © Sarah Williams/www.sxc.hu (Kleeblatt dreiblättrig)
S. 39: © Natalia Volodko/Dreamstime.com (Sternzeichen)
S. 47: © Denis Tabler – FOTOLIA
S. 50: © Robert Eckart/Photocase.com
S. 56: © Anton Funzel/www.pixelquelle.de
S. 59: © Tommounsey/Dreamstime.com
S. 63: © Tihis/ Dreamstime.com
S. 66: © www.vierdrie.nl/jean scheijen/www.sxc.hu
S. 89: © Renato Maguire/www.sxc.hu
S. 93: © Shahinkia/Dreamstime.com (Hygrometer)
S. 93: © Helmut Niklas – FOTOLIA (Verkehrsschild)
S. 99: © DB AG
S. 113: © Jyothi Joshi/Dreamstime.com
S. 116: © Olgalis/Dreamstime.com
S. 121: © Christa Korallus/www.pixelquelle.de
Redaktion: S. 7, 61, 62, 71, 91

ISBN 978-3-89449-916-7

D-85318 Freising · Postfach 1852 · Tel. (08161) 1790

Inhalt

Fortsetzung nächste Seite

Autor: Dirk Müller

Vorwort an die Schüler

Liebe Schülerin, lieber Schüler,

du kannst mit diesem Buch den gesamten Lehrstoff der 6. Jahrgangsstufe trainieren und dein Wissen festigen.

Das Buch ist folgendermaßen aufgebaut:

- Jedes neue Thema beginnt mit einer **kurzen Einleitung**, die dich zur Durcharbeitung des Folgenden motivieren soll.
- In den **Merkkästen** wird der neue Stoff leicht verständlich erklärt.
- Die **Beispiele** erläutern und veranschaulichen den neuen Inhalt.
- Es folgt eine vielfältige Auswahl an abwechslungsreichen **Aufgaben**.
- Zu jeder Aufgabe gibt es ausführlich vorgerechnete **Lösungen** am Ende des Buches.

Gehe wie folgt vor, um optimal mit dem Buch zu arbeiten:

- Suche dir das Kapitel, das du bearbeiten willst.
- Löse ein paar Aufgaben und überprüfe die Lösungen.
- Wenn du die Aufgaben korrekt gelöst hast, bearbeite die übrigen Aufgaben des Kapitels, um zu sehen, ob du bereits den gesamten Stoff beherrschst.
- Kannst du eine Aufgabe nicht auf Anhieb lösen, solltest du zunächst die Merkkästen und Beispiele genau durcharbeiten und dich erneut an die Aufgabe setzen.
- Gelingt dir die Lösung der Aufgabe trotzdem nicht, markiere die Aufgabe und lies dir die Lösung durch. Wenn du sie nachvollzogen hast, dann löse sie nach einigen Tagen noch einmal, damit du sicher sein kannst, sie verstanden zu haben.

Bei der Arbeit mit dem Buch wünsche ich dir Freude und viele Erfolgserlebnisse.

Dirk Müller

Vorwort an die Eltern

Liebe Eltern,

ich freue mich, dass Sie Ihr Kind auf dem Weg durch die Realschule unterstützen, und wünsche Ihnen dabei viel Erfolg.

Das Buch enthält das gesamte **Grundwissen** der 6. Jahrgangsstufe in prägnanter und schülergerechter Form und ist somit eine optimale Ergänzung zum Unterricht:

- Mithilfe von eingängigen Beispielen und abwechslungsreichen Aufgaben kann Ihr Kind den gesamten **Schulstoff nacharbeiten und festigen**.
- Bestehende **Lücken** können leicht **beseitigt** werden, indem Sie das entsprechende Kapitel auswählen, es wiederholen und die zugehörigen Aufgaben rechnen lassen.
- Ihr Kind kann sich mit dem Buch auch ideal **auf Klassenarbeiten vorbereiten** und am Ende des Schuljahres den **gesamten Stoff wiederholen**.

Bitte berücksichtigen Sie folgende **Vorgehensweise** beim Einsatz des Buches:

- Ihr Kind sollte die Aufgaben selbstständig lösen, ohne den Lösungsteil zu benutzen – dieser dient nur der Überprüfung.
- Gelingt das Lösen der Aufgabe nicht, hilft es, wenn Ihr Kind zunächst das Grundwissen und die einschlägigen Beispiele durcharbeitet und sich anschließend erneut mit der Aufgabe befasst.
- Erscheint die Aufgabe dennoch im Moment zu schwierig, sollte Ihr Kind die Aufgabe markieren, sie mithilfe des Lösungsteils bearbeiten und nach einer gewissen Zeit die Aufgabe noch einmal selbst lösen.

Ich wünsche Ihrem Kind viel Freude bei der Arbeit mit dem Buch und anhaltenden Erfolg in der Schule.

Dirk Müller

Positive rationale Zahlen – Brüche

1 Erweiterung des Zahlenbereiches

1.1 Der Bruchbegriff – Bruchteile

Brüche gibt es überall.
Schneidet man ein Brot in der Mitte auseinander, so erhält man zwei gleich große Hälften. Wie oft musst du diese Hälften noch halbieren um 8 Achtel zu erhalten?

Brüche und Bruchzahlen kann man sich besonders gut vorstellen, wenn man eine Menge oder eine Fläche in gleich große Teile zerlegt.

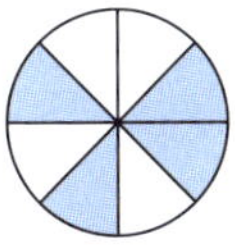

Die blau schraffierte Fläche entspricht $\frac{4}{8}$ der Gesamtfläche.

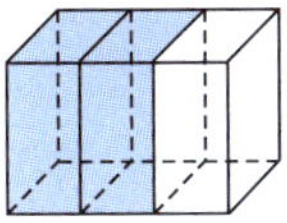

Die blau schraffierte Fläche entspricht $\frac{2}{3}$ des Gesamtkörpers.

$\frac{3}{4}$ → Zähler, → Bruchstrich, → Nenner — gesprochen: „drei Viertel"

- Der **Nenner** steht unterhalb des Bruchstrichs und gibt an, in wie viele gleiche Teile geteilt wird.
- Der **Zähler** steht oberhalb des Bruchstrichs und gibt an, wie viele dieser Teile gebraucht werden.
- Der **Bruchstrich** trennt Zähler und Nenner.

Allgemein gilt:
Die Menge aller Zahlen der Form $\frac{a}{b}$, mit $a \in \mathbb{N}_0$ und $b \in \mathbb{N}$, heißt **Menge der positiven rationalen Zahlen**. In Zeichen: $\mathbb{Q}_0^+$

Beispiel

Welcher Bruchteil ist gefärbt?
Wie groß ist der Rest?

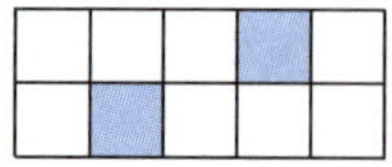

Lösung:

Gefärbt: $\frac{2}{10}$

Rest: $\frac{8}{10}$

Anzahl aller Kästchen in den Nenner.
Anzahl der gefärbten Kästchen in den Zähler.

Es sind 10 Kästchen. In den Nenner wird daher 10 geschrieben. 2 Kästchen sind gefärbt. In den Zähler wird also 2 geschrieben.

Aufgaben

1. Welcher Bruchteil wird durch die gefärbte Fläche dargestellt?
Wie groß ist der Rest?

a) 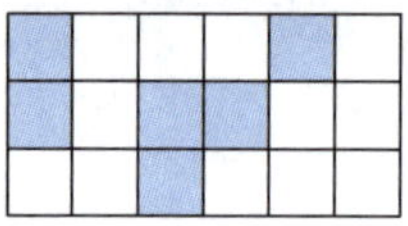

b) 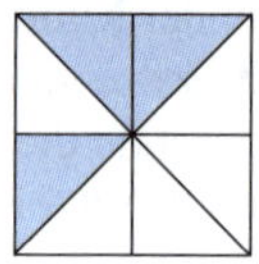

c) 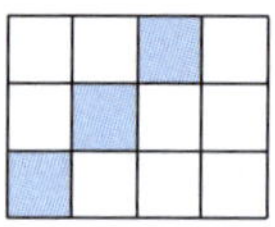

d) 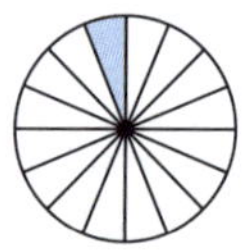

e) 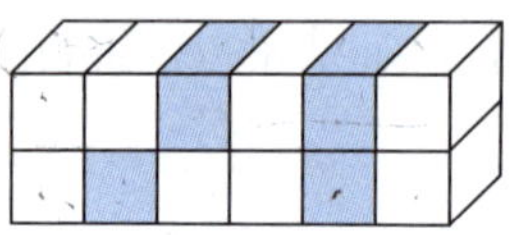

f) 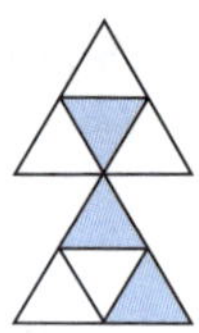

2. Wie viele Halbe, Drittel, Achtel oder Vierzigstel ergeben ein Ganzes?

3. Welcher Bruchteil des Stabes ist abgebrochen?

a) 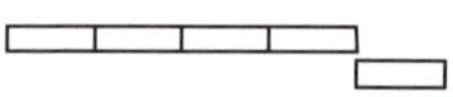

b) 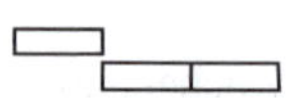

c) 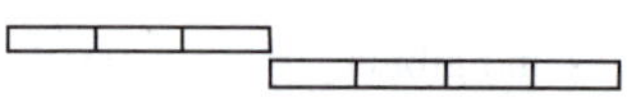

d) 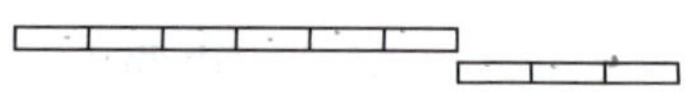

4. Färbe den angegebenen Bruchteil der Fläche mit dem Bleistift.

a) $\frac{4}{10}$ 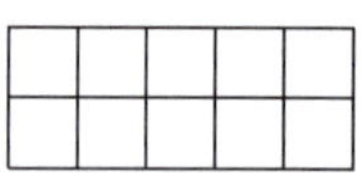

b) $\frac{5}{9}$ 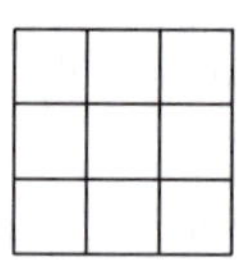

c) $\frac{3}{4}$

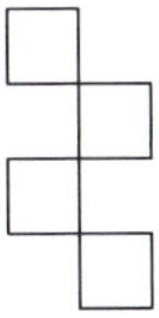

d) $\frac{5}{7}$

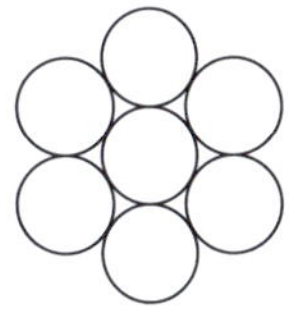

5. Zeichne jeweils ein geeignetes Rechteck und färbe die Bruchteile ein.

a) $\frac{4}{6}$

b) $\frac{3}{12}$

c) $\frac{12}{15}$

d) $\frac{5}{8}$

6. Hanna kauft Überraschungseier.

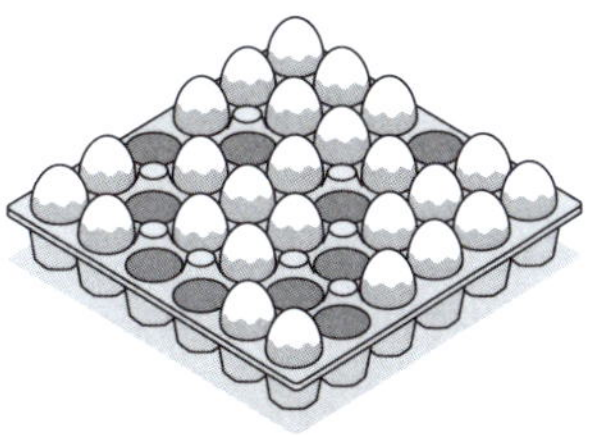

a) Gib ein Überraschungsei als Bruchteil des Ganzen an.

b) Welcher Bruchteil der Überraschungseier ist bereits verkauft?

c) Welcher Bruchteil ist noch übrig?

7. Bei einem Sturm wurden einige Dachschindeln eines Hausdaches beschädigt und müssen ausgetauscht werden.

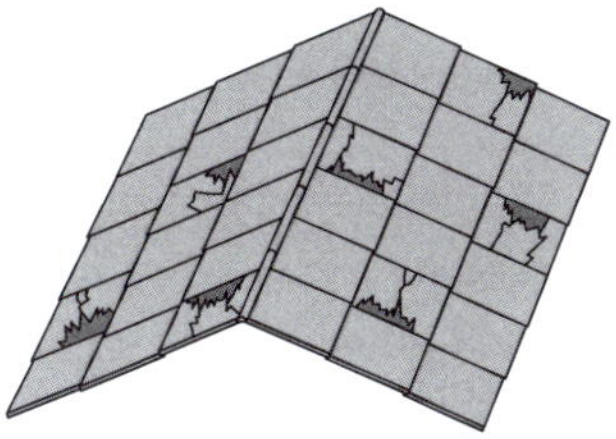

a) Welcher Bruchteil des Daches muss repariert werden?

b) Welcher Bruchteil des Daches blieb beim Sturm unbeschadet?

8. In einem Park sollen Blumenbeete angelegt werden. Damit eine exakte Fläche bepflanzt werden kann, umspannt der Gärtner einen Teil der neun Holzpfosten mit einem Strick.
Welcher Bruchteil der Fläche wird jeweils bepflanzt?

a)

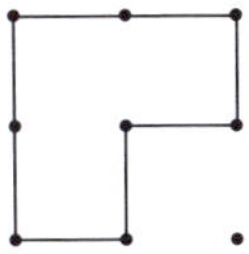

b)

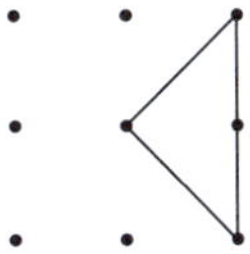

c)

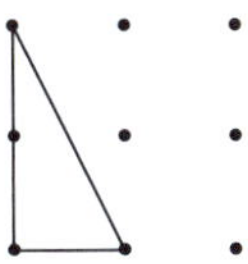

d)

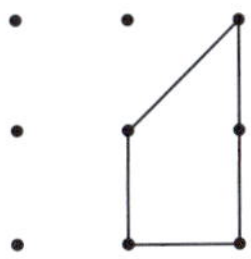

1.2 Bruchteile von Größen

Bisher wurden hauptsächlich Bruchteile von geometrischen Figuren betrachtet. Bruchteile von Größen und Einheiten sind aber natürlich auch möglich.
Wie viel Euro sind $\frac{2}{5}$ von 100 € oder wie viele Minuten sind $\frac{6}{10}$ von einer Stunde?

> Man kann mit einem **Bruch** $\frac{a}{b}$ den Anteil an einer beliebigen **Größe n (kg, min, €, ...)** angeben. Dabei **dividiert** man die **Maßzahl n** der Größe durch den **Nenner b** des Bruchs und **multipliziert** anschließend das Ergebnis mit dem **Zähler a** des Bruchs.
> Die **Maßeinheit** wird beibehalten.

Beispiele

1. Wie viel Euro sind $\frac{2}{5}$ von 100 €?

   Lösung:

   100 € **: 5** = 20 € — 100 ist die Maßzahl, der Nenner ist 5, der Zähler beträgt 2.
   20 € **· 2** = 40 € — Teile die 100 € in 5 gleiche Teile. Multipliziere dann mit 2.
   $\frac{2}{5}$ von 100 € sind somit 40 €.

2. Wie viele Minuten sind $\frac{6}{10}$ von 1 h?

   Lösung:

   1 h = 60 min — Rechne in Minuten um.
   60 min **: 10** = 6 min — Teile in 10 gleiche Teile.
   6 min **· 6** = 36 min — Multipliziere dann mit 6.
   $\frac{6}{10}$ von einer Stunde sind also 36 min.

3. Ein 350 cm langes Verkehrsschild ragt zu $\frac{4}{5}$ aus dem Boden. Wie tief wurde es im Boden vergraben?

   Lösung:

   $\frac{4}{5}$ von 350 cm
   350 cm : 5 = 70 cm
   70 cm · 4 = 280 cm
   350 cm − 280 cm = 70 cm
   Das Verkehrsschild wurde 70 cm tief vergraben.

Zur Erinnerung: **Die wichtigsten Einheitsumrechnungen**

Länge:	1 m = 100 cm = 1 000 mm
Volumen:	1 ℓ = 1 dm^3 1 m^3 = 1 000 dm^3
Zeit:	1 h = 60 min = 3 600 s 1 d = 24 h 1 a = 365 d
Masse:	1 kg = 1 000 g = 1 000 000 mg
Fläche:	1 ha = 10 000 m^2 1 m^2 = 10 000 cm^2

Aufgaben **9.** Berechne die Bruchteile.

… von	24 kg	288 ha	96 €
$\frac{1}{2}$			
$\frac{8}{12}$			
$\frac{2}{3}$			
$\frac{5}{8}$			
$\frac{3}{4}$			

10. Wandle zuerst in die nächstkleinere Einheit um und berechne dann.

a) $\frac{2}{8}$ von 32 €

b) $\frac{7}{11}$ von 55 h

c) $\frac{2}{3}$ von 150 ℓ

d) $\frac{4}{5}$ von 3,55 t

e) $\frac{3}{16}$ von 64 a

f) $\frac{3}{7}$ von 21 m^2

11. Berechne den gefärbten Bruchteil der Flächen in m^2 und den der Körper in m^3.
Gib den Rest an.

a) 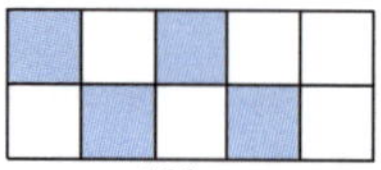

b) 

c) 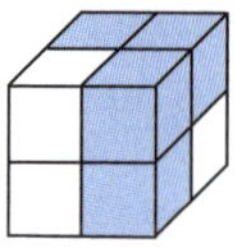

d) 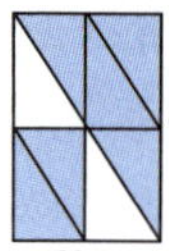

12. Ein Heimwerker muss eine 224 cm lange Tischplatte um $\frac{2}{8}$ ihrer Länge kürzen.
Wie lang ist dann die gekürzte Tischplatte?

13. Als Anne Ende August im 21 °C warmen Walchensee schwimmen geht, stellt sie fest: „Anfang Mai war der See noch um ein Siebtel kälter."
Welche Temperatur hatte der See im Mai?

14. Die Medienanstalt wertet täglich die Einschaltquoten der Fernsehsender aus. So ergaben sich für die Zeit, während der die Fußballnationalmannschaft spielte, folgende Zahlen:
Insgesamt haben in diesem Zeitraum 25,8 Mio. Menschen eingeschaltet. Den Sender 1, auf dem das Fußballspiel lief, schalteten $\frac{4}{6}$ der Menschen ein, den Sender 2 schalteten $\frac{2}{10}$ ein.
Wie viele Zuschauer verteilten sich auf die restlichen Sender?

15. In einer Alpenregion waren letztes Jahr 4 200 Bergfreunde unterwegs. Davon waren $\frac{2}{7}$ Mountainbiker, $\frac{2}{4}$ Bergtourengeher und $\frac{6}{28}$ Kletterer.
Wie viele Mountainbiker, Bergtourengeher und Kletterer sind es gewesen?

16. Bademeister Ralf überlegt, wie viele Motorboote auf dem Starnberger See zugelassen wären, wenn von den 900 Booten ein Drittel Motorboote wären und deren Anzahl verdoppelt würde?

1.3 Brüche als Quotienten

Wie lassen sich 2 Schokoriegel gerecht auf 3 Kinder aufteilen?

Man kann einen Bruch auch als **Quotient** zweier natürlicher Zahlen auffassen.
Somit ist der Bruchstrich mit dem **Divisionszeichen** gleichzusetzen: $\frac{a}{b} = a : b$

Beispiele

1. Welche Brüche sind hier gemeint?

   a) $4 : 5 = \frac{4}{5}$

   b) $7 : 3 = \frac{7}{3}$

   Der Doppelpunkt kann als Bruchstrich geschrieben werden.

2. Schreibe ohne Bruchstrich und berechne, wenn möglich.

   a) $\frac{3}{7} = 3 : 7$

   Der Bruchstrich kann als Geteilt-durch-Zeichen geschrieben werden.

   b) $\frac{8}{4} = 8 : 4 = 2$

   Hier kann man den Quotienten vereinfachen und ausrechnen.

Aufgaben

17. 3 Tafeln Schokolade werden gerecht auf 4 Kinder verteilt.
Welchen Anteil bekommt jedes Kind?

18. Schreibe die Brüche ohne Bruchstrich und berechne, wenn möglich.
Male die 6 Sterne aus, die sich als natürliche Zahl schreiben lassen.
Ihre Summe ergibt die Zahl 38.

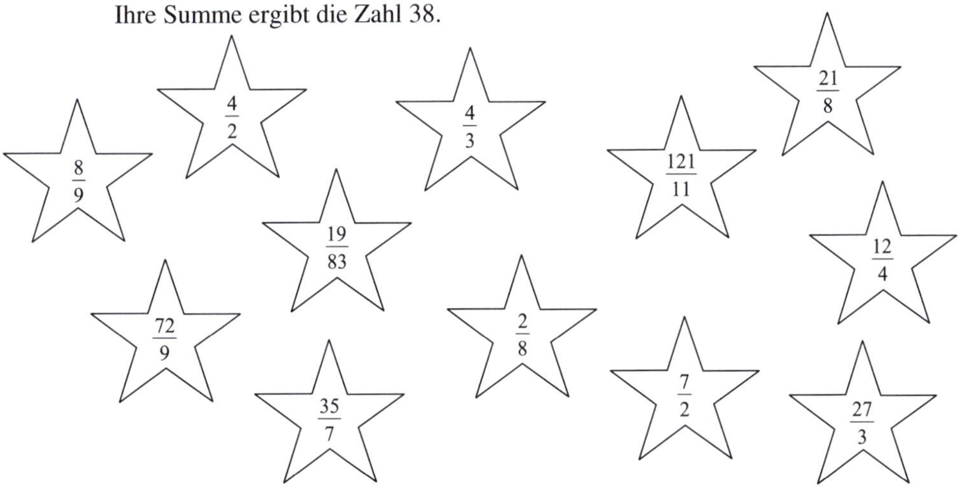

1.4 Umwandeln eines unechten Bruchs in einen gemischten Bruch

Man unterscheidet zwei Arten von Brüchen:

> Wenn $a<b$ ist, heißt $\frac{a}{b}$ **echter Bruch**.
> Wenn $a>b$ ist, heißt $\frac{a}{b}$ **unechter Bruch**.

Beispiele

Echter Bruch:
$\frac{3}{5}$; $\frac{13}{20}$; $\frac{124}{200}$

Der Zähler ist hier stets kleiner als der Nenner.

Unechter Bruch:
$\frac{5}{3}$; $\frac{17}{4}$; $\frac{56}{20}$

Der Zähler ist hier stets größer als der Nenner.

Ein unechter Bruch, der sich nicht als natürliche Zahl schreiben lässt, kann auch als gemischter Bruch geschrieben werden.

> **Gemischte Brüche** bestehen aus einer natürlichen Zahl und einem Bruch. Die natürliche Zahl gibt die Anzahl der Ganzen an, die in dem Bruch enthalten sind. Der Bruch gibt den Rest an. Die gemischte Schreibweise gibt es nur bei unechten Brüchen.

Beispiele

$$1\frac{2}{3} = 1 + \frac{2}{3}$$

$$4\frac{1}{4} = 4 + \frac{1}{4}$$

Um einen unechten Bruch wie $\frac{16}{3}$ in einen gemischten Bruch umzuwandeln, geht man wie in folgendem Beispiel vor:

Beispiel

$$\frac{16}{3} = 5\frac{1}{3}, \text{ denn } \mathbf{16:3} = 5 \text{ Rest } 1$$

Man schreibt den Bruch als Quotienten.
$16:3=5$ Rest 1
5 ist die gesuchte natürliche Zahl und 1 wird der Zähler des gesuchten Bruchs. Der Nenner 3 wird beibehalten.
Sprechweise: „5 Ganze, ein Drittel“

Aufgabe **19.** Gib als gemischten Bruch an.

a) $\frac{7}{3}$

b) $\frac{12}{5}$

c) $\frac{23}{4}$

d) $\frac{17}{3}$

e) $60:9$

f) $34:8$

g) $\frac{11}{2}$

h) $19:7$

i) $9:4$

j) $45:6$

1.5 Umwandeln eines gemischten Bruchs in einen unechten Bruch

Oft muss ein **gemischter Bruch** wie $3\frac{4}{5}$ in einen unechten Bruch umgewandelt werden, um Aufgaben besser lösen zu können. Dabei gehst du am besten wie in folgendem Beispiel vor:

Beispiel

Wandle $3\frac{4}{5}$ in einen unechten Bruch um.

Lösung:

$3\frac{4}{5} = 3 + \frac{4}{5}$ — Schreibe den gemischten Bruch als Summe aus den Ganzen und dem echten Bruch.

$= \frac{15}{5} + \frac{4}{5}$ — Schreibe die Ganzen als Bruch mit dem Nenner des echten Bruchs.

$= 15:5 + 4:5$ — Schreibe die Brüche als Quotienten.

$= (15+4):5$ — Klammere aus.

$= 19:5$ — Berechne.

$= \frac{19}{5}$ — Schreibe als Bruch.

Aufgaben **20.** Wandle in einen unechten Bruch um.

a) $2\frac{2}{3}$

b) $7\frac{6}{5}$

c) $6\frac{13}{15}$

d) $4\frac{7}{9}$

21. Zu jedem unechten Bruch gehört der entsprechende Lösungsbuchstabe. Wenn du die unechten Brüche den oben stehenden gemischten Brüchen richtig zuordnest, ergibt sich ein Lösungswort.

1 $3\frac{1}{4}$	**R** $\frac{62}{5}$
2 $12\frac{2}{5}$	**I** $\frac{103}{4}$
3 $5\frac{2}{3}$	**F** $\frac{13}{4}$
4 $25\frac{3}{4}$	**E** $\frac{22}{5}$
5 $22\frac{1}{3}$	**E** $\frac{17}{3}$
6 $4\frac{2}{5}$	**T** $\frac{78}{5}$
7 $7\frac{2}{4}$	**Z** $\frac{67}{3}$
8 $15\frac{3}{5}$	**I** $\frac{30}{4}$

1	2	3	4	5	6	7	8

1.6 Darstellung an der Zahlenhalbgeraden

Der Skispringer Martin S. springt $\frac{4}{6}$ der Strecke bis zum Punkt P. Sven H. springt $\frac{2}{3}$ der Strecke und Roland A. springt $\frac{3}{4}$ der Strecke. Wie stellt man diese Brüche an der Zahlenhalbgeraden dar?

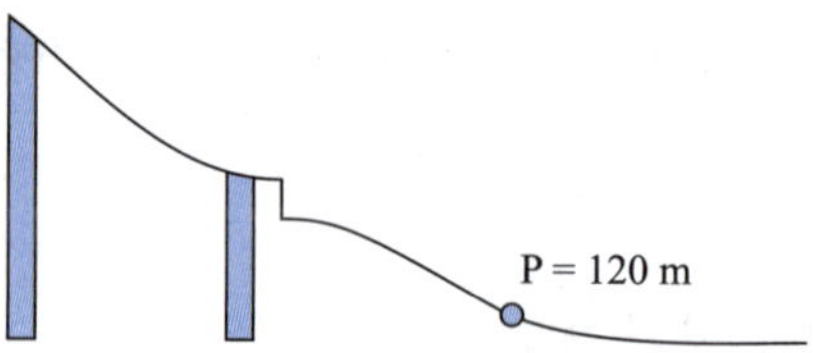

Wie jeder natürlichen Zahl kann auch jedem Bruch genau ein Bildpunkt oder Zahlenpfeil an der Zahlenhalbgerade zugeordnet werden. Brüche kann man auch als Zahlen auffassen, so genannte **Bruchzahlen**.
Dabei wird die Zahlenhalbgerade von 0 bis 1 in **gleich große Teile** unterteilt. Der Nenner gibt dabei an, in **wie viele gleich große Teile** die Strecke unterteilt werden muss. Der Zähler gibt die **Anzahl der Teile** an.
Jede Bruchzahl kann durch beliebig viele verschiedene Brüche angegeben werden.

Beispiel

Welche Brüche stellen die Buchstaben auf der Zahlenhalbgeraden dar?

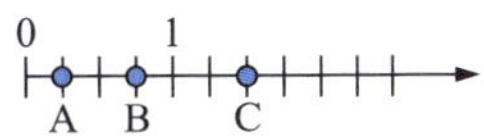

Lösung:

$A = \frac{1}{4}$

$B = \frac{3}{4}$

$C = \frac{6}{4}$

Die Strecke [0,1] ist in 4 gleiche Teile geteilt.

A liegt auf dem 1. Strich, also $\frac{1}{4}$.

B liegt auf dem 3. Strich, also $\frac{3}{4}$.

C liegt auf dem 6. Strich, also $\frac{6}{4}$.

Aufgaben **22.** Welche Brüche stellen die Buchstaben auf der Zahlenhalbgeraden dar?

a) 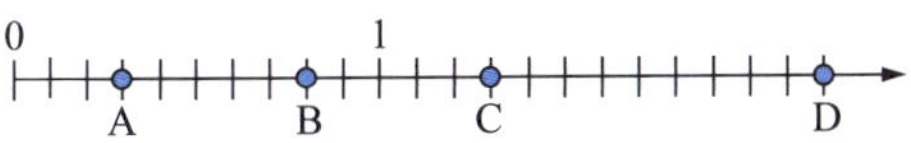

b) 

c) 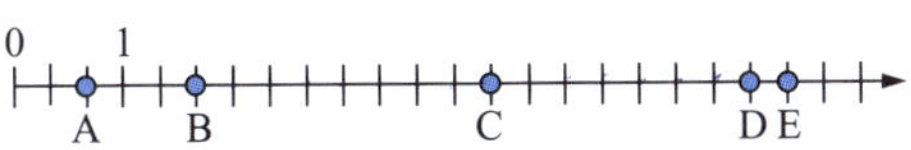

d) 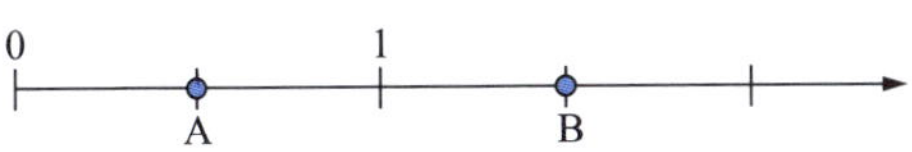

23. Zeichne eine Zahlenhalbgerade mit einer 3 cm langen Einheitsstrecke und verlängere sie bis zur Zahl 2.
Trage anschließend die folgenden Brüche als Bildpunkte ab.
Welche Brüche gehören zur selben Zahl?

$\frac{1}{3}$; $\frac{3}{6}$; $\frac{2}{6}$; $\frac{2}{3}$; $\frac{5}{6}$; $1\frac{1}{3}$; $1\frac{4}{6}$; $1\frac{2}{3}$

1.7 Erweitern und Kürzen

Simone hat $\frac{1}{3}$ vom Kuchen gegessen.
Leon hat $\frac{2}{6}$ vom Kuchen gegessen.
Clara hat $\frac{3}{9}$ vom Kuchen gegessen.
Wer hat mehr gegessen?

Beim **Erweitern** werden Zähler und Nenner eines Bruchs mit der gleichen natürlichen Zahl multipliziert.

Schreibweise: $\frac{a \cdot \mathbf{n}}{b \cdot \mathbf{n}}$ oder $\frac{a}{b}{}_{\cdot \mathbf{n}} = \frac{a \cdot \mathbf{n}}{b \cdot \mathbf{n}}$

Beim Erweitern eines Bruchs ändert sich sein Wert nicht.

Beispiele

1. Erweitere den Bruch $\frac{16}{6}$ mit 3.

Lösung:

$$\frac{16}{6}{}_{\cdot 3} = \frac{16 \cdot 3}{6 \cdot 3} = \frac{48}{18}$$

Multipliziere Zähler und Nenner mit 3.

2. $\frac{2}{3} = \frac{\square}{12}$

Lösung:

$$\frac{2}{3}{}_{\cdot 4} = \frac{2 \cdot 4}{3 \cdot 4} = \frac{8}{12}$$

Überlege, mit welcher Zahl man den Nenner multiplizieren muss, um 12 zu erhalten.
Multipliziere dann Zähler und Nenner mit dieser Zahl.

Aufgaben **24.** Erweitere die Brüche mit 2 und 9.

a) $\frac{12}{7}$ b) $\frac{6}{4}$

c) $\frac{9}{5}$ d) $\frac{7}{3}$

e) $\frac{4}{11}$ f) $\frac{6}{9}$

25. Erweitere.

a) $\frac{3}{4}$ auf den Nenner 12

b) $\frac{2}{7}$ auf den Nenner 49

c) $\frac{3}{6}$ auf den Zähler 18

d) $\frac{5}{8}$ auf den Nenner 32

e) $\frac{11}{9}$ auf den Zähler 121

f) $\frac{6}{13}$ auf den Nenner 78

Beim **Kürzen** werden Zähler und Nenner eines Bruchs durch die gleiche natürliche Zahl dividiert.

Schreibweise: $\frac{a : n}{b : n}$ oder $\frac{a}{b}\,{}_{:n} = \frac{a : n}{b : n}$

Beim Kürzen eines Bruchs ändert sich sein Wert nicht.
Ein Bruch soll immer so weit wie möglich gekürzt werden. Er ist vollständig gekürzt, wenn Zähler und Nenner keinen gemeinsamen Teiler mehr besitzen.

Beispiele

1. Kürze die Brüche.

a) mit 5: $\frac{120}{35}$

b) mit 7: $\frac{147}{56}$

Lösung:

a) $\frac{120}{35}\,{}_{:5} = \frac{120 : 5}{35 : 5} = \frac{24}{7}$ Teile Zähler und Nenner durch 5.

b) $\frac{147}{56}\,{}_{:7} = \frac{147 : 7}{56 : 7} = \frac{21}{8}$ Teile Zähler und Nenner durch 7.

2. Kürze die Brüche $\frac{30}{45}$ und $\frac{36}{78}$ vollständig.

Lösung:

$\frac{30}{45}\,{}_{:5} = \frac{30 : 5}{45 : 5} = \frac{6}{9}\,{}_{:3} = \frac{6 : 3}{9 : 3} = \frac{2}{3}$

$\frac{36}{78}\,{}_{:2} = \frac{36 : 2}{78 : 2} = \frac{18}{39}\,{}_{:3} = \frac{18 : 3}{39 : 3} = \frac{6}{13}$

Finde eine Zahl, durch die 30 und auch 45 teilbar ist. Kürze den Bruch damit. Dann überlege dir, ob es eine Zahl gibt, durch die sowohl 6 als auch 9 teilbar ist. Suche so viele gemeinsame Teiler wie möglich. Wenn Zähler und Nenner keinen gemeinsamen Teiler mehr besitzen, ist der Bruch vollständig gekürzt.

Eine Zahl ist teilbar durch …
… 2, wenn die letzte Ziffer gerade ist.
… 3, wenn die Quersumme durch 3 teilbar ist.
… 4, wenn die letzten beiden Ziffern durch 4 teilbar sind oder auf 00 lauten.
… 5, wenn die letzte Ziffer 0 oder 5 lautet.
… 6, wenn die Zahl durch 2 und durch 3 teilbar ist.
… 8, wenn die letzten drei Ziffern durch 8 teilbar sind oder auf 000 lauten.
… 9, wenn die Quersumme durch 9 teilbar ist.

Aufgaben

26. a) Kürze mit 3.

$\frac{12}{21}, \frac{33}{6}, \frac{18}{15}, \frac{51}{39}, \frac{63}{27}$

b) Kürze mit 4.

$\frac{12}{8}, \frac{32}{24}, \frac{60}{16}, \frac{8}{20}, \frac{28}{64}$

27. Kürze vollständig und schreibe das Ergebnis, wenn möglich, als gemischten Bruch auf.

a) $\frac{124}{32}$

b) $\frac{320}{70}$

c) $\frac{96}{36}$

d) $\frac{72}{16}$

e) $\frac{212}{336}$

f) $\frac{540}{120}$

g) $\frac{153}{408}$

h) $\frac{228}{192}$

28. a) Wie viele Viertel, Sechstel und Achtel sind $\frac{1}{2}$?

b) Wie viele Achtel und Sechzehntel sind $\frac{1}{4}$?

c) Wie viele Zehntel und Dreißigstel sind $\frac{1}{5}$?

29. Wenn du den Platzhalter mit der richtigen Zahl belegst, ergibt sich, in der Reihenfolge der zu lösenden Aufgaben, ein Lösungswort.

a) $\frac{2}{10} = \frac{\square}{40}$

b) $\frac{25}{\square} = \frac{5}{12}$

c) $\frac{\square}{4} = \frac{39}{12}$

d) $\frac{4}{\square} = \frac{24}{66}$

e) $\frac{21}{\square} = \frac{3}{8}$

f) $\frac{14}{3} = \frac{\square}{30}$

g) $\frac{7}{12} = \frac{84}{\square}$

h) $\frac{42}{\square} = \frac{3}{5}$

i) $\frac{8}{\square} = \frac{96}{12}$

j) $\frac{\square}{42} = \frac{150}{84}$

k) $\frac{12}{7} = \frac{\square}{21}$

60	56	144	13	8	11	36	70	1	75	140
C	L	E	H	S	U	N	R	I	E	F

30. = oder ≠ ? Setze ein.

a) $\frac{3}{14} \square \frac{9}{42}$

b) $\frac{3}{2} \square \frac{12}{9}$

c) $\frac{7}{3} \square \frac{35}{15}$

d) $\frac{17}{12} \square \frac{34}{24}$

e) $\frac{3}{5} \square \frac{9}{15}$

f) $\frac{1}{3} \square \frac{7}{20}$

31. Zeige, dass die Brüche den gleichen Wert besitzen.

a) $\frac{20}{30}$ und $\frac{28}{42}$

b) $\frac{18}{24}$ und $\frac{30}{40}$

c) $\frac{20}{32}$ und $\frac{50}{80}$

d) $\frac{11}{33}$ und $\frac{22}{66}$

32. Finde einen Weg vom Start zum Ziel. Du darfst nur Kreuzungen benutzen, deren Wert $\frac{25}{10}$ ist. Kürze dazu die Brüche oder erweitere.

33. Besteht ein Wald von 450 Bäumen aus 150 Laubbäumen, wenn er einmal zu $\frac{1}{3}$, zum anderen zu $\frac{2}{6}$ oder wenn er zu $\frac{3}{9}$ aus Laubbäumen besteht? Begründe deine Antwort mithilfe einer kurzen Rechnung.

1.8 Vergleichen und Ordnen

Die Sonne besteht in etwa zu $\frac{75}{100}$ aus Wasserstoff, zu $\frac{23}{100}$ aus Helium und $\frac{2}{100}$ sind schwere Elemente, wie z. B. Metalle.
Was kommt am häufigsten vor?

Brüche mit gleichen Nennern heißen **gleichnamige Brüche** und können miteinander verglichen werden. Man vergleicht bei gleichnamigen Brüchen die Zähler miteinander. Je größer der Zähler ist, desto größer ist der Wert des Bruchs.
Für $a, b \in \mathbb{N}_0$ und $n \in \mathbb{N}$ gilt:

1. falls $a < b$, dann $\frac{a}{n} < \frac{b}{n}$
2. falls $a > b$, dann $\frac{a}{n} > \frac{b}{n}$

Beispiel

Ordne die Brüche, beginne mit dem kleinsten.

$\frac{61}{4}, \frac{23}{4}, \frac{17}{4}, \frac{33}{4}, \frac{5}{4}, \frac{29}{4}$

Lösung:

$\frac{5}{4} < \frac{17}{4} < \frac{23}{4} < \frac{29}{4} < \frac{33}{4} < \frac{61}{4}$

Brüche mit gleichen Zählern werden nach der Größe des Nenners geordnet.
Je größer der Nenner ist, desto kleiner ist der Wert des Bruchs.
Für $z \in \mathbb{N}_0$ und $a, b \in \mathbb{N}$ gilt:

1. falls $a < b$, dann $\frac{z}{a} > \frac{z}{b}$
2. falls $a > b$, dann $\frac{z}{a} < \frac{z}{b}$

Beispiel

Ordne die Brüche, beginne mit dem größten.

$\frac{17}{15}, \frac{17}{5}, \frac{17}{73}, \frac{17}{46}$

Lösung:

$\frac{17}{5} > \frac{17}{15} > \frac{17}{46} > \frac{17}{73}$

Aufgabe 34. Setze das richtige Zeichen ein: > oder <

a) $\frac{3}{2} \square \frac{7}{2}$

b) $\frac{5}{12} \square \frac{5}{18}$

c) $\frac{14}{3} \square \frac{13}{3}$

d) $\frac{4}{9} \square \frac{12}{9}$

e) $\frac{2}{10} \square \frac{2}{100}$

f) $\frac{21}{6} \square \frac{21}{4}$

g) $\frac{11}{7} \square \frac{5}{7}$

h) $\frac{2}{5} \square \frac{20}{5}$

Nach einem Handballturnier soll der beste Siebenmeter-Torhüter ausgezeichnet werden. Die Jury fragt sich, ob Manuel mit 15 gehaltenen von 20 Siebenmeterwürfen oder Tobias, der von 10 Würfen 8 gehalten hat, der bessere ist.

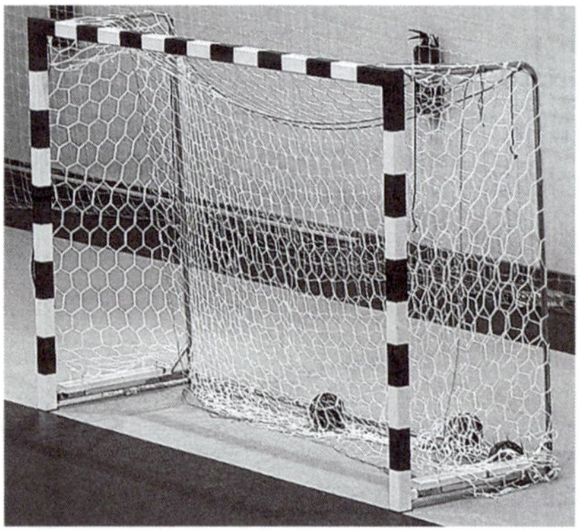

Brüche mit ungleichen Nennern heißen **ungleichnamige Brüche**.

- Ungleichnamige Brüche müssen erst durch **Erweitern** oder **Kürzen** auf den **gleichen Nenner** gebracht werden, damit sie geordnet und verglichen werden können.
- Der gemeinsame Nenner – **Hauptnenner HN** – ist das kleinste gemeinsame Vielfache (Abkürzung kgV) der Nenner der vollständig gekürzten Brüche.
- Um den Hauptnenner zu finden, benötigt man häufig die **Primfaktorzerlegung**: Jede Zahl lässt sich in ein Produkt aus Primfaktoren zerlegen. Die gegebene Zahl wird dabei durch eine Primzahl dividiert. Das Ergebnis wird erneut durch eine Primzahl dividiert bis als Ergebnis die Zahl 1 übrig bleibt.

Beispiele

1. Ordne die Brüche beginnend mit dem kleinsten.

$\frac{5}{4}, \frac{8}{5}, \frac{12}{8}$

Lösung:

$$\begin{aligned} 4 &= 2\cdot 2 \\ 5 &= \phantom{2\cdot 2\cdot{}} 5 \\ 8 &= 2\cdot 2\cdot 2 \end{aligned}$$

$$\text{kgV} = 2\cdot 2\cdot 2\cdot 5 = 40$$

Um die Brüche zu vergleichen, müssen alle auf den Hauptnenner erweitert werden. Der Hauptnenner wird bestimmt durch die Ermittlung des kgV der Nenner mit der Primfaktorzerlegung.

HN: 40

$$\frac{5\cdot\mathbf{10}}{4\cdot\mathbf{10}} = \frac{50}{\mathbf{40}}$$

$\frac{5}{4}$ wird mit 10 erweitert.

$$\frac{8\cdot\mathbf{8}}{5\cdot\mathbf{8}} = \frac{64}{\mathbf{40}}$$

$\frac{8}{5}$ wird mit 8 erweitert.

$$\frac{12\cdot\mathbf{5}}{8\cdot\mathbf{5}} = \frac{60}{\mathbf{40}}$$

$\frac{12}{8}$ wird mit 5 erweitert.

$$\frac{50}{40} < \frac{60}{40} < \frac{64}{40}, \text{ somit ist } \frac{5}{4} < \frac{12}{8} < \frac{8}{5}.$$

2. Welcher Bruch liegt von $\frac{1}{3}$ weiter entfernt, $\frac{2}{5}$ oder $\frac{9}{15}$?

Lösung:

$$\frac{1\cdot\mathbf{5}}{3\cdot\mathbf{5}} = \frac{5}{\mathbf{15}}$$

Um die Brüche zu vergleichen, müssen alle auf den Hauptnenner erweitert werden. Der kleinste gemeinsame Nenner ist 15.

$$\frac{2\cdot\mathbf{3}}{5\cdot\mathbf{3}} = \frac{6}{\mathbf{15}}$$

$$\frac{9}{\mathbf{15}}$$

$\frac{9}{15}$ muss nicht erweitert werden, da der Nenner bereits 15 ist.

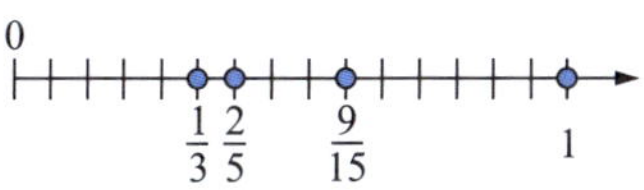

An der Zahlenhalbgeraden kann man nun ablesen, welcher Punkt weiter von $\frac{1}{3}$ entfernt liegt.

Der Bruch $\frac{9}{15}$ liegt weiter von $\frac{1}{3}$ entfernt als der Bruch $\frac{2}{5}$.

3. Gib an, welcher Bruch zwischen den beiden Brüchen liegt.

a) $\frac{2}{5}$ und $\frac{4}{5}$

b) $\frac{17}{16}$ und $\frac{5}{4}$

c) $\frac{2}{5}$ und $\frac{3}{5}$

Lösung:

a) $\frac{3}{5}$

Denn $\frac{2}{5} < \frac{3}{5} < \frac{4}{5}$.

b) $\frac{5}{4} \underset{\cdot 4}{=} \frac{20}{16}$

Die Brüche müssen zunächst auf einen gemeinsamen Nenner gebracht werden. Der kleinste gemeinsame Nenner ist 16.

$\frac{17}{16}$ hat bereits den Nenner 16.

Es liegen die Brüche $\frac{18}{16}$ und $\frac{19}{16}$ zwischen den beiden Brüchen.

Denn $\frac{17}{16} < \frac{18}{16} < \frac{19}{16} < \frac{20}{16}$.

c) $\frac{2}{5} \underset{\cdot 2}{=} \frac{4}{10}$

$\frac{3}{5} \underset{\cdot 2}{=} \frac{6}{10}$

Man bringt die beiden Brüche zunächst auf den nächstgrößeren gemeinsamen Nenner. Das ist der Nenner 10.

Der Bruch $\frac{5}{10}$ liegt zwischen den beiden Brüchen.

Denn $\frac{4}{10} < \frac{5}{10} < \frac{6}{10}$.

Aufgaben

35. Finde zunächst den gemeinsamen Hauptnenner der Brüche und ordne sie dann ihrer Größe nach. Beginne mit dem kleinsten Bruch.

a) $\frac{1}{2}; \frac{2}{3}$

b) $\frac{2}{3}; \frac{4}{15}; \frac{3}{5}$

c) $\frac{3}{4}; \frac{2}{8}; \frac{7}{12}$

d) $\frac{3}{2}; \frac{1}{4}; \frac{4}{6}$

e) $\frac{5}{8}; \frac{7}{4}; \frac{11}{16}$

f) $\frac{8}{15}; \frac{10}{3}; \frac{4}{5}; \frac{11}{9}$

36. Welcher der Brüche liegt am nächsten bei $\frac{4}{5}$?

a) $\frac{12}{20}; \frac{6}{15}; \frac{12}{10}$

b) $\frac{5}{12}; \frac{9}{15}; \frac{45}{30}$

c) $\frac{7}{8}; \frac{7}{10}; \frac{1}{4}$

d) $\frac{1}{2}; \frac{3}{4}; \frac{7}{9}$

37. Gib jeweils einen Bruch an, der zwischen den beiden Brüchen liegt.

a) $\frac{3}{8}$ und $\frac{6}{8}$

b) $\frac{3}{6}$ und $\frac{4}{6}$

c) $\frac{2}{5}$ und $\frac{1}{4}$

d) $\frac{2}{3}$ und $\frac{1}{7}$

e) $\frac{9}{12}$ und $\frac{12}{9}$

f) $\frac{3}{2}$ und $\frac{15}{17}$

38. Im Herbst fliegen viele Vögel in wärmere Regionen der Erde.
Finde die Bezeichnung für diese Vögel heraus, indem du die Brüche der Größe nach ordnest und mit dem kleinsten beginnst. Für die Brüche stehen Buchstaben, die in der richtigen Reihenfolge den Namen dieser Vögel ergeben.

39. In einem Werbeflyer wirbt ein Schnellrestaurant mit fettarmen Burgern.
Ermittle rechnerisch, welcher Burger den geringsten Fettanteil hat.

	Burger 1	Burger 2	Burger 3
Burgergewicht	120 g	180 g	90 g
Fettgehalt	28 g	55 g	30 g

40. Welches Glücksrad bringt die besten Gewinnchancen?
Bei 60 Feldern gibt es 5 Gewinnfelder.
Bei 40 Feldern gibt es 3 Gewinnfelder.
Bei 80 Feldern gibt es 7 Gewinnfelder.

2 Rechnen mit positiv rationalen Zahlen

2.1 Addition und Subtraktion gleichnamiger Brüche

Der Olympus Mons ist mit etwa 25 km der höchste Berg unseres Sonnensystems und befindet sich auf dem Mars. Der Mount Everest hat ungefähr $\frac{9}{25}$, der Mont Blanc $\frac{5}{25}$ und der Elbrus $\frac{6}{25}$ der Höhe des Olympus Mons.
Sind die drei Berge zusammen höher als der Olympus Mons?

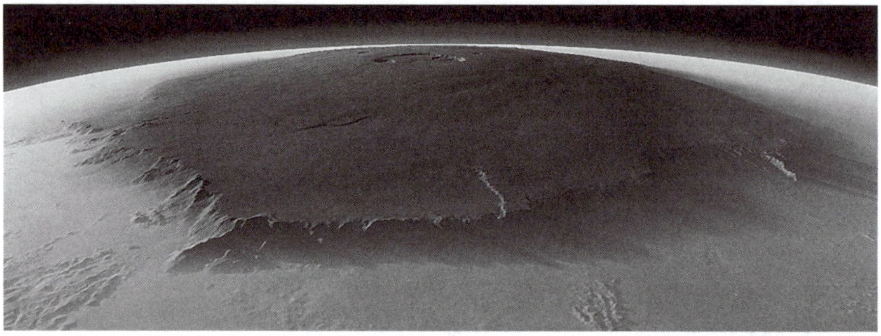

Man **addiert gleichnamige Brüche**, indem man die Zähler addiert und den Nenner beibehält.

Allgemein gilt:

$\frac{a}{c} + \frac{b}{c} = \frac{a+b}{c}$ für a, b ∈ $\mathbb{N}_0$ und c ∈ $\mathbb{N}$

Beispiele

Schreibe die entsprechende Additionsaufgabe auf und gib das Ergebnis an.

1. 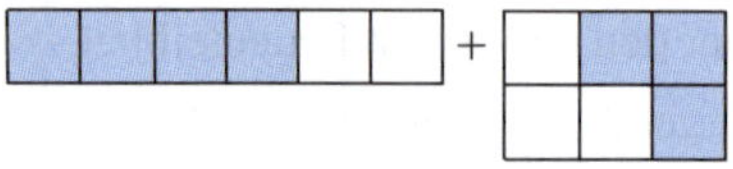

2. 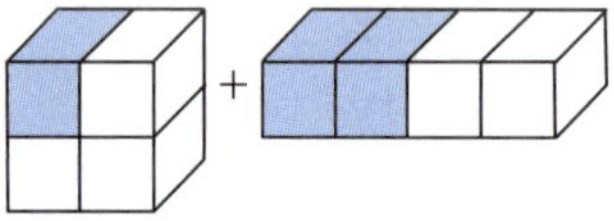

3. 

Lösung:

1. $\frac{4}{6}+\frac{3}{6}=\frac{\mathbf{4+3}}{6}=\frac{7}{6}$

2. $\frac{1}{4}+\frac{2}{4}=\frac{\mathbf{1+2}}{4}=\frac{3}{4}$

3. $\frac{5}{15}+\frac{8}{15}=\frac{\mathbf{5+8}}{15}=\frac{13}{15}$

Schreibe die beiden Zähler auf einen gemeinsamen Bruchstrich. Der Nenner wird beibehalten.

Aufgaben

41. Berechne.

a) $\frac{1}{8}+\frac{4}{8}+\frac{2}{8}+\frac{6}{8}$

b) $\frac{11}{45}+\frac{8}{45}+\frac{5}{45}+\frac{6}{45}$

c) $\frac{19}{9}+\frac{8}{9}+\frac{12}{9}+\frac{31}{9}+\frac{1}{9}+\frac{10}{9}$

d) $\frac{15}{70}+\frac{17}{70}+\frac{2}{70}+\frac{11}{70}$

42. Beim 100-m-Lauf erreichen der Reihenfolge nach Fransiska, Verena, Susanne, Lisa und Beate das Ziel. Verena kommt $\frac{22}{100}$ Sekunden nach der Siegerin, Susanne $\frac{45}{100}$ Sekunden nach Verena, Lisa $\frac{60}{100}$ Sekunden nach Susanne und Beate $\frac{65}{100}$ Sekunden nach Lisa ins Ziel.
Wie viele Sekunden nach Fransiska kommt Beate ins Ziel?

> Bei der **Addition gemischter Brüche** trennt man die Ganzen von den Bruchteilen. Anschließend addiert man die Ganzen und die Bruchteile.
> Das Ergebnis wird so weit wie möglich gekürzt angegeben.

Beispiele

1. $\mathbf{2}\frac{1}{4}+\mathbf{4}\frac{2}{4}=\mathbf{2+4}+\frac{1}{4}+\frac{2}{4}$
$=\mathbf{6}+\frac{1+2}{4}=\mathbf{6}\frac{3}{4}$

Die Ganzen werden von den Bruchteilen getrennt und addiert.

2. $3\frac{\mathbf{2}}{\mathbf{3}}+5\frac{\mathbf{2}}{\mathbf{3}}=3+5+\frac{\mathbf{2}}{\mathbf{3}}+\frac{\mathbf{2}}{\mathbf{3}}$
$=8+\frac{\mathbf{2+2}}{\mathbf{3}}=8\frac{\mathbf{4}}{\mathbf{3}}=9\frac{1}{3}$

Die Brüche werden von den Ganzen getrennt und addiert.

Aufgaben **43.** Addiere alle Brüche im nebenstehenden Quadrat, die eine komplette Spalte, Zeile oder Diagonale bilden.

$3\frac{5}{12}$	$3\frac{8}{12}$	$12\frac{8}{12}$
	$4\frac{7}{12}$	$1\frac{12}{12}$
$5\frac{4}{12}$	$2\frac{10}{12}$	

44. Zur Pausenversorgung werden $8\frac{6}{8}$ kg Butter, 24 kg Wurst, $20\frac{4}{8}$ kg Käse und $5\frac{6}{8}$ kg Müsliriegel bestellt.
Beträgt das Gesamtgewicht der wöchentlichen Bestellung 60 kg?

Deutschland besteht etwa zu $\frac{7}{20}$ aus Feldern, zu $\frac{3}{20}$ aus Wiesen und zu $\frac{6}{20}$ aus Wald. Wie groß ist der Anteil der bebauten Flächen, Seen und Flüsse?

Man **subtrahiert gleichnamige Brüche**, indem man die Zähler subtrahiert und den Nenner beibehält. Allgemein gilt:

$$\frac{a}{c} - \frac{b}{c} = \frac{a-b}{c} \quad \text{für } a, b \in \mathbb{N}_0,\ a > b \text{ und } c \in \mathbb{N}$$

Das Ergebnis wird so weit wie möglich gekürzt angegeben.

Beispiele

Berechne und gib das Ergebnis vollständig gekürzt an.

1. $\frac{32}{40} - \frac{12}{40} = \frac{32-12}{40} = \frac{20}{40_{:20}} = \frac{1}{2}$
2. $\frac{70}{84} - \frac{14}{84} = \frac{70-14}{84} = \frac{56}{84_{:28}} = \frac{2}{3}$
3. $\frac{119}{144} - \frac{11}{144} = \frac{119-11}{144} = \frac{108}{144_{:36}} = \frac{3}{4}$

Schreibe die beiden Zähler auf einen gemeinsamen Bruchstrich. Der Nenner wird beibehalten. Dann subtrahiere die Zahlen im Zähler.

Aufgaben **45.** Berechne.

a) $\frac{65}{25} - \frac{21}{25} - \frac{8}{25}$

b) $\frac{15}{5} - \frac{6}{5} - \frac{3}{5} - \frac{2}{5}$

c) $\frac{34}{20} - \frac{13}{20} - \frac{7}{20} - \frac{4}{20} - \frac{5}{20}$

d) $\frac{17}{3} - \frac{14}{3} - \frac{2}{3} - \frac{1}{3}$

46. Kann ein Arbeiter von einem 80 m langen Kabel nacheinander $20\frac{2}{3}$ m, $16\frac{2}{3}$ m und $24\frac{1}{3}$ m Kabel abschneiden?
Berechne, wie viele Meter Kabel fehlen oder übrig bleiben.

Bei der **Subtraktion gemischter Brüche** trennt man die Ganzen von den Bruchteilen. Anschließend subtrahiert man die Ganzen und addiert die Differenz der Bruchteile.

Beispiele

Subtrahiere die gemischten Brüche.

1. $2\frac{3}{5} - 1\frac{2}{5} = 2 - 1 + \frac{3}{5} - \frac{2}{5} = 1\frac{1}{5}$

Die Ganzen werden von den Bruchteilen getrennt und subtrahiert.

2. $17\frac{12}{15} - 9\frac{8}{15} = 17 - 9 + \frac{12}{15} - \frac{8}{15}$

$= 8\frac{4}{15}$

Die Brüche werden von den Ganzen getrennt und subtrahiert.

3. $4\frac{1}{6} - 2\frac{4}{6}$

$4\frac{1}{6} = 3\frac{7}{6}$

$3\frac{7}{6} - 2\frac{4}{6} = 3 - 2 + \frac{7}{6} - \frac{4}{6} = 1\frac{3}{6}_{:3} = 1\frac{1}{2}$

Es kommt vor, dass du einen gemischten Bruch umwandeln musst, denn $4\frac{1}{6} - 2\frac{4}{6} = 2 + \frac{1-4}{6}$.

4. $4\frac{2}{7} - 2\frac{4}{7} = \frac{30}{7} - \frac{18}{7} = \frac{12}{7} = 1\frac{5}{7}$

Du kannst die gemischten Brüche aber auch einfach in unechte Brüche umwandeln.

Aufgaben

47. Subtrahiere alle Brüche, die eine komplette Spalte, Zeile oder Diagonale bilden, von links nach rechts und von oben nach unten.

$25\frac{17}{18}$	$8\frac{12}{18}$	$12\frac{4}{18}$
	$4\frac{2}{18}$	
	$2\frac{1}{18}$	$2\frac{11}{18}$

48. Mit dem Wasser aus einer Regentonne, die ein Fassungsvermögen von 500 ℓ hat, wird der Garten gegossen.
Wie viele Liter Wasser sind noch in der Regentonne, wenn folgende Mengen entnommen werden:

$24\frac{24}{60}$ ℓ, $25\frac{45}{60}$ ℓ und $4\frac{20}{60}$ ℓ

49. Gib das Ergebnis als gemischten Bruch an, wenn möglich.

a) $\frac{9}{14}+\frac{8}{14}$

b) $\frac{19}{9}+\frac{4}{9}$

c) $\frac{112}{54}-\frac{87}{54}$

d) $\frac{11}{30}+\frac{151}{30}$

e) $\frac{742}{215}-\frac{142}{215}$

f) $\frac{188}{150}-\frac{28}{150}$

50. Manche Steine im Fluss sitzen sehr locker. Auf welche Steine muss man treten, um trockenen Fußes über den Fluss zu gelangen?
Löse die Aufgaben der Reihenfolge nach. Die richtigen Ergebnisse zeigen dir den Weg.

a) $\frac{3}{8}+\frac{4}{8}$

b) $\frac{5}{10}-\frac{4}{10}$

c) $\frac{1}{4}+\frac{3}{4}+\frac{7}{4}$

d) $\frac{20}{5}-\frac{4}{5}-\frac{3}{5}$

e) $2\frac{9}{12}+3\frac{4}{12}$

f) $\frac{19}{8}+\frac{11}{8}+\frac{4}{8}$

g) $\frac{8}{15}+\frac{14}{15}-1\frac{2}{15}$

h) $\frac{2}{3}+1\frac{1}{3}-\frac{1}{3}$

i) $\frac{19}{36}+\frac{20}{36}$

51. Ergänze so, dass eine wahre Aussage entsteht.

a) $\frac{\square}{28}+\frac{10}{28}=\frac{26}{28}$

b) $\frac{38}{62}+\frac{18}{\square}=\frac{56}{62}$

c) $\frac{146}{64}-\frac{78}{64}=\frac{\square}{64}$

d) $\frac{72}{106}+\frac{30}{106}=\frac{186}{106}-\frac{\square}{106}$

52. Löse die Aufgaben der Reihenfolge nach und finde das Lösungswort.

a) $\frac{11}{17}-\frac{10}{17}+\frac{32}{17}+\frac{13}{17}$

b) $\frac{125}{20}-\frac{26}{20}-\frac{19}{20}-\frac{51}{20}$

c) $\frac{11}{13}+\frac{12}{13}-\frac{14}{13}+\frac{18}{13}$

d) $\frac{10}{6}+\frac{20}{6}+\frac{30}{6}-\frac{40}{6}$

e) $\frac{1}{3}+3\frac{1}{3}-\frac{9}{3}$

f) $12\frac{1}{4}-3\frac{3}{4}+4\frac{2}{4}$

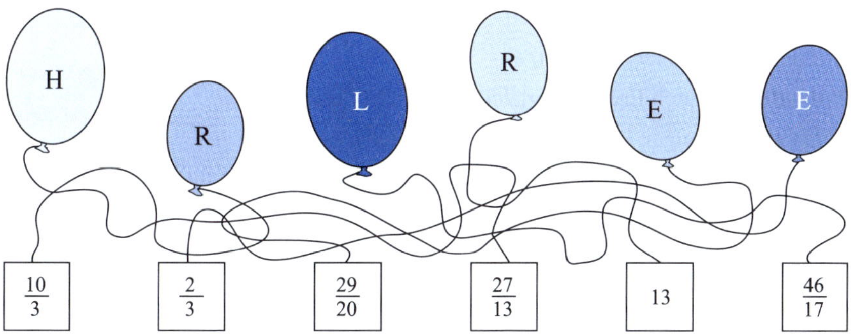

53. Bei den Bundesjugendspielen wurden von Sonja und Eva im Hochsprung die unten eingezeichneten Höhen übersprungen.

a) Wie viel höher ist Sonja im Vergleich zu Eva gesprungen?

b) Wie hoch sind beide zusammen gesprungen?

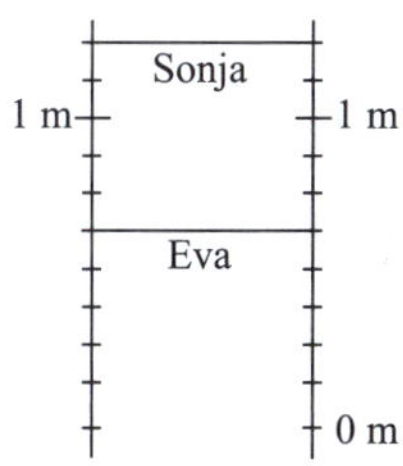

54. Auf einem Flughafen landeten in einem Monat 1 200 Flugzeuge. Darunter waren $\frac{7}{25}$ vom Typ Airbus, $\frac{6}{25}$ vom Typ Boeing und $\frac{3}{25}$ vom Typ Antonow.
Wie viele Flugzeuge eines anderen Typs sind in diesem Zeitraum auf dem Flughafen gelandet?

2.2 Addition und Subtraktion ungleichnamiger Brüche

Vier Schatzjäger haben eine alte Karte gefunden. Sie ist vom Piraten Eisenbart, der einen riesigen Schatz auf einer verlassenen Insel vergraben hat.

Wenn sie den Schatz gefunden haben, soll der Anführer die Hälfte, der Kapitän ein Viertel und der Matrose ein Achtel des Schatzes erhalten.

Bleibt für den Schiffsjungen noch etwas übrig?

Nur gleichnamige Brüche können addiert oder subtrahiert werden. Ungleichnamige Brüche werden addiert (subtrahiert), indem man

1. ihren Hauptnenner bestimmt,
2. die Brüche durch Erweitern gleichnamig macht und
3. die gleichnamigen Brüche addiert (subtrahiert).

Sind beide Nenner teilerfremd, ergibt sich der Hauptnenner aus ihrem Produkt.

Das Ergebnis wird so weit wie möglich gekürzt angegeben.

Beispiele

1. $\frac{5}{6}+\frac{4}{24}$

Lösung:

HN: 24

$=\frac{5\cdot 4}{6\cdot 4}+\frac{4}{24}=\frac{20}{24}+\frac{4}{24}=\frac{24}{24}=1$

Einer der beiden Nenner ist bereits der Hauptnenner.

Erweitere mit 4.

2. $\frac{2}{5}+\frac{3}{4}$

Lösung:

HN: $5\cdot 4=20$

$=\frac{2\cdot 4}{5\cdot 4}+\frac{3\cdot 5}{4\cdot 5}=\frac{8}{20}+\frac{15}{20}=\frac{23}{20}=1\frac{3}{20}$

Die beiden Nenner sind teilerfremd. Der HN ist das Produkt aus beiden.

Erweitere mit 4 und 5.

3. $\frac{5}{8}-\frac{3}{12}$

Lösung:

$8 = 2 \cdot 2 \cdot 2$
$12 = 2 \cdot 2 \cdot 3$
$HN = 2 \cdot 2 \cdot 2 \cdot 3 = 24$

Der Hauptnenner wird mithilfe des kgV ermittelt.

$$= \frac{5 \cdot \mathbf{3}}{8 \cdot \mathbf{3}} - \frac{3 \cdot \mathbf{2}}{12 \cdot \mathbf{2}} = \frac{15}{24} - \frac{6}{24} = \frac{9}{24}_{:3} = \frac{3}{8}$$

Erweitere mit 3 und 2.

4. $7\frac{4}{9} - 2\frac{7}{12}$

Lösung:

$$= \frac{67}{9} - \frac{31}{12}$$

Wandle in unechte Brüche um.

$9 = 3 \cdot 3$
$12 = 2 \cdot 2 \cdot 3$
$HN = 2 \cdot 2 \cdot 3 \cdot 3 = 36$

Der Hauptnenner wird mithilfe des kgV ermittelt.

$$= \frac{67 \cdot \mathbf{4}}{9 \cdot \mathbf{4}} - \frac{31 \cdot \mathbf{3}}{12 \cdot \mathbf{3}} = \frac{268}{36} - \frac{93}{36} = \frac{175}{36}$$

Erweitere mit 4 und 3.

$$= 4\frac{31}{36}$$

Aufgaben

55. Wohin fliegt die Raumsonde?

a) $\frac{8}{30} + \frac{12}{150}$

b) $\frac{21}{8} - \frac{4}{3}$

c) $\frac{6}{13} + \frac{19}{7}$

d) $\frac{1}{12} - \frac{1}{15}$

e) $\frac{163}{50} - \frac{16}{10}$

f) $\frac{35}{256} + \frac{20}{16}$

$\frac{289}{91}$ **T**	$\frac{355}{256}$ **N**
$\frac{31}{24}$ **A**	$\frac{26}{75}$ **S**
$\frac{1}{60}$ **U**	$\frac{83}{50}$ **R**

56. Berechne und kürze, wenn möglich, vollständig.

a) $\frac{2}{3}+\frac{4}{10}$

b) $\frac{1}{4}+\frac{1}{6}$

c) $\frac{6}{8}-\frac{5}{12}$

d) $\frac{16}{25}+\frac{11}{20}$

e) $\frac{6}{9}-\frac{6}{15}$

f) $\frac{4}{5}-\frac{3}{4}$

g) $\frac{7}{9}-\frac{3}{8}$

h) $\frac{3}{5}+\frac{4}{6}$

i) $\frac{2}{10}+\frac{4}{40}$

j) $\frac{9}{12}-\frac{2}{9}$

Schraffiere die Felder mit den richtigen Lösungen und es entsteht ein Tier.

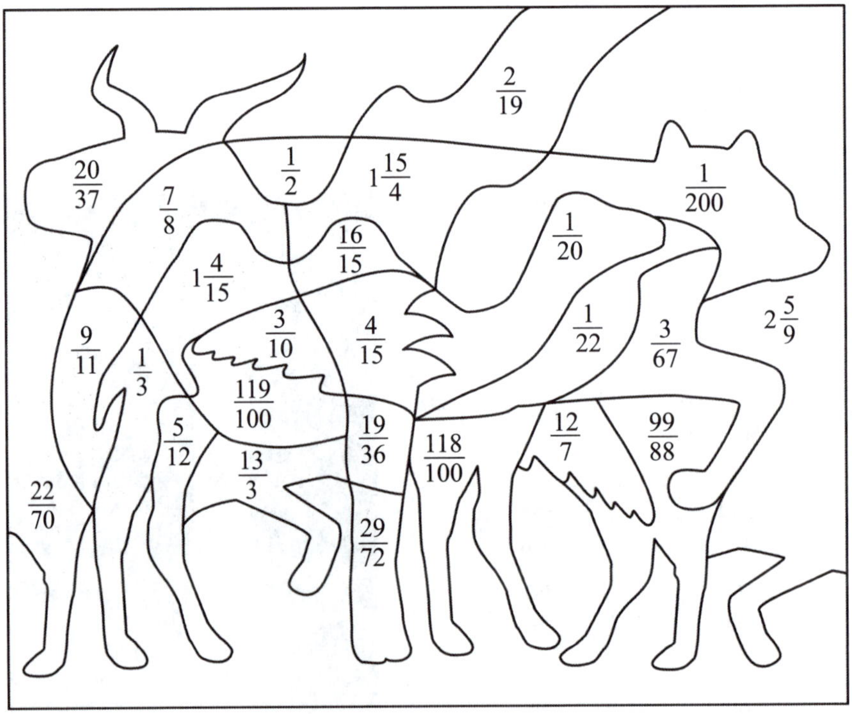

57. Löse die einzelnen Aufgaben rechnerisch.

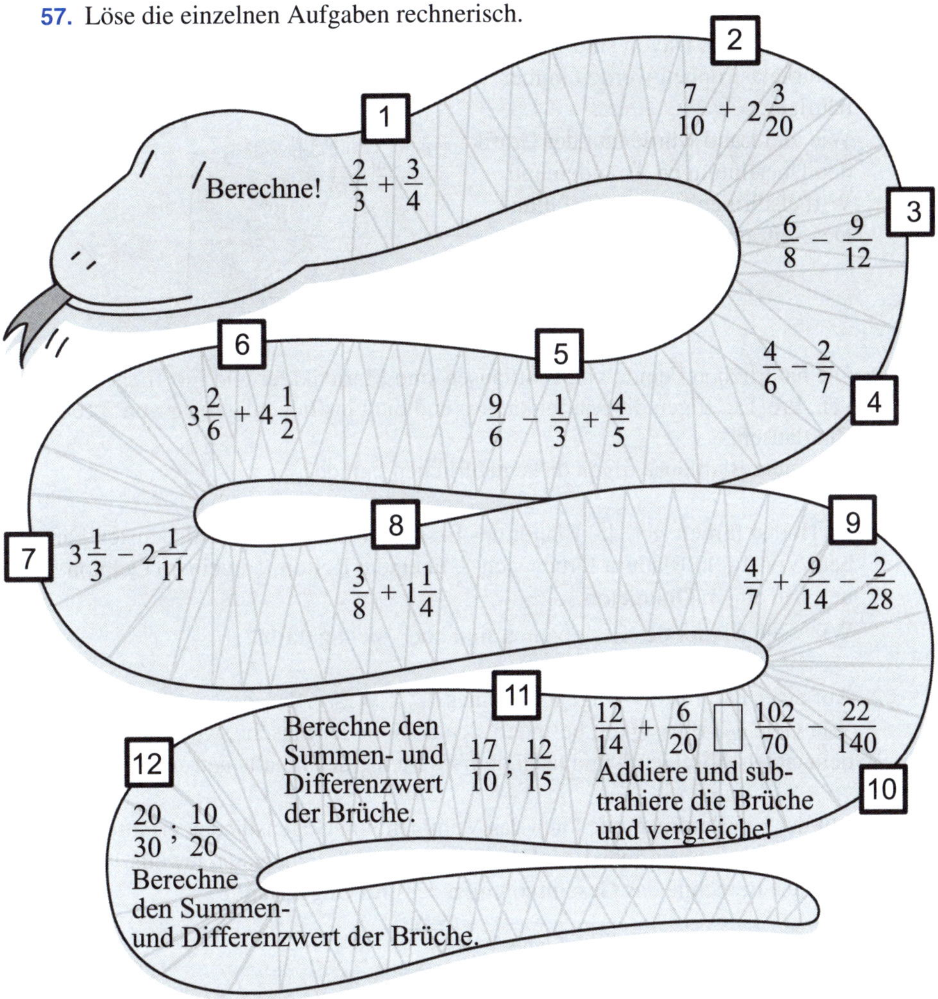

58. Das Bild zeigt ein magisches Quadrat aus Brüchen.
Was fällt dir auf, wenn die Summe jeder Zeile, jeder Spalte und jeder Diagonale berechnet wird?

$\frac{1}{12}$	$\frac{3}{8}$	$\frac{1}{6}$
$\frac{7}{24}$	$\frac{5}{24}$	$\frac{1}{8}$
$\frac{1}{4}$	$\frac{1}{24}$	$\frac{2}{6}$

59. Die Oberfläche der Erde beträgt 510 Mio. km^2. Davon sind $\frac{3}{10}$ Land. Naturkatastrophen werden immer häufiger.
Wie viel Land würde laut der Grafik den Überflutungen, Bränden und Wirbelstürmen zum Opfer fallen? Der Zeitraum beträgt 1 Jahr.

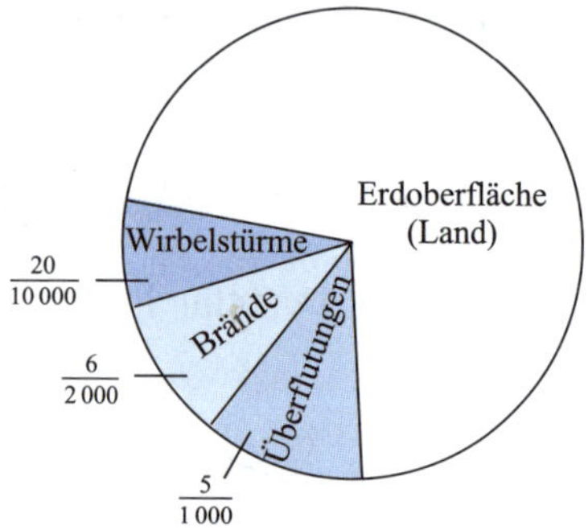

60. Die natürlichen Feinde von Blattläusen sind Marienkäfer und Florfliegenlarven. Pro Tag tilgen die Marienkäfer $\frac{2}{7}$ und die Florfliegenlarven $\frac{2}{3}$ von 2 100 Blattläusen.
Wie viele Blattläuse tilgen diese natürlichen Feinde?

61. Im Herbst färben sich die Blätter des Essigbaums in den verschiedensten Farben. Von 1 800 Blättern färben sich $\frac{5}{12}$ in einem Rotton, $\frac{1}{4}$ in einem Gelbton und $\frac{1}{8}$ in einem Orangeton.
Wie viele Blätter des Essigbaums sind noch nicht gefärbt?

62. Auf einer Party trinkt Angela aus einer 0,7-ℓ-Wasserflasche.
Wie viele mℓ Flüssigkeit befinden sich noch in der Flasche, wenn sie nach dem ersten Absetzen $\frac{1}{5}$ und nach dem zweiten $\frac{1}{4}$ des Inhalts getrunken hat?

63. Mit der Überlaufmethode kann das Volumen von Gegenständen ermittelt werden. 1 mℓ entspricht 1 cm^3. In einem Gefäß befinden sich jeweils 12 ℓ Wasser. Berechne das Gesamtvolumen der drei Gegenstände.

Gegenstand	verdrängtes Wasser
Schere	$\frac{1}{3}$
Actionfigur	$\frac{1}{4}$
Spitzer	$\frac{1}{6}$

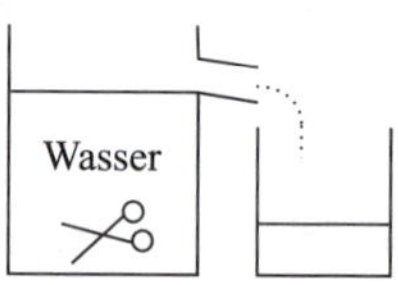

2.3 Multiplikation eines Bruchs mit einer natürlichen rationalen Zahl

Jonas trinkt gerne Eistee. Heute hat er schon 8 halbe-Liter-Flaschen getrunken. Wie viele Liter sind das?

> Ein Bruch wird mit einer natürlichen Zahl multipliziert, indem man den Zähler mit der natürlichen Zahl multipliziert und den Nenner beibehält. Handelt es sich um einen gemischten Bruch, so ist der gemischte Bruch vorher in einen unechten Bruch umzuwandeln. Allgemein gilt:
>
> $\mathbf{a \cdot \frac{b}{c} = \frac{a \cdot b}{c}}$ für alle a, b $\in \mathbb{N}_0$ und c $\in \mathbb{N}$
>
> Das Ergebnis wird so weit wie möglich gekürzt angegeben.

Beispiel

Berechne und kürze, wenn möglich.

a) $6 \cdot \frac{3}{5} = \frac{6 \cdot 3}{5} = \frac{18}{5} = 3\frac{3}{5}$

b) $5 \cdot 2\frac{3}{4} = 5 \cdot \frac{11}{4} = \frac{5 \cdot 11}{4} = \frac{55}{4}$

$= 13\frac{3}{4}$

c) $8 \cdot \frac{7}{12} = \frac{\not{8} \cdot 7}{\not{12}} = \frac{2 \cdot 7}{3} = \frac{14}{3}$ Kürze 8 und 12 mit 4.

$= 4\frac{2}{3}$

d) $6 \cdot 2\frac{3}{18} = 6 \cdot \frac{39}{18} = \frac{\not{6} \cdot 39}{\not{18}} = \frac{1 \cdot \not{39}}{\not{3}}$ Kürze 6 und 18 mit 6. Kürze mit 3.

$= 13$

Aufgaben

64. Welche Fläche hat ein Tisch, der 5 m lang und $2\frac{2}{5}$ m breit ist?

65. In der letzten Viertelstunde haben an einer Tankstelle 3 baugleiche Autos jeweils $40\frac{2}{6}\,\ell$ Benzin getankt und 4 baugleiche Motorräder jeweils $10\frac{3}{4}\,\ell$ Benzin.
Wie viel Benzin wurde insgesamt abgegeben?

66. Löse die Aufgaben. Für die Ergebnisse stehen Buchstaben, die in der richtigen Reihenfolge den Namen des Sees ergeben.

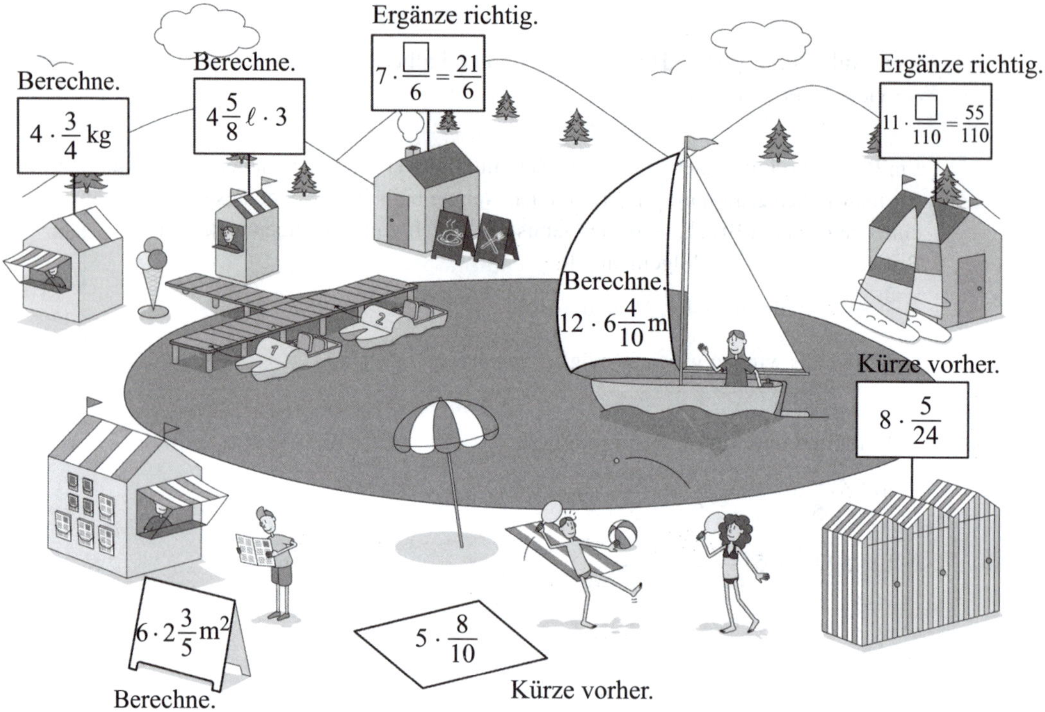

$\frac{768}{100}$ m = **A**	4 = **E**	2 = **D**	$\frac{13}{4}$ kg = **S**	$\frac{78}{5}\,\text{m}^2$ = **I**
$\frac{384}{5}$ m = **M**	$\frac{87}{5}\,\text{m}^2$ = **L**	$\frac{80}{2}$ = **O**	3 kg = **C**	$\frac{4}{12}$ kg = **T**
5 = **E**	$\frac{111}{8}\,\ell$ = **H**	3 = **S**	$\frac{5}{3}$ = **E**	$\frac{100}{16}$ = **N**

67. Wie weit ist ein Gewitter entfernt, wenn zwischen dem Blitz und dem Donner 6 Sekunden vergehen? Der Schall legt in der Luft je Sekunde einen Drittel Kilometer zurück.

68. Die Entfernung von der Erde zur Sonne beträgt 150 Mio. km. Die Entfernung zum Mond beträgt ungefähr $\frac{1}{375}$ von der Entfernung Erde – Sonne. Wie viele km fliegt eine Raumfähre von der Erde zum Mond und wieder zurück?

2.4 Multiplikation von Brüchen

Der Viehbestand eines Bauern besteht genau zur Hälfte aus Kühen. Davon sind $\frac{3}{4}$ braun gefleckt. Wie groß ist der Anteil der braunen Kühe am Gesamtviehbestand?
Überlegung: Wie viel sind $\frac{3}{4}$ von der Hälfte?

> **Brüche** werden **multipliziert**, indem man Zähler mit Zähler und Nenner mit Nenner multipliziert. Handelt es sich um einen gemischten Bruch, so ist der gemischte Bruch vorher in einen unechten Bruch umzuwandeln.
>
> Allgemein gilt:
>
> $\frac{a}{b} \cdot \frac{c}{d} = \frac{a \cdot c}{b \cdot d}$ für alle a, c ∈ $\mathbb{N}_0$ und b, d ∈ $\mathbb{N}$
>
> Das Ergebnis wird so weit wie möglich gekürzt angegeben.
>
> Bevor die Brüche multipliziert werden, prüft man, ob man kürzen kann. Das vereinfacht die Rechnung.

Beispiel

Berechne und kürze, wenn möglich.

a) $\frac{\overset{3}{\cancel{42}}}{19} \cdot \frac{36}{\underset{1}{\cancel{14}}} = \frac{3 \cdot 36}{19 \cdot 1} = \frac{108}{19} = 5\frac{13}{19}$ — Kürze 42 und 14 mit 14.

b) $2\frac{4}{9} \cdot 3\frac{3}{8} = \frac{\overset{11}{\cancel{22}} \cdot \overset{3}{\cancel{27}}}{\underset{1}{\cancel{9}} \cdot \underset{4}{\cancel{8}}} = \frac{11 \cdot 3}{1 \cdot 4} = \frac{33}{4} = 8\frac{1}{4}$ — Kürze 22 und 8 mit 2. Kürze 9 und 27 mit 9.

c) $\frac{\overset{3}{\cancel{48}}}{\underset{13}{\cancel{26}}} \cdot \frac{\overset{4}{\cancel{8}}}{\underset{2}{\cancel{32}}} = \frac{3 \cdot \overset{2}{\cancel{4}}}{13 \cdot \underset{1}{\cancel{2}}} = \frac{3 \cdot 2}{13 \cdot 1} = \frac{6}{13}$ — Kürze 48 und 32 mit 16. Kürze 26 und 8 mit 2. Kürze 4 und 2 mit 2.

d) $\frac{\overset{30}{\cancel{150}}}{\underset{3}{\cancel{51}}} \cdot \frac{\overset{1}{\cancel{17}}}{\underset{16}{\cancel{80}}} = \frac{\overset{10}{\cancel{30}} \cdot 1}{\underset{1}{\cancel{3}} \cdot 16} = \frac{\overset{5}{\cancel{10}} \cdot 1}{1 \cdot \underset{8}{\cancel{16}}} = \frac{5}{8}$ — Kürze 150 und 80 mit 5. Kürze 51 und 17 mit 17. Kürze 30 und 3 mit 3. Kürze 10 und 16 mit 2.

Aufgaben **69.** Berechne. Kürze, wenn möglich.

a) $\frac{12}{7} \cdot \frac{21}{26}$ b) $\frac{15}{24} \cdot \frac{36}{20}$

c) $4\frac{1}{4} \cdot \frac{18}{15}$ d) $\frac{60}{49} \cdot 4\frac{4}{12}$

e) $\frac{224}{125} \cdot \frac{25}{28}$ f) $\frac{196}{64} \cdot \frac{40}{35}$

g) $\frac{99}{66} \cdot \frac{11}{33}$ h) $\frac{12}{13} \cdot \frac{38}{8}$

i) $3\frac{1}{5} \cdot 5\frac{5}{6}$ j) $\frac{4}{10} \cdot 2\frac{3}{5}$

k) $5\frac{1}{4} \cdot \frac{56}{77}$ l) $\frac{368}{315} \cdot \frac{75}{224}$

70. Weise durch Rechnung nach, ob die Behauptung richtig oder falsch ist:

	richtig	falsch
a) Die Hälfte von der Hälfte ist ein Viertel.	☐	☐
b) Drei Viertel von vier Drittel sind drei Drittel.	☐	☐
c) Zwei Achtel von zwei Fünftel sind zwei Vierzigstel.	☐	☐
d) Zwei Fünfzigstel von zehn Viertel sind zwei Zehntel.	☐	☐
e) Ein Sechstel von sieben Halben ist sieben Zwölftel.	☐	☐
f) Ein Drittel von drei Neuntel ist ein Neuntel.	☐	☐
g) Vier Fünftel von fünf Zehntel sind zwei Fünftel.	☐	☐
h) Neun Zehntel von achtzehn Hundertstel sind zwei Tausendstel.	☐	☐
i) Fünfzehn Zehntel von einem Zehntel sind fünfzehn Hundertstel.	☐	☐

2.5 Division von Brüchen

Wie viele Rundhölzer von $\frac{1}{4}$ m Länge lassen sich aus einem $\frac{5}{2}$ m langen Rundholz für Handbesenstiele sägen?

Brüche werden **dividiert**, indem man den Dividenden mit dem **Kehrbruch** des Divisors multipliziert. Handelt es sich um einen gemischten Bruch, so ist der gemischte Bruch vorher in einen unechten Bruch umzuwandeln.

Allgemein gilt:

$\frac{a}{b} : \frac{c}{d} = \frac{a}{b} \cdot \frac{d}{c}$ für alle $a \in \mathbb{N}_0$ und $b, c, d \in \mathbb{N}$

Beispiel

Berechne. Kürze, wenn möglich.

a) $\frac{3}{4} : \frac{21}{8} = \frac{\cancel{3}^1}{\cancel{4}_1} \cdot \frac{\cancel{8}^2}{\cancel{21}_7} = \frac{1 \cdot 2}{1 \cdot 7} = \frac{2}{7}$

Multipliziere mit dem Kehrbruch von $\frac{21}{8}$. Kürze dann mit 3 und 4.

b) $2\frac{2}{6} : 12\frac{2}{4} = \frac{14}{6} : \frac{50}{4} = \frac{\cancel{14}^7}{\cancel{6}_3} \cdot \frac{\cancel{4}^2}{\cancel{50}_{25}}$
$= \frac{7 \cdot 2}{3 \cdot 25} = \frac{14}{75}$

Wandle die gemischten Brüche in unechte Brüche um.

Multipliziere dann mit dem Kehrbruch von $\frac{50}{4}$. Kürze mit 2.

c) $\frac{3}{4} : 6 = \frac{\cancel{3}^1}{4} \cdot \frac{1}{\cancel{6}_2} = \frac{1 \cdot 1}{4 \cdot 2} = \frac{1}{8}$

Der Kehrbruch einer ganzen Zahl ist ein Bruch.

Brüche, in deren Zähler und Nenner Brüche vorkommen, werden als **Doppelbrüche** bezeichnet. Allgemein gilt:

$\frac{\frac{a}{b}}{\frac{c}{d}} = \frac{a}{b} : \frac{c}{d} = \frac{a}{b} \cdot \frac{d}{c}$ für alle $a \in \mathbb{N}_0$ und $b, c, d \in \mathbb{N}$

Das Ergebnis wird so weit wie möglich gekürzt angegeben.

Beispiel

$\frac{\frac{2}{7}}{\frac{3}{14}} = \frac{2}{7} : \frac{3}{14} = \frac{2}{\cancel{7}_1} \cdot \frac{\cancel{14}^2}{3} = \frac{2 \cdot 2}{1 \cdot 3} = \frac{4}{3} = 1\frac{1}{3}$

Löse den Doppelbruch auf, indem du statt des Bruchstrichs einen Doppelpunkt schreibst. Dann berechne Bruch mal Kehrbruch.

Aufgaben **71.** Berechne!

a) $\frac{3}{4} : \frac{3}{2}$

b) $\frac{7}{9} : \frac{2}{15}$

c) $1\frac{3}{5} : \frac{2}{10}$

d) $\frac{112}{96} : \frac{76}{48}$

e) $\frac{10}{12} : 2\frac{3}{6}$

f) $\frac{\frac{15}{8}}{\frac{20}{40}}$

g) $\frac{3\frac{1}{3}}{4\frac{1}{6}}$

h) $\frac{56}{27} : \frac{35}{72}$

i) $\frac{10}{\frac{5}{4}}$

j) $\frac{\frac{1}{4}}{4} : \frac{1}{32}$

k) $\frac{1}{2} : \left(\frac{4}{7} : \frac{14}{21}\right)$

l) $\left(11 : \frac{2}{11}\right) : \left(2\frac{1}{5} : \frac{1}{5}\right)$

72. Ordne die Ergebnisse ihrer Größe nach, beginne mit dem kleinsten.

a) $3 : \frac{1}{4}$; $\frac{2}{5} : 4$; $\frac{3}{7} : \frac{2}{8}$; $1\frac{2}{4} : \frac{4}{7}$

b) $\frac{2}{3} : \frac{1}{3}$; $\frac{12}{4} : \frac{6}{2}$; $\frac{14}{8} : \frac{2}{4}$; $\frac{2}{6} : \frac{1}{8}$

c) $15 : \frac{1}{\frac{1}{2}}$; $\frac{20}{4} : \frac{5}{16}$; $\frac{15}{3} : \frac{5}{21}$; $\frac{1}{2} : \frac{1}{3}$

d) $\frac{2}{5} : \frac{2}{5}$; $2\frac{2}{10} : 1\frac{1}{10}$; $\frac{3}{7} : \frac{6}{42}$; $\frac{2}{12} : \frac{4}{60}$

73. Die Schlüssel sind für einen bestimmten Firmenbereich. Ordne den Schlüsseln die Buchstaben der Schlüsselanhänger mit gleichem Ergebnis zu. Geordnet am Schlüsselbrett ergeben die Buchstaben den Namen des Firmenbereichs.

Schlüsselbrett

1	2	3	4	5

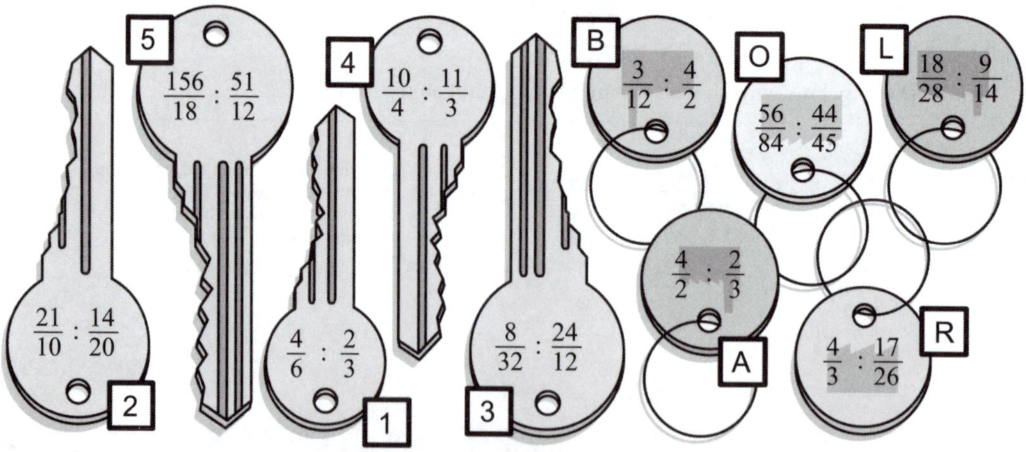

74. Bei welchem Kleeblatt ergibt die Summe der Ergebnisse ein Ganzes?

a)

b)

75. Für jedes Tierkreiszeichen steht eine Aufgabe. Löse die Aufgabe und finde anhand der Ergebnisse den Monat heraus, der für das Tierkreiszeichen steht.

 Krebs	 Skorpion	 Fische	 Steinbock
$\frac{3}{8} : \frac{3}{4}$	$\frac{9}{7} : \frac{3}{5}$	$2\frac{1}{2} : \frac{2}{5}$	$3\frac{1}{4} : 2\frac{5}{8}$
 Löwe	 Schütze	 Waage	 Zwilling
$\frac{125}{75} : \frac{5}{15}$	$\frac{12}{30} : 1\frac{3}{2}$	$\frac{9}{21} : \frac{3}{7}$	$\frac{324}{66} : \frac{9}{12}$
 Widder	 Jungfrau	 Stier	 Wassermann
$\frac{27}{35} : \frac{45}{21}$	$7\frac{2}{3} : \frac{7}{4}$	$\frac{2}{7} : 12\frac{2}{6}$	$\frac{18}{16} : \frac{20}{32}$

Januar	Februar	März	April
$\frac{26}{21}$	$\frac{9}{5}$	$\frac{25}{4}$	$\frac{9}{25}$
Mai	**Juni**	**Juli**	**August**
$\frac{6}{259}$	$\frac{72}{11}$	$\frac{1}{2}$	5
September	**Oktober**	**November**	**Dezember**
$\frac{92}{21}$	1	$\frac{15}{7}$	$\frac{4}{25}$

76. Während der Fahrt eines Frachtschiffs durchs Eismeer wurde der Schiffsrumpf beschädigt. Der 990 m^3 große Frachtraum ist in $3\frac{2}{3}$ Stunden mit Wasser vollgelaufen. Die Schotten haben gehalten und in der Werft konnte der Schaden repariert werden. Im Anschluss haben Pumpen den Frachtraum in $5\frac{2}{4}$ Stunden leer gepumpt.
Berechne, wie viele m^3 Wasser pro Stunde in den Frachtraum geflossen sind und wie viele m^3 Wasser pro Stunde abgepumpt werden konnten.

77. Ein neuer Fahrradweg soll 2 Ortschaften miteinander verbinden. Für die Teerdecke werden 1 200 m^3 Teer benötigt. 1 m^3 Teer wiegt $\frac{6}{5}$ t. Ein Tieflader hat ein Eigengewicht von $15\frac{2}{5}$ t und wiegt zusammen mit einer Teerladung $34\frac{3}{5}$ t.
Würden 70 Tieflader ausreichen, damit der Fahrradweg fertig gestellt werden kann?

78. In einem Freizeit- und Erholungsbad soll die 1 500 m^2 große Saunalandschaft gefliest werden.
Hätte der Betreiber danach noch Geld von den zur Verfügung stehenden 400 000 € übrig, wenn eine $\frac{1}{15}$ m^2 große Fliese 15 € teuer ist?

3 Rechengesetze und Regeln im Umgang mit positiv rationalen Zahlen

Aufgaben sollten nicht ohne Vorüberlegung gelöst werden. Neben den Grundregeln „Punkt vor Strich“ und „Klammern zuerst berechnen“, gibt es für die Grundrechenarten weitere Regeln und Gesetze:

Kommutativgesetz (Vertauschungsgesetz)

1. Der Wert einer Summe ändert sich nicht, wenn die Summanden vertauscht werden:
   $\mathbf{a+b=b+a}$ für $a, b \in \mathbb{Q}_0^+$
2. Es gibt kein **Kommutativgesetz der Subtraktion**.
   $a-b \neq b-a$
   Der Minuend darf nicht kleiner als der Subtrahend sein.
3. Der Wert eines Produkts ändert sich nicht, wenn die Faktoren vertauscht werden:
   $\mathbf{a \cdot b = b \cdot a}$ für $a, b \in \mathbb{Q}_0^+$
4. Es gibt kein **Kommutativgesetz der Division**.
   $\mathbf{a : b \neq b : a}$

Beispiele

1. $\frac{1}{4}+\frac{2}{4}=\frac{2}{4}+\frac{1}{4}=\frac{3}{4}$
2. $\frac{2}{3}-\frac{1}{3}=\frac{1}{3}$

   aber: $\frac{1}{3}-\frac{2}{3}$ ergibt **keine gültige Lösung**
3. $\frac{1}{4}\cdot\frac{2}{4}=\frac{2}{4}\cdot\frac{1}{4}=\frac{2}{16}$
4. $\frac{2}{8}:\frac{8}{2}=\frac{2}{8}\cdot\frac{2}{8}=\frac{4}{64}$

   aber: $\frac{8}{2}:\frac{2}{8}=\frac{8}{2}\cdot\frac{8}{2}=\frac{64}{4}$ ergibt eine andere Lösung

Assoziativgesetz (Verbindungsgesetz)

1. Der Wert einer Summe ändert sich nicht, wenn Klammern gesetzt oder weggelassen werden:
   $a+b+c=a+(b+c)=(a+b)+c$ für $a, b, c \in \mathbb{Q}_0^+$
2. Es gibt kein **Assoziativgesetz der Subtraktion**.
   $a-b-c \neq a-(b-c) \neq (a-b)-c$
3. Der Wert eines Produkts ändert sich nicht, wenn Klammern gesetzt oder weggelassen werden:
   $a \cdot b \cdot c = a \cdot (b \cdot c) = (a \cdot b) \cdot c$ für $a, b, c \in \mathbb{Q}_0^+$
4. Es gibt kein Assoziativgesetz der Division.
   $a:b:c \neq a:(b:c) \neq (a:b):c$

Beispiele

1. $\frac{1}{5}+\frac{2}{5}+\frac{4}{5}=\frac{7}{5}$

   $\frac{1}{5}+\left(\frac{2}{5}+\frac{4}{5}\right)=\frac{1}{5}+\frac{6}{5}=\frac{7}{5}$

   $\left(\frac{1}{5}+\frac{2}{5}\right)+\frac{4}{5}=\frac{3}{5}+\frac{4}{5}=\frac{7}{5}$

2. $\frac{5}{7}-\frac{2}{7}-\frac{1}{7}=\frac{2}{7}$

   aber: $\frac{5}{7}-\left(\frac{2}{7}-\frac{1}{7}\right)=\frac{5}{7}-\frac{1}{7}=\frac{4}{7}$

3. $\frac{1}{5}\cdot\frac{2}{5}\cdot\frac{4}{5}=\frac{8}{125}$

   $\frac{1}{5}\cdot\left(\frac{2}{5}\cdot\frac{4}{5}\right)=\frac{1}{5}\cdot\frac{8}{25}=\frac{8}{125}$

   $\left(\frac{1}{5}\cdot\frac{2}{5}\right)\cdot\frac{4}{5}=\frac{2}{25}\cdot\frac{4}{5}=\frac{8}{125}$

4. $\frac{5}{7}:\frac{2}{7}:\frac{1}{7}=\frac{5}{7}\cdot\frac{7}{2}\cdot\frac{7}{1}=\frac{245}{14}$

   aber: $\frac{5}{7}:\left(\frac{2}{7}:\frac{1}{7}\right)=\frac{5}{7}:\left(\frac{2}{7}\cdot\frac{7}{1}\right)=\frac{5}{7}:\frac{2}{1}=\frac{5}{7}\cdot\frac{1}{2}=\frac{5}{14}$

Besonderheiten:

1. Ist einer der beiden Summanden 0, so ist der Summenwert gleich dem Wert des anderen Summanden. Die Zahl **0** ist das **neutrale Element** der Addition.
2. Haben Minuend und Subtrahend den gleichen Wert, so ist der Differenzwert gleich **0**.
3. Hat einer der beiden Faktoren den Wert **1**, so ist der Produktwert gleich dem Wert des anderen Faktors. Die Zahl **1** ist das **neutrale Element** der Multiplikation.
4. Die Division durch **0** ist **nicht** erlaubt.

Beispiele

1. $\frac{1}{2}+0=\frac{1}{2}$
2. $\frac{1}{3}-\frac{1}{3}=0$
3. $\frac{4}{7}\cdot 1=\frac{4}{7}$

Aufgabe 79. Rechne möglichst geschickt.

a) $\frac{4}{12}+\frac{1}{2}+\frac{2}{12}$

b) $3\frac{4}{9}+7+6\frac{5}{9}$

c) $\frac{12}{4}+\frac{14}{8}+\frac{20}{4}+\frac{10}{8}$

d) $2\frac{3}{14}+1\frac{2}{6}+4\frac{12}{4}+\frac{19}{42}$

e) $\frac{3}{4}\cdot\frac{2}{7}\cdot\frac{4}{3}$

f) $1\frac{2}{5}\cdot\frac{3}{8}\cdot 2\frac{2}{4}$

g) $\frac{19}{13}\cdot\frac{21}{36}\cdot\frac{39}{57}\cdot\frac{4}{7}\cdot 9$

h) $\frac{3}{54}\cdot\frac{12}{13}\cdot\frac{52}{16}\cdot\frac{9}{27}+\frac{17}{18}$

Distributivgesetz

Für alle $a, b, c \in \mathbb{Q}_0^+$ gilt:

$a \cdot (b+c) = a \cdot b + a \cdot c$ $\quad$ $a \cdot (b-c) = a \cdot b - a \cdot c$

$(a+b) \cdot c = a \cdot c + b \cdot c$ $\quad$ $(a-b) \cdot c = a \cdot c - b \cdot c$

Für alle $a, b \in \mathbb{Q}_0^+$ und alle $c \in \mathbb{Q}^+$ gilt:

$(a+b) : c = a : c + b : c$ $\quad$ $(a-b) : c = a : c - b : c$

Beispiele

1. $\left(\frac{3}{8}+\frac{5}{2}\right)\cdot\frac{8}{5}=\frac{3}{8}\cdot\frac{8}{5}+\frac{5}{2}\cdot\frac{8}{5}=\frac{3\cdot 8}{8\cdot 5}+\frac{5\cdot 8}{2\cdot 5}=\frac{3}{5}+\frac{8}{2}=\frac{3}{5}+4=4\frac{3}{5}$

2. $\left(\frac{3}{4}-\frac{1}{3}+\frac{1}{2}\right):\frac{2}{3}=\frac{3}{4}:\frac{2}{3}-\frac{1}{3}:\frac{2}{3}+\frac{1}{2}:\frac{2}{3}=\frac{3}{4}\cdot\frac{3}{2}-\frac{1}{3}\cdot\frac{3}{2}+\frac{1}{2}\cdot\frac{3}{2}=$
$\frac{3\cdot 3}{4\cdot 2}-\frac{1\cdot 3}{3\cdot 2}+\frac{1\cdot 3}{2\cdot 2}=\frac{9}{8}-\frac{1}{2}+\frac{3}{4}=\frac{9}{8}-\frac{4}{8}+\frac{6}{8}=\frac{11}{8}$

Terme bestehen aus Zahlen und Variablen und sinnvollen Verknüpfungen von Zahlen und Variablen durch Rechenzeichen.

Beachte:

- Was in Klammern steht, wird zuerst berechnet.
- Punktrechnungen werden vor Strichrechnungen ausgeführt.
- Was gerade nicht berechnet wird, wird unverändert abgeschrieben.

Beispiel

$\frac{5}{2}-\frac{2}{3}\cdot\left(\frac{3}{4}+\frac{4}{5}\right)$ Berechne zuerst die Klammern.

$=\frac{5}{2}-\frac{2}{3}\cdot\left(\frac{15}{20}+\frac{16}{20}\right)$

$=\frac{5}{2}-\frac{2}{3}\cdot\frac{31}{20}$ Punkt vor Strich.

$=\frac{5}{2}-\frac{2\cdot 31}{3\cdot 20}$ Kürzen.

$=\frac{5}{2}-\frac{31}{30}$

$=\frac{75}{30}-\frac{31}{30}$

$=\frac{44}{30}=1\frac{14}{30}=1\frac{7}{15}$

Aufgaben **80.** Berechne. Wende die Rechengesetze an.

a) $\frac{1}{2}\cdot\frac{1}{4}+\frac{3}{4}\cdot\frac{2}{3}$

b) $6\cdot 2\frac{3}{7}$

c) $\frac{2}{4}\cdot\left(\frac{3}{4}+\frac{1}{3}\right)$

d) $\left(\frac{6}{14}-\frac{1}{4}\right)\cdot 3\frac{5}{2}$

e) $\frac{2}{8}\cdot(9-3)$

f) $12\cdot\left(\frac{7}{6}+\frac{13}{10}-\frac{4}{5}\right)$

g) $\frac{2}{5}\cdot\left(\frac{7}{5}:\frac{1}{2}\right)$

h) $8\frac{1}{2}+2\frac{3}{5}:1\frac{2}{10}$

i) $1\frac{1}{3}\cdot\frac{4}{7}-\frac{7}{4}:4\frac{1}{12}$

j) $2\frac{2}{5}:\frac{12}{15}+\frac{3}{8}\cdot\frac{4}{6}$

81. Ergänze die Rechenbäume.

a)

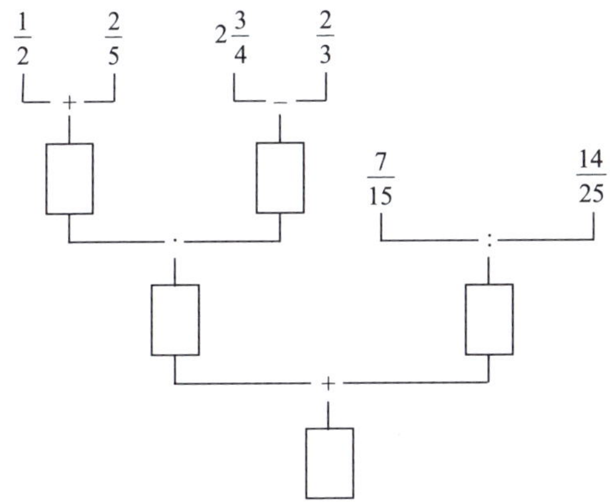

b)

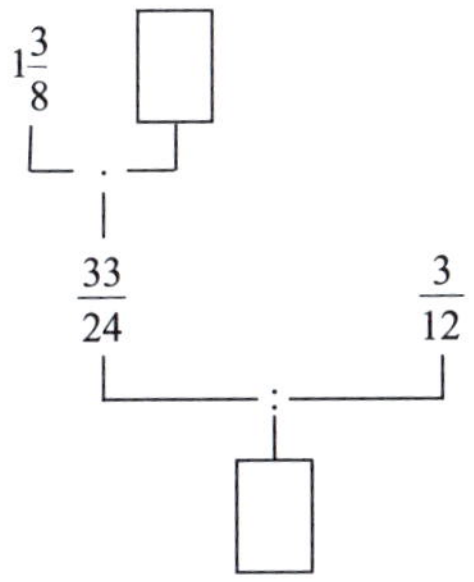

c)

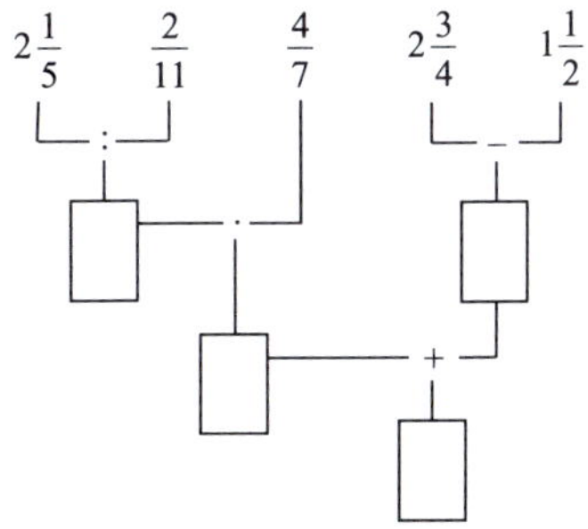

82. Berechne ausführlich! Kürze vollständig!

a) $\frac{6}{15}\cdot\frac{12}{30}$

b) $\frac{14}{9}-\frac{7}{12}$

c) $\frac{7}{5}-\frac{2}{3}+\frac{2}{5}$

d) $5\frac{6}{4}-1\frac{3}{7}$

e) $\frac{15}{36}\cdot\frac{4}{30}\cdot\frac{9}{16}$

f) $12\frac{1}{4}-\frac{3}{4}\cdot\frac{6}{18}$

g) $\frac{4}{9}\cdot\frac{2}{11}+\frac{4}{9}\cdot\frac{5}{33}$

h) $\frac{32}{12}\cdot\frac{48}{8}\cdot\frac{9}{2}$

i) $\frac{3}{7}\cdot\frac{21}{33}$

j) $\frac{7}{8}-\frac{1}{2}+\frac{2}{5}$

k) $\frac{18}{39}\cdot\left(\frac{24}{7}-\frac{3}{6}\right)$

l) $\frac{17}{18}-\frac{5}{12}$

m) $\frac{14}{9}\cdot\frac{27}{11}+\frac{7}{11}\cdot\frac{6}{3}$

n) $2\frac{2}{5}+3\frac{1}{6}-4\frac{1}{10}$

o) $2\frac{5}{26}:\frac{12}{14}$

p) $2\frac{1}{5}\cdot\frac{17}{22}\cdot3\frac{1}{4}$

q) $18\frac{2}{3}:\left(1\frac{1}{7}\cdot6\frac{2}{9}\right)$

r) $3\cdot5\frac{1}{6}-4\frac{1}{3}\cdot2\frac{1}{6}$

s) $\frac{1\frac{2}{8}}{\frac{5}{24}}$

t) $\frac{4\frac{3}{5}-2\frac{3}{8}}{17\frac{1}{4}+18\frac{7}{20}}$

u) $\frac{5}{12}\cdot\frac{8}{7}-\frac{1}{7}\cdot\frac{5}{12}$

v) $\frac{3}{14}\cdot\frac{7}{9}$

w) $2\frac{3}{8}\cdot\frac{12}{4}+\frac{12}{32}\cdot4\frac{8}{2}$

x) $\left(2\frac{8}{6}\cdot\frac{12}{18}\right)+4\frac{1}{2}$

83. a) Bilde den Summenwert der Brüche in den Zacken des Sterns.

b) Addiere die Brüche in den oberen drei Sternzacken und dividiere den Summenwert durch die Differenz der Brüche in den unteren beiden Zacken.

c) Multipliziere die Brüche in den unteren Sternzacken und addiere das Produkt der Brüche in den oberen Sternzacken.

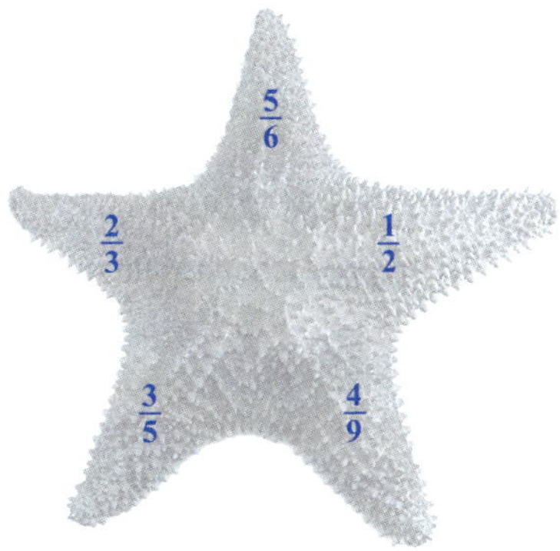

d) Multipliziere die Summe der Brüche in den oberen Sternzacken mit dem Quotientenwert der Brüche in den unteren Sternzacken.

e) Zu der Differenz der Brüche in den unteren Sternzacken soll die Summe der Brüche in den oberen Sternzacken addiert werden.

84. Bei einem Zauberquadrat ergibt sich in jeder Zeile, Spalte und Diagonale der gleiche Summenwert.
Ergänze entsprechend das folgende Zauberquadrat.

A	$\frac{10}{48}$	**B**	$\frac{10}{16}$
C	$\frac{1}{2}$	**D**	$\frac{5}{12}$
$\frac{22}{48}$	$\frac{2}{6}$	**E**	$1\frac{1}{4}$
$\frac{1}{4}$	**F**	**G**	$\frac{2}{16}$

85. Im Rahmen der Werterhaltung ihrer alten Villa erneuern die Eigentümer den Parkettfußboden im Eingangsbereich. Sie veranschlagen 1 200 € und rechnen mit einem Verschnitt von $\frac{3}{4}$ m^2.
Reicht den Eigentümern bei einem Quadratmeterpreis von 150 € das Geld? Stelle zur Berechnung zuerst einen Term auf.

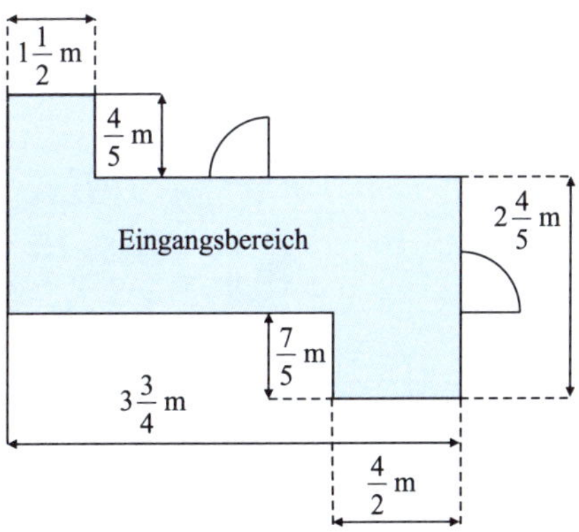

86. Herr Grohmann ist als Außendienstmitarbeiter für eine große Versicherung tätig. Im letzten Monat, der 22 Arbeitstage zählte, hat er durchschnittlich pro Arbeitstag $1\frac{1}{4}$ Überstunden geleistet. Ein normaler Arbeitstag hat $8\frac{3}{4}$ Stunden.

a) Mit wie viel mehr Geld kann Herr Grohmann diesen Monat rechnen, wenn eine Überstunde mit $10\frac{4}{5}$ € bezahlt wird.

b) Laut Vertrag soll ein Mitarbeiter mindestens die Hälfte der Arbeitszeit mit Kunden im Kontakt sein.
Hat Herr Grohmann in diesem Monat die Richtlinie erfüllt, wenn er ein Viertel der Arbeitszeit im Auto und zwei Fünftel im Büro zugebracht hat?

87. Forstarbeiter sägen gefällte Tannen zurecht, indem sie zuerst die Krone und dann einen Teil des unteren Baumstammes absägen. Es soll ein möglichst langer Baumstamm zur Weiterverarbeitung entstehen. Der eine Forstarbeiter möchte das obere Drittel und von unten zwei Fünftel absägen. Der andere Forstarbeiter meint, dass es besser wäre, zwei Viertel von oben und ein Fünftel unterhalb der Hälfte abzusägen.
Wer hat Recht?

88. Eine Forschungsstation am Südpol betreibt zur Stromgewinnung 2 Generatoren. Die Generatoren laufen mit Benzin. Pro Tag benötigt ein Generator $10\frac{1}{2}\,\ell$ Benzin. Der Vorratstank fasst $472\frac{2}{4}\,\ell$ Benzin.
Ist die Stromgewinnung bis zur nächsten Lieferung in 3 Wochen gesichert?

Dezimalbrüche

1 Rechnen mit Dezimalbrüchen

1.1 Dezimalschreibweise von Brüchen

Der Dollarkurs beträgt 1 € = 1,3195 $ (am 05. 03. 2007).
Was bedeutet das?

> Bei der Dezimalschreibweise von Brüchen stehen rechts vom Komma Zehntel, Hundertstel, Tausendstel, … Eine Ziffer rechts vom Komma heißt **Dezimale** oder **Dezimalstelle**. Man bezeichnet diese Zahlen auch als **Dezimalbrüche**.

Beispiel

1 € = 1, 3195 $. Benenne die Ziffern der Zahl **1,3195**.

Lösung:

1,3195 besteht aus
1 Einer (E),
3 Zehntel (z),
1 Hundertstel (h),
9 Tausendstel (t) und
5 Zehntausendstel (zt).

Die Ziffern rechts neben dem Komma nennt man von links nach rechts Zehntel, Hundertstel, Tausendstel, Zehntausendstel, Hunderttausendstel usw.

1,3195 ist eine andere Schreibweise für
$1+\frac{3}{10}+\frac{1}{100}+\frac{9}{1\,000}+\frac{5}{10\,000}$.

Man kann dies auch in einer **Stellenwerttafel** zusammenfassen:

H	Z	E	$z\left(\frac{1}{10}\right)$	$h\left(\frac{1}{100}\right)$	$t\left(\frac{1}{1\,000}\right)$	$zt\left(\frac{1}{10\,000}\right)$
		1	3	1	9	5

Aufgaben

89. Schreibe die Dezimalbrüche mithilfe einer Stellenwerttafel.

	Dezimalbruch	H	Z	E	z	h	t	zt
a)	12,346							
b)	0,12							
c)	7,3489							
d)	10,043							

90. Wie heißt der Dezimalbruch?

	H	Z	E	z	h	t	zt	Dezimalbruch
a)	1	4	1	0	4	7		
b)				1	3	6		
c)		2	4	3				

1.2 Umwandeln von Dezimalbrüchen in gemeine Brüche

Der Abflugplan eines Flughafens ist aufgrund von Computerproblemen durcheinander geraten.
Wann startet das Flugzeug nach Hamburg?

Um einen **Dezimalbruch** als **Bruch** zu schreiben, schreibt man die **Dezimalen als Zähler** und setzt als **Nenner** eine **Stufenzahl** (10, 100, 1 000, 10 000…), deren Nullen der Anzahl der Dezimalen entspricht.

Beispiele

Schreibe als Bruch und kürze.

1. $5{,}\mathbf{4} = 5\frac{\mathbf{4}}{\mathbf{10}} = 5\frac{2}{5} = \frac{27}{5}$

Rechts neben dem Komma steht die Zahl 4. Schreibe 4 in den Zähler. Weil die 4 an erster Stelle steht, schreibe 10 in den Nenner.

2. $7{,}\mathbf{75} = 7\frac{\mathbf{75}}{\mathbf{100}} = 7\frac{3}{4}$

Rechts neben dem Komma steht die Zahl 75. Schreibe 75 in den Zähler. Weil die 5 an zweiter Stelle steht, schreibe 100 in den Nenner. Kürze mit 25.

Aufgaben

91. Schreibe als gemischten Bruch und kürze, wenn möglich.

a) 23,17 b) 9,560
c) 0,8 d) 1,75
e) 345,2 f) 11,125
g) 0,061 h) 81,07
i) 913,001 j) 2,5

92. Schreibe als Bruch und kürze, wenn möglich.

a) 0,04 b) 0,25
c) 1,375 d) 0,42
e) 2,625 f) 3,5
g) 0,02 h) 2,25

1.3 Umwandeln von Brüchen in Dezimalbrüche

Für Schokoladenpudding braucht man unter anderem $\frac{1}{8}\,\ell$ Schlagsahne und $\frac{1}{2}\,\ell$ Milch. Auf dem Messbecher stehen aber nur Dezimalangaben.
Kannst du trotzdem einen Pudding kochen?

Wird ein **Bruch** so erweitert, dass sein **Nenner eine Stufenzahl** ist, kann er als **Dezimalbruch** geschrieben werden.

Vorgehen zur Umwandlung eines Bruchs in einen Dezimalbruch:
1. Erweitere den Bruch so, dass der **Nenner eine Stufenzahl** ist.
2. Schreibe die Ziffern des neuen Zählers ab.
3. Zähle die Nullen im Nenner.
4. Setze an dieser Stelle ein Komma (von rechts nach links zählen!).
5. Hat der Nenner mehr Nullen als der Zähler Stellen, wird die Zahl mit Nullen ergänzt.

Beispiele

Schreibe folgende gemischte Zahlen als Dezimalbruch.

1. $\frac{3}{200} \overset{\cdot 5}{=} \frac{15}{1\,000} = 0{,}015$

Erweitere, sodass im Nenner die Stufenzahl 1 000 steht. Da der Zähler 2 Stellen hat, der Nenner aber 3 Nullen, ergänze eine Null.

2. $12\frac{7}{10} = 12{,}7$

Die Ganzen ergeben die Zahl vor dem Komma. 10 hat eine Null. Schreibe deshalb 7 an die erste Stelle hinter dem Komma.

3. $154\frac{12}{1\,000} = 154{,}012$

1 000 hat 3 Nullen. Schreibe deshalb die 2 an die 3. Stelle hinter dem Komma, und die 1 an 2. Stelle.

4. $1\frac{2}{50} = 1\frac{4}{100} = 1{,}04$

Hier musst du noch einen Zwischenschritt machen, und den Bruch auf die Stufenzahl 100 erweitern. 100 hat 2 Nullen. Schreibe deshalb die 4 aus dem Zähler an die 2. Stelle hinter dem Komma.

Aufgaben

93. Schreibe als Dezimalbruch.

a) $9\frac{2}{10}$

b) $224\frac{51}{100}$

c) $7\frac{13}{1\,000}$

d) $1\frac{3}{100}$

e) $32\frac{581}{1\,000}$

f) $21\frac{131}{1\,000}$

g) $81\frac{3}{5}$

h) $0\frac{1}{8}$

i) $12\frac{3}{4}$

j) $671\frac{4}{8}$

94. Welcher Dezimalbruch versteckt sich hinter folgender Schreibweise? Notiere den Dezimalbruch.

a) 19 Hundertstel

b) 85 Zehntel

c) 32 Tausendstel

d) 162 Hundertstel

e) 6 Zehntel

f) 2 Hundertstel

95. Moderne Fahrradcomputer haben Tageskilometerzähler, die die gefahrene Strecke bis auf drei Nachkommastellen angeben können. Ist man z. B. 205 km und 33 m gefahren, sieht die Anzeige so aus:

2	0	5	0	3	3

Finde heraus, wie weit die einzelnen Radler an einem Tag gefahren sind, indem du jeweils die gemischte Zahl in einen Dezimalbruch umwandelst.

a) $251\frac{5}{100}$

b) $42\frac{17}{1\,000}$

c) $5\frac{3}{10}$

d) $62\frac{3}{25}$

e) $7\frac{73}{100}$

f) $21\frac{2}{40}$

$\frac{1}{8}\,\ell$ Schlagsahne entspricht 0,125 ℓ. Will man jedoch $\frac{1}{7}\,\ell$ Schlagsahne abmessen, so findet man keine geeignete Stufenzahl, auf die man den Nenner erweitern kann.

$\frac{1}{7} = ?$

Hier gibt es eine zweite Möglichkeit, Brüche in Dezimalbrüche umzuwandeln.

> Man erhält die Dezimalschreibweise eines Bruches, indem man den **Zähler durch** den **Nenner dividiert**. Das Komma wird gesetzt, wenn die Ziffern des Zählers „aufgebraucht“ sind. Danach rechnet man mit Nullen weiter.

Beispiel

Wandle den Bruch $\frac{1}{8}$ in einen Dezimalbruch um.

$1:8 = 0{,}125$

$\underline{0}$

10

$\underline{8}$

20

$\underline{16}$

40

$\underline{40}$

0

1 geteilt durch 8 ist 0. 0 mal 8 ist 0. 1 minus 0 ist 1. Die Stellen des Zählers sind aufgebraucht. Setze ein Komma hinter das bisherige Ergebnis und eine 0 hinter die 1.

10 geteilt durch 8 ist 1. 1 mal 8 ist 8. 10 minus 8 ist 2. Schreibe eine 0 hinter die 2.

20 geteilt durch 8 ist 2. 2 mal 8 ist 16. 20 minus 16 ist 4. Schreibe eine 0 hinter die 4.

40 geteilt durch 8 ist 5. 5 mal 8 ist 40. 40 minus 40 ist 0. Die Division geht auf.

Aufgabe 96. Finde den zugehörigen Dezimalbruch.

a) $\frac{9}{6}$

b) $\frac{45}{12}$

c) $\frac{27}{12}$

d) $\frac{7}{16}$

1.4 Arten von Dezimalbrüchen

Die Zahl π ist eine wichtige Zahl. Man braucht sie zum Beispiel, wenn man die Fläche eines Kreises berechnen will. Aber auch bei der Berechnung anderer Figuren spielt sie eine Rolle.

π ist unendlich lang. Die ersten 100 Dezimalen lauten folgendermaßen:

$\pi = 3{,}1415926535897932384626433832795028841971693993751058209749445923078164062862089986280348253421170679\ldots$

> Ein Bruch kann als **endlicher Dezimalbruch** geschrieben werden, wenn die Division Zähler durch Nenner aufgeht.
> Geht die Division Zähler durch Nenner nicht auf, so erhält man einen **nichtendlichen Dezimalbruch**. Dieser wird auch **periodischer Dezimalbruch** genannt, weil immer derselbe Rest („Periode“) auftritt.
> Die Periode kennzeichnet man mit einem **Querstrich** darüber.
> Es gibt **sofortperiodische** und **nicht sofortperiodische** Dezimalbrüche.

Beispiele

1. $\frac{1}{2}$ ist ein endlicher Dezimalbruch.

$$\begin{array}{l} 1:2 = 0{,}5 \\ \underline{0} \\ 10 \\ \underline{10} \\ \mathbf{0} \end{array}$$

Die Division geht auf, es gibt keinen Rest.

2. $\frac{1}{3}$ ist ein **sofortperiodischer** Bruch.

$$\begin{array}{l} 1:3 = 0{,}333\ldots = 0{,}\overline{3} \\ \underline{0} \\ \mathbf{1}0 \\ \ \ \underline{9} \\ \ \ \mathbf{1}0 \\ \ \ \ \ \underline{9} \\ \ \ \ \ \ldots \end{array}$$

Es tritt immer der Rest 1 auf. Die Division wird nie aufgehen. Bei jedem Schritt kommt noch eine 3 als Dezimale dazu. Das bedeutet, der Dezimalbruch ist nicht endlich.

Die Schreibweise $0{,}\overline{3}$ besagt, dass noch unendlich oft die Ziffer 3 kommt.

3. $\frac{1}{6}$ ist ein **nicht sofortperiodischer** Bruch.

$$\begin{array}{l} 1:6 = 0{,}1666\ldots = 0{,}1\overline{6} \\ \underline{0} \\ 10 \\ \ \ \underline{6} \\ \ \ \mathbf{4}0 \\ \ \ \underline{36} \\ \ \ \ \ \mathbf{4} \\ \ \ \ \ \ldots \end{array}$$

Ab dem zweiten Rechenschritt tritt immer der Rest 4 auf.

Weil die Wiederholung nicht sofort auftritt, nennt man $0{,}1\overline{6}$ einen nicht sofortperiodischen Bruch.

Folgende wichtige Zahlen solltest du dir gut einprägen.

Endliche Dezimalbrüche:	**Periodische Dezimalbrüche:**
$\frac{1}{2} = 0{,}5$	$\frac{1}{3} = 0{,}\overline{3}$
$\frac{1}{4} = 0{,}25$	$\frac{1}{6} = 0{,}1\overline{6}$
$\frac{3}{4} = 0{,}75$	$\frac{1}{9} = 0{,}\overline{1}$
$\frac{1}{8} = 0{,}125$	$\frac{1}{99} = 0{,}\overline{01}$
$\frac{1}{5} = 0{,}2$	$\frac{2}{99} = 0{,}\overline{02}$

Aufgaben

97. Wandle in Dezimalbrüche um. Wenn sich eine Periode ergibt, kennzeichne diese mit einem Querstrich.

a) $\frac{5}{3}$

b) $\frac{12}{9}$

c) $\frac{2}{8}$

d) $\frac{4}{6}$

98. Jede der folgenden Aufgaben hat einen bestimmten Wert. Nicht alle Aufgaben sind richtig gelöst.
Suche alle Fehler und schreibe jeweils die verbesserte Aufgabe auf.
Die Summe der Werte aller fehlerhaften Aufgaben ergibt 366 €.

a) $1\frac{27}{100} = 1{,}027$ **(7 €)**

b) $0{,}031 = \frac{31}{100}$ **(12 €)**

c) $81{,}1 = 81\frac{1}{10}$ **(2 €)**

d) $91\frac{121}{100} = 91{,}121$ **(213 €)**

e) $0{,}1 = \frac{2}{10}$ **(19 €)**

f) $407\frac{331}{10\,000} = 407{,}331$ **(87 €)**

g) $33\frac{1}{100} = 33{,}1$ **(28 €)**

h) $2\,131\frac{3}{100} = 2\,131{,}03$ **(9 €)**

i) $4\frac{11}{1\,000} = 4{,}011$ **(53 €)**

1.5 Runden

Die Zugspitze ist 2 962,06 m hoch. Um die Höhe des Bergs mit der anderer Berge vergleichen zu können, reicht aber eine gerundete Angabe.

Rundet man auf eine bestimmte Stelle nach dem Komma, so ist die **Ziffer, die eine Stelle weiter rechts steht**, entscheidend.
0, 1, 2, 3, 4 → abrunden
5, 6, 7, 8, 9 → aufrunden

Beispiel

Runde 32,148 auf …
a) Hundertstel
b) Zehntel
c) Einer

Lösung:

a) $32{,}14\mathbf{8} \approx 32{,}1\mathbf{5}$ — Die Tausendstelstelle entscheidet. Runde auf.

b) $32{,}1\mathbf{4}8 \approx 32{,}\mathbf{1}$ — Die Hundertstelstelle entscheidet. Runde ab.

c) $32{,}\mathbf{1}48 \approx 3\mathbf{2}$ — Die Zehntelstelle entscheidet. Runde ab.

Aufgaben **99.** Runde auf …

	45,3691	0,23489	892,236	13,5814	52,1235
Einer					
Zehntel					
Hundertstel					
Tausendstel					

100. Die folgenden Bodenerhebungen (Quelle: statistisches Bundesamt) sind in Metern angegeben.

a) Gib alle Bodenerhebungen in km an.

b) Gib alle Bodenerhebungen in km, auf Hundertstel gerundet, an.

c) Gib alle Bodenerhebungen in km, auf Zehntel gerundet, an.

Berg	Gebirge bzw. Landschaft	Höhe in m
Alpen		
Zugspitze	Nördliche Kalkalpen	2 962
Höllentalspitze		2 745
Watzmann		2 713
Kreuzspitze	Schwäbisch-Oberbayerische Voralpen	2 185
Säuling		2 047
Rotwand		1 884
Mittelgebirge		
Feldberg	Schwarzwald, Oberrheinisches Tiefland	1 493
Belchen		1 414
Schauinsland		1 284
Großer Aber	Oberpfälzer und Bayerischer Wald	1 456
Großer Rachel		1 453
Dreisesselberg		1 332
Lemberg	West- und Süddeutsches Stufen- und Bergland	1 015
Schneeberg	Thüringisch-Fränkisches Mittelgebirge	1 051

101. Hier siehst du eine Erhebung des statistischen Bundesamtes über die Bevölkerungszahlen der einzelnen Bundesländer.

a) Runde die Anzahl der männlichen Bevölkerung jedes Bundeslandes auf Millionen mit zwei Nachkommastellen.

b) Runde die Anzahl der weiblichen Bevölkerung jedes Bundeslandes auf Millionen mit einer Nachkommastelle.

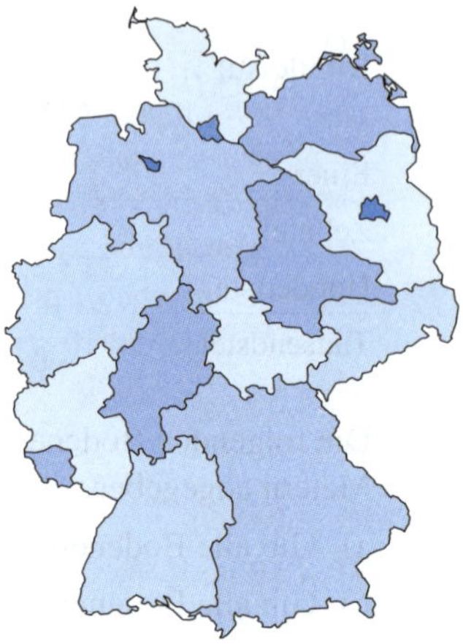

Land	Fläche in km^2	Bevölkerung in 1 000			Einwohner je km^2
		insges.	männlich	weiblich	Anzahl
Ergebnisse der Bevölkerungsfortschreibung					
Baden-Württemberg	35 751,65	10 693	5 247	5 445	299
Bayern	70 549,19	12 423	6 079	6 344	176
Berlin	891,75	3 388	1 651	1 737	3 800
Brandenburg	29 477,16	2 575	1 273	1 302	87
Bremen	404,23	663	321	342	1 640
Hamburg	755,16	1 743	843	891	2 296
Hessen	21 114,72	6 089	2 982	3 108	288
Mecklenburg-Vorp.	23 174,17	1 732	858	874	75
Niedersachsen	47 618,24	7 993	3 915	4 078	168
Nordrhein-Westf.	34 083,52	18 080	8 803	9 277	530
Rheinland-Pfalz	19 847,39	4 059	1 989	2 070	204
Saarland	2 568,65	1 061	516	546	413
Sachsen	18 413,91	4 321	2 103	2 219	235
Sachsen-Anhalt	20 445,26	2 523	1 231	1 292	123
Schleswig-Holstein	15 763,18	2 823	1 380	1 443	179
Thüringen	16 172,14	2 373	1 166	1 207	147
Deutschland	**357 030,32**	**82 532**	**40 356**	**42 176**	**231**

102. Mit einem Schraubenmikrometer wird der Durchmesser von optischen Linsen gemessen. Linsen, die einen gerundeten Durchmesser von 4,6 mm aufweisen, sind versandfertig.
Welche optischen Linsen wurden entsprechend geschliffen?

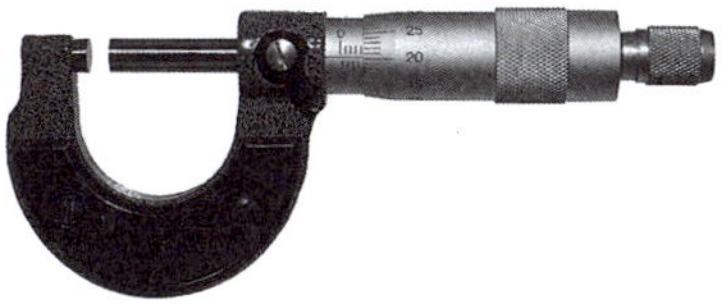

a) 4,56 mm	b) 4,54 mm
c) 4,59 mm	d) 4,62 mm
e) 4,68 mm	f) 4,51 mm
g) 4,58 mm	h) 4,64 mm
i) 4,61 mm	j) 4,65 mm

1.6 Vergleichen und Ordnen

Vergleiche die Preise der folgenden Tankstellen.

Tankstelle 1	1,159 €
Tankstelle 2	1,129 €
Tankstelle 3	1,149 €
Tankstelle 4	1,119 €

Wo tankt man am billigsten?

Dezimalbrüche werden miteinander **verglichen**, indem man die einzelnen Stellenwerte **von links nach rechts** miteinander vergleicht. Es entscheidet die **erste Stelle**, an der die Ziffern verschieden sind.
Zu jedem Dezimalbruch gibt es auf der Zahlenhalbgeraden einen **Bildpunkt** und einen **Zahlenpfeil**.

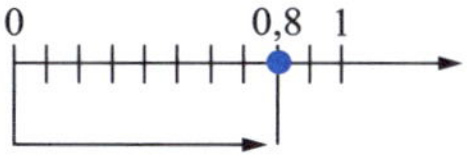

Je **länger** der Zahlenpfeil und je **weiter rechts** der Bildpunkt ist, desto **größer** ist die zugehörige Zahl.

Beispiele

1. Bei den Bundesjugendspielen wurden die fünf schnellsten Läufer im 50 m-Lauf ermittelt.
   Ordne die Zeiten, beginne mit dem schnellsten Läufer.

Babsi:	7,23 s	Beate:	7,57 s
Nils:	7,53 s	Anne:	7,86 s
Peter:	7,49 s		

Lösung:

7,23 s Babsi
7,49 s Peter
7,53 s Nils
7,57 s Beate
7,86 s Anne

Die Ziffern links vom Komma sind bei allen gleich.
Entscheidend sind also die Dezimalstellen.
$2 < 4 < 5 < 8$
Nils und Beate haben beide 5 Zehntel.
Wichtig sind deswegen die Hundertstel.

2. Trage auf der Zahlenhalbgeraden die Bildpunkte zu folgenden Dezimalbrüchen ein.
   A 1,2
   B 0,4
   C 1,9

Lösung:

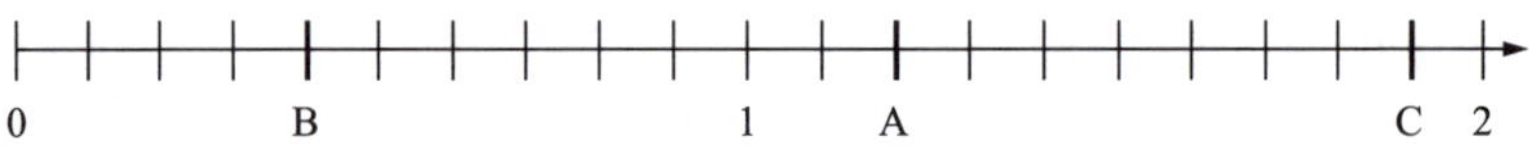

Aufgaben **103.** Welche Dezimalbrüche sind an der Zahlenhalbgeraden markiert? Trage die Dezimalbrüche in das darunter stehende Kästchen ein.

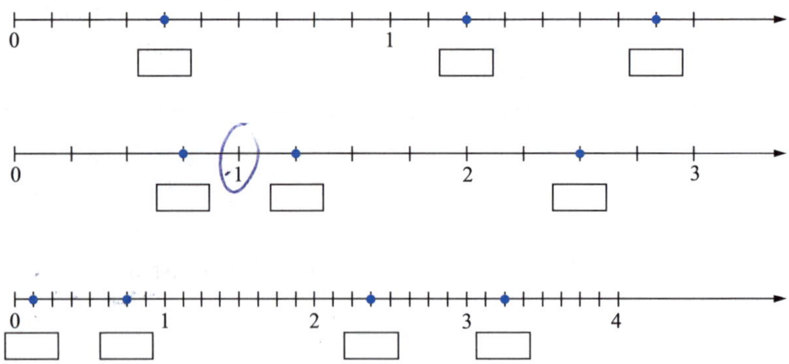

104. Setze folgende Zeichen ein: >, = oder <

a) 3,78 ☐ 3,79 b) 21,583 ☐ 21,581

c) 11,17 ☐ 11,16 d) 3,5 ☐ $3\frac{1}{2}$

e) 141,50 ☐ 141,50 f) 0,3478 ☐ 0,3488

g) 1,379 ☐ 1,37 h) 7,45 ☐ 7,48

i) 17,01 ☐ 17,015 j) 111,011 ☐ 111,0011

105. Ordne die Dezimalbrüche und beginne mit der größten Zahl.

a) 17,35; 17,53; 17,42; 17,91; 16,86

b) 2,356; 2,355; 2,535; 2,542; 2,352

106. Auf der Geburtstagsfeier von Lisa veranstalten die Kinder eine Wasserbombenschlacht. Dabei stellen sie fest, dass es besonderes Geschick erfordert, eine möglichst große und schwere Wasserbombe zu befüllen, ohne dass dabei der Luftballon platzt.
Entscheide, wer die vier Geschicktesten waren.

Eva	1,04 kg
Frank	0,89 kg
Lisa	1,01 kg
Sabrina	0,99 kg
Stefan	1,00 kg
Thomas	0,98 kg

2 Verbindung der vier Grundrechenarten

2.1 Addition und Subtraktion von Dezimalbrüchen

Michaela kauft sich ein Snowboard für 349,99 € mit neuer Bindung (186,95 €) und Boots für 69,95 €.
Wie viel muss sie bezahlen?

> Dezimalbrüche werden **addiert (subtrahiert)**, indem man die Dezimalbrüche so **untereinander schreibt**, dass **Komma unter Komma** steht. Es gelten die Regeln der Addition (Subtraktion).

Beispiele

1. $13{,}253 + 2{,}65 = 15{,}903$

	Z	E	z	h	t
	1	3	2	5	3
+		2	6	5	
	1	**5**	**9**	**0**	**3**

2. $562{,}691 - 56{,}2 = 506{,}491$

	H	Z	E	z	h	t
	5	6	2	6	9	1
–		5	6	2		
	5	**0**	**6**	**4**	**9**	**1**

Aufgaben **107.** Rechne schriftlich.

a) $3{,}87 + 2{,}589$
b) $12{,}04 + 13{,}3$
c) $214{,}871 + 981{,}74$
d) $9{,}62 - 3{,}54$
e) $323{,}421 - 78{,}39$
f) $71{,}892 - 12{,}345$

108. Ergänze die Rechenpyramide indem du addierst. Rechne im Kopf.

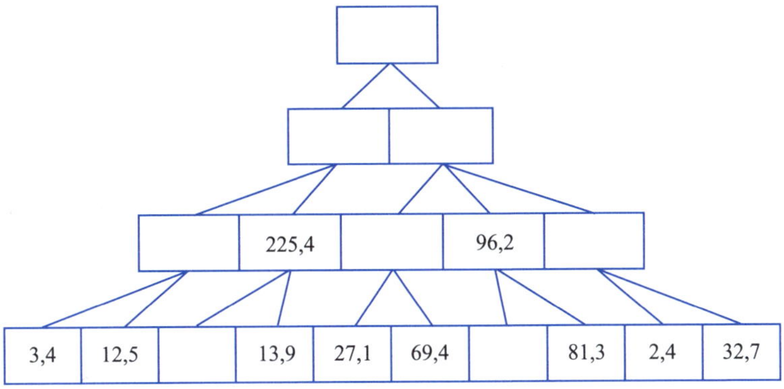

109. Berechne den Termwert und schraffiere in nebenstehender Grafik die Felder mit der entsprechenden Lösung.
Wenn du richtig rechnest, versenkst du zwei Schiffe.

a) $2{,}7 + 4{,}25$
b) $12{,}3 - 2{,}15$
c) $0{,}45 + 0{,}59$
d) $78{,}34 + 19{,}52$
e) $212{,}3 - 13{,}9$
f) $83{,}41 - 21{,}2$
g) $13{,}4 + 35{,}5 + 2{,}25$
h) $41{,}4 - 14{,}5 - 3{,}8$

6,96	10,25	65,4	62,21	78,3
97,87	6,95	62,31	198,4	19,4
23,3	10,15	51,17	51,15	197,4
12,31	1,04	2,04	23,1	49,72
10,19	97,86	198,6	23,15	6,93
0,95	1,03	6,91	23,15	23,7

2.2 Multiplikation und Division von Dezimalbrüchen

Michaela will ihr neues Snowboard testen. Mit zwei Freunden fährt sie nach Brauneck. Vorher kaufen sich alle drei noch eine neue Skibrille.
Wie viel müssen sie ausgeben, wenn eine Skibrille 29,90 € kostet?

Multiplikation eines Dezimalbruches mit einer Stufenzahl

Wird ein Dezimalbruch mit einer Stufenzahl (10, 100, 1 000…) multipliziert, so verschiebt sich das Komma um die Anzahl der Nullen der Stufenzahl **nach rechts**.

Beispiele

1. $45{,}36 \cdot 10 = 453{,}6$ — Das Komma wird um 1 Stelle nach rechts verschoben.
2. $0{,}036 \cdot 10\,000 = 360$ — Das Komma wird um 4 Stellen nach rechts verschoben und eine 0 wird ergänzt.

Aufgaben

110. Ergänze die Multiplikationstabelle.

·	10	100	1 000	10 000
0,378				
3,0479				
41,801				
17,3474				

111. Mit bloßem Auge hat der Vollmond einen scheinbaren Durchmesser von 3,5 cm.
Welchen scheinbaren Durchmesser hat der Vollmond durch einen Feldstecher gesehen, mit einer 10-fachen Vergrößerung?

112. Ein Schaufelraddampfer legt bei einer Umdrehung seines Schaufelrades 15,65 m zurück.
Welche Strecke legt der Schaufelraddampfer bei

a) 10 Umdrehungen

b) 100 Umdrehungen

c) 100 000 Umdrehungen

seines Schaufelrades zurück?

Multiplikation eines Dezimalbruches mit einem Dezimalbruch

Wird ein Dezimalbruch mit einem anderen Dezimalbruch multipliziert, gelten die Regeln der **schriftlichen Multiplikation**. Das Komma wird zunächst nicht beachtet. Das Ergebnis enthält **so viele Nachkommastellen** wie beide Faktoren zusammen.

Beispiel

$$\begin{array}{r} 4{,}12 \cdot 45{,}7 \\ 1648 \\ 2060 \\ +\quad 2884 \\ \hline 188{,}284 \end{array}$$

Multipliziere wie gewohnt. Am Schluss musst du die Nachkommastellen der beiden Faktoren zählen. So viele Nachkommastellen hat dann auch das Ergebnis. 4,12 und 45,7 haben zusammen 3 Nachkommastellen. Deswegen musst du beim Ergebnis an die 3. Stelle von hinten ein Komma setzen.

Aufgaben

113. Multipliziere schriftlich.

a) $19{,}73 \cdot 7{,}58$ b) $2{,}379 \cdot 8{,}54$

c) $241{,}2 \cdot 4{,}32$ d) $1{,}27 \cdot 3{,}6$

114. Der Wurm hat leere Felder, die du ausfüllen sollst. Beginne am Kopf und verwende das Ergebnis des Produkts als 1. Faktor des nächsten Produkts.

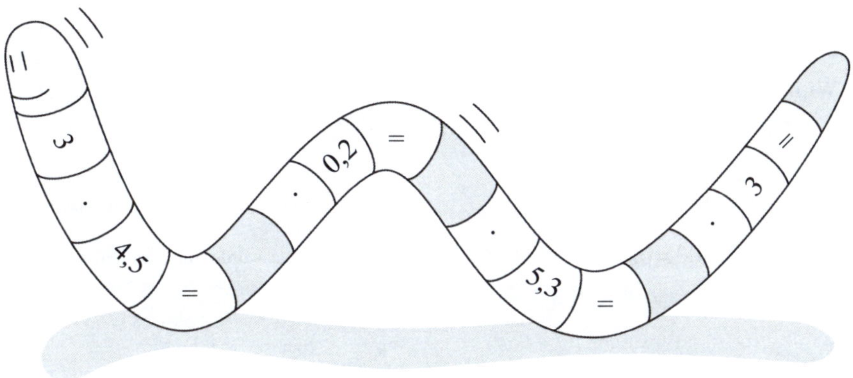

115. Die Leistung eines Autos kann in PS oder kW angegeben werden. Dabei ist
1 PS = 0,735 kW (Kilowatt) und
1 kW = 1,36 PS (Pferdestärken).
Berechne, wie viel PS 55 kW, und wie viel kW 105 PS entsprechen.

116. Berechne im Kopf.

a) das Doppelte von 4,8 b) das Vierfache von 0,6

c) das 1,5-fache von 5 d) das Tausendfache von 12,53

117. Ein Baugrundstück ist 52,3 m lang und 31,45 m breit. Für 1 m^2 Bauland müssen 73,4 € bezahlt werden.
Wie viel zahlt der Bauherr für das Grundstück?

118. Berechne die Produktwerte schriftlich.

a) $14 \cdot 35{,}2$ b) $19{,}7 \cdot 21{,}03$
c) $0{,}4 \cdot 0{,}6$ d) $0{,}03 \cdot 0{,}004$
e) $124{,}5 \cdot 3{,}87$ f) $7{,}3 \cdot 1{,}4$
g) $62{,}403 \cdot 17$ h) $13{,}43 \cdot 17{,}12$
i) $0{,}75 \cdot 51{,}7$ j) $226{,}3 \cdot 4{,}53$

Mittags kehren die drei Freunde in einer Skihütte ein und teilen sich eine Portion Pommes für 4,50 €. Wie viel muss jeder zahlen?

Division eines Dezimalbruches durch eine Stufenzahl

Wird ein Dezimalbruch durch eine Stufenzahl (10, 100, 1 000…) dividiert, so verschiebt sich das Komma um die Anzahl der Nullen der Stufenzahl **nach links**.

Beispiele

1. $85{,}8 : 10 = 8{,}58$ — Das Komma wurde um 1 Stelle nach links verschoben.
2. $1{,}02 : 100 = 0{,}0102$ — Das Komma wurde um 2 Stellen nach links verschoben.

Aufgabe **119.** Ergänze die Divisionstabelle.

:	10	100	1 000	10 000
123,5				
12,47				
528,91				
2 314,9				
1,41				

Division eines Dezimalbruches durch eine natürliche Zahl

Wird ein Dezimalbruch durch eine natürliche Zahl dividiert, gelten die Regeln der **schriftlichen Division**. Das Komma wird gesetzt, wenn die erste Zahl nach dem Komma des Dividenden nach unten gezogen wird.

Beispiele

1. $5{,}64 : 4 = 1{,}41$

```
5,64 : 4 = 1,41
4
16
16
 4
 4
 0
```

Die 6 ist die erste Zahl hinter dem Komma. Sobald sic nach unten gezogen wird, setze das Komma.

2. $1{,}28 : 4 = 0{,}32$

```
1,28 : 4 = 0,32
0
12
12
 08
  8
  0
```

Die 2 ist die erste Zahl hinter dem Komma. Sobald sie nach unten gezogen wird, setze das Komma.

Division eines Dezimalbruches durch einen Dezimalbruch

Verschiebe das Komma bei Dividend und Divisor um so viele Stellen nach rechts, bis der Divisor eine natürliche Zahl ist. Berechne dann wie gewohnt. Das Komma wird gesetzt, wenn die erste Zahl nach dem Komma des Dividenden nach unten gezogen wird.

Beispiel

$45{,}6 : 6{,}25 = 4560 : 625 = 7{,}296$

```
45,6 : 6,25 = 4560 : 625 = 7,296
              4375
               1850
               1250
                6000
                5625
                 3750
                 3750
                    0
```

Multipliziere Dividend und Divisor mit 100, um eine natürlich Zahl als Divisor zu erhalten. Dividiere dann wie gewohnt.

Aufgaben

120. Berechne die Quotientenwerte schriftlich.

a) $78 : 3{,}2$
b) $5{,}4 : 1{,}6$
c) $45{,}6 : 2{,}85$
d) $542{,}35 : 5$
e) $15{,}2 : 0{,}5$
f) $0{,}55 : 0{,}25$

121. Finde den Weg, welcher die Buchstaben zu einem Wort verbindet. Löse dazu die Aufgaben der Reihe nach und wähle das Kästchen mit dem richtigen Ergebnis aus. Das jeweilige Ergebnis steht unter dem Buchstaben. Wie heißt das Wort?

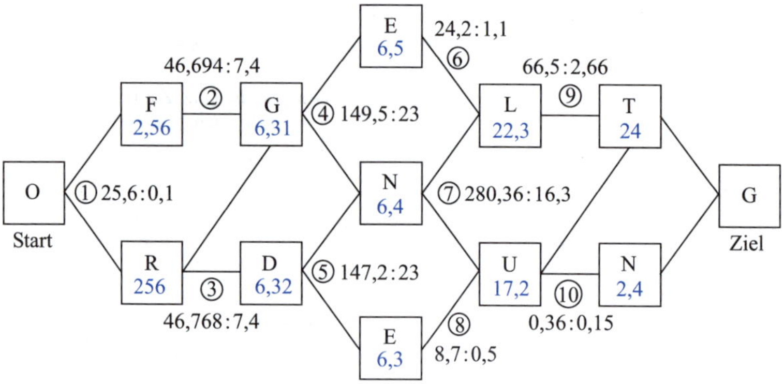

122. Berechne unter Beachtung der Rechenregeln.

a) $18{,}3-[(6{,}4-3{,}5)+5{,}3+(9{,}7-7{,}3)]$

b) $(13{,}56+34{,}24)+[(256{,}3-246{,}8)\cdot 19{,}6]$

c) $[(96{,}4-89{,}3):4]+6{,}125$

123. Für die Aufgabe brauchst du einen Würfel. Würfle zweimal. Die Augenzahl des ersten Wurfes gibt die Spalte, die des zweiten gibt die Zeile der Aufgabe an, die du lösen sollst. Versuche eine Reihe, eine Spalte oder eine Diagonale zu erhalten. Die Felder mit einem Smilie sind Jokerfelder.

	1	2	3	4	5	6
1	$3{,}64+0{,}4\cdot 1{,}2$	$0{,}65+0{,}03$	$(36{,}2+4{,}3)\cdot(78{,}45-2{,}35)$	$12{,}365+3{,}482$	$4{,}0+0{,}5-2{,}5+1{,}5$	☺
2	$5{,}65+8{,}2:5$	$13{,}44:3{,}2-1{,}35$	$32{,}5:(45{,}2-38{,}7)$	$4{,}5\cdot(5{,}6+78{,}7)$	☺	$42{,}695-21{,}36-3{,}9$
3	☺	$7{,}2:4+16{,}4:4$	$17{,}3-12{,}6-1{,}4$	$(36{,}3-13{,}2):7$	$85{,}216-15{,}312$	$(5{,}3+2{,}18):(7{,}3-5{,}1)$
4	$2{,}36+1{,}3+5{,}92$	$425{,}36-16{,}4$	$451{,}32+23{,}65+4{,}96$	☺	$(100\cdot 25{,}36):2{,}5$	$(2{,}361\cdot 100)-32{,}4$
5	$9{,}3\cdot 12{,}6+7\cdot 6{,}3$	☺	$(0{,}025+0{,}075)\cdot 26{,}53$	$4{,}3\cdot 2{,}25-1{,}45\cdot 2{,}3$	$1{,}45\cdot 7+2{,}3\cdot 7$	$11{,}3+55{,}4-33{,}5$
6	$22{,}64-6{,}3-4{,}12$	$(3{,}4+6{,}5)\cdot 13$	☺	$8{,}4\cdot(9{,}7-7{,}6)$	$23{,}65+78{,}41-3{,}6$	$(18\cdot 2{,}335):3$

124. Löse die folgenden Aufgaben. Die Ergebnisse stehen jeweils für einen bestimmten Buchstaben. Jedem Buchstaben ist der Zahlenwert in seinem Kästchen zugeordnet.
Hast du alle Buchstaben ermittelt, bilde, ähnlich dem Gesellschaftsspiel Scrabble, möglichst viele Wörter aus den Buchstaben.
Bestimme den Wert eines jeden Wortes durch Addition der Buchstabenwerte.
Findest du ein Wort mit einem Wert über 40?

a) $4 \cdot (1{,}8 + 1{,}9)$ b) $4{,}3 \cdot 4{,}2$
c) $1{,}5 \cdot 1{,}5$ d) $(25{,}62 - 12{,}42) \cdot 0{,}25$
e) $(0{,}85 + 1{,}15) \cdot 15{,}2$ f) $(12{,}3 - 2{,}3) \cdot (252{,}74 + 8{,}25)$
g) $2\,225 \cdot 0{,}01$ h) $25{,}74 \cdot 10$
i) $6{,}3 : 2{,}1$ j) $(426{,}2 : 10) + 3{,}7$
k) $16 \cdot 9{,}55$ l) $30{,}24 : 3{,}6$
m) $28{,}122 : 4{,}3$

S 5	P 12	M 11	C 9	L 7	I 3	B 8	O 4
↑	↑	↑	↑	↑	↑	↑	↑
2,25	3,3	14,8	18,06	257,4	2 609,9	46,32	22,25

R 6	H 10	E 1	A 2	X 16	U 12	T 13	N 2
↑	↑	↑	↑	↑	↑	↑	↑
8,4	152,8	6,54	3	12,4	4,72	30,4	2 163,4

Jeder Buchstabe darf nur einmal verwendet werden. Es dürfen nur Wörter gebildet werden, die im Duden stehen.

2.3 Rechnen mit Größen

Im Autobahnbau muss ein 3 km langer Abschnitt neu geteert werden. Reichen 3 t Teer, wenn für 200 m eine Teermenge von 210 kg benötigt wird?

Als Größe wird etwas bezeichnet, das gemessen werden kann. Das Lösen von Sachaufgaben erfordert hohe Konzentration. Am einfachsten löst du eine Sachaufgabe in folgenden Schritten:

1. Lies die Aufgabe **genau** durch.
2. Notiere die **gegebenen Größen und Informationen**.
3. Überlege, was **gesucht** ist.
4. Lege **sinnvolle Maßeinheiten** fest und rechne, wenn nötig, um.
5. Zerlege komplizierte Sachaufgaben in **Teilaufgaben**.
6. Notiere den **Gesamtterm** in einer sinnvollen Reihenfolge.
7. Rechne **nur mit den Maßzahlen**.
8. Führe bei schwierigen Rechnungen eine schriftliche **Nebenrechnung** durch.
9. Formuliere einen **Antwortsatz**.

Beispiele

Wandle in die angegebene Einheit um.

a) 7,5 cm (dm) b) 52 m (km)

c) 12 dm^2 (cm^2) d) 56,2 dm^3 (m^3)

Lösung:

a) 7,5 cm = 0,75 dm 1 cm = 0,1 dm

b) 52 m = 0,052 km 1 m = 0,001 km

c) 12 dm^2 = 1 200 cm^2 1 dm^2 = 100 cm^2

d) 56,2 dm^3 = 0,0562 m^3 1 dm^3 = 0,001 m^3

Aufgaben

125. Wandle in die angegebene Einheit um.

a) 52,6 cm (mm) b) 2,3 mm^2 (dm^2)

c) 15,1 ml (cl) d) 38,2 m^2 (dm^2)

e) 7,23 m (mm) f) 34,26 cl (ml)

g) 47,985 km (m) h) 81,7 t (kg)

i) 5 896 mg (g) j) 98,3 dm^3 (m^3)

126. Wandle in die größere der angegebenen Einheiten um und berechne.

a) 51,3 mm + 2,46 cm b) 11,1 ml + 1,1 cl + 22,2 ml

c) 2 165 mg − 1,562 g − 12 mg d) 98 cm² + 75,2 dm² − 1,5 cm²

127. Ein Blatt dieses Buches ist 0,08 mm dick.
Berechne, wie viele Blätter dieses Buch haben müsste, wenn es ohne den Umschlag genau 1,8 cm dick wäre.

128. Berechne die fehlende Rechteckseite.

129. In früheren Tagen wurden Stofflängen mit Vergleichslängen gemessen. Eine gebräuchliche Vergleichslänge war die Elle. Die Sächsische Elle war kürzer als die Bayerische Elle und die Preußische Elle.
Wie vielen cm entsprachen 3,4 Ellen in den einzelnen Herrschaftsgebieten?

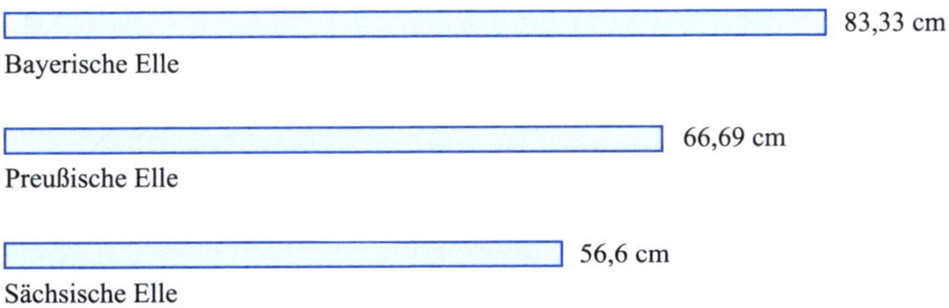

130. Früher benutzte man in der Landwirtschaft für eine Flächenangabe den Morgen. Auch hier gab es unterschiedliche Angaben.

Bayern: 1 Morgen = 34,07 a

Preußen: 1 Morgen = 25,53 a

Sachsen: 1 Morgen = 27,67 a

Wie viel ha besaß ein Bauer mit 18 Morgen?
Hinweis: 1 a = 100 m² und 1 ha = 10 000 m²

131. Ein Pkw hat ein Leergewicht von 1 075 kg und ein zulässiges Gesamtgewicht von 1 530 kg. Herr Müller zieht um und belädt seinen Pkw mit nebenstehenden Dingen:

Pflanzen	98,3 kg
Kühlschrank	77,6 kg
Lampe	7 500 g
kleiner Schuhschrank	26,3 kg
voller Koffer	25 600 g
Herr Müller selbst	120 kg
Fernseher	23,5 kg
5 Hantelscheiben	100 kg

a) Wie schwer ist die Zuladung?

b) Worauf muss Herr Müller mindestens verzichten, damit das zulässige Gesamtgewicht nicht überschritten wird?

132. a) Holger wiegt 32 Skatkarten auf seiner Küchenwaage. Sie zeigt 60 g an. Wie viel wiegt eine Karte?

b) Ein Stapel von sieben 20-Cent-Münzen hat eine Höhe von 1,54 cm. Welche Höhe hat eine 20-Cent-Münze?

133. Frank möchte in seiner Wohnung 2 Zimmer mit Parkett auslegen.

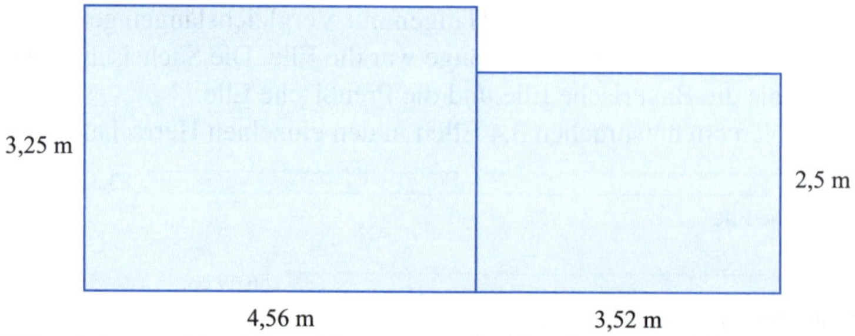

Wie viel muss Frank bezahlen, wenn der Quadratmeter 32 € kostet?

134. Zwei Bergwanderer stehen vor einer 780 m entfernten Felswand. Einer der beiden Bergfreunde ruft „Studenten“ und es tönt zurück „Enten“. Es gab ein Echo. Beide stoppen nun die Zeit, bis das Echo zu hören ist. Es dauert 4,68 s. Sie überlegen, wie schnell sich der Schall in Luft pro Sekunde ausbreitet.
Kannst du helfen? Runde auf Meter.

135. Ein Langläufer hat eine Schrittlänge von 0,85 m.
Wie viele Schritte braucht der Langläufer für eine 1 832,6 m lange Strecke?

Gleichungen und Ungleichungen

1 Wertetabellen und äquivalente Terme

1.1 Terme und Wertetabellen

Denk dir eine Zahl. Zähle 3 dazu. Nimm das Doppelte davon. Subtrahiere 6. Subtrahiere deine gedachte Zahl. Das Ergebnis entspricht der Zahl, die du dir gedacht hast.
Für solche Rätsel braucht man Terme.

x

$x+3$

$(x+3) \cdot 2 = 2x+6$

$(x+3) \cdot 2-6 = 2x+6-6=2x$

$(x+3) \cdot 2-6-x = 2x-x$

$= x$

> Rechenausdrücke, die aus Zahlen, Platzhaltern (Variablen), Rechenzeichen, Klammern etc. gebildet werden, heißen **Terme**.

Beispiele

1. $78+9-18 \cdot 2$ — Ein Term aus Zahlen.
2. $T(x)=3+x$ — Ein Term mit einer Variablen.
3. $T(x, y)=x:y$ — Ein Term mit zwei Variablen.
4. Vom Doppelten einer Zahl wird 5 subtrahiert.

   Lösung:
   $2x-5$ — Die unbekannte Zahl bezeichnet man mit x.

Aufgabe 136. Finde zu den folgenden Aussagen einen Term mit der Variable x.

a) Vom Doppelten einer Zahl wird 1 subtrahiert.

b) Zur Hälfte einer Zahl wird 15 addiert.

c) Zu einer um 3 vergrößerten Zahl wird das Vierfache der Zahl addiert.

d) Eine um 2 verminderte Zahl wird mit sich selbst multipliziert.

e) Der Quotient aus einer Zahl und 3 wird mit dem Dreifachen der Zahl multipliziert.

$$T(x)=\frac{x\cdot(x+1)}{2}$$

Dieser Term gibt an, welches Ergebnis herauskommt, wenn du alle natürlichen Zahlen von 1 bis x addierst, also $1+2+3+\ldots+x$.
Willst du wissen, welcher Summenwert bei der Aufsummierung aller natürlichen Zahlen von 1 bis 200 herauskommt, musst du die **Variable x** mit der Zahl 200 **belegen**. Die Zahl, die du für x einsetzt, heißt **Belegung**, und das Ergebnis, in das der Term übergeht, heißt **Termwert**.

$$T(200)=\frac{200\cdot(201)}{2}=20\,100$$

Sprechweise: Der Term mit der Belegung 200 ergibt den Termwert 20 100.

Die Menge der natürlichen Zahlen stellt die Grundmenge $\mathbb{G}$ dar, aus der die Belegung für x erfolgt.

> Man setzt Elemente aus der **Grundmenge $\mathbb{G}$** für die Variable ein. So lässt sich der Wert des Terms berechen, der so genannte **Termwert**.

Aufgabe 137. Bestimme die Termwerte über den angegebenen Grundmengen.

a) $T(x)=3\cdot x+4$; $\mathbb{G}=\{8; 9; 11; 12\}$

b) $T(x)=2\cdot x+3\cdot x$; $\mathbb{G}=\{1; 2; 3; 4\}$

c) $T(x)=(x+2):2$; $\mathbb{G}=\{2; 4; 6; 8; 10\}$

d) $T(x)=(20-x)\cdot 2x$; $\mathbb{G}=\{1; 2; 3\}$

In **nummerischen oder grafischen Wertetabellen** lassen sich die Belegungen für die Variable und die entsprechenden Termwerte darstellen.

Beispiel

Fertige für den folgenden Term eine nummerische und eine grafische Wertetabelle an.

$T(x) = 2 \cdot x + 2$; $\mathbb{G} = \{2; 4; 6; 8; 10\}$

Lösung:

Nummerische Wertetabelle:

x	2	4	6	8	10
$T(x) = 2 \cdot x + 2$	$2 \cdot 2 + 2$	$2 \cdot 4 + 2$	$2 \cdot 6 + 2$	$2 \cdot 8 + 2$	$2 \cdot 10 + 2$
T(x)	6	10	14	18	22

Grafische Wertetabelle:

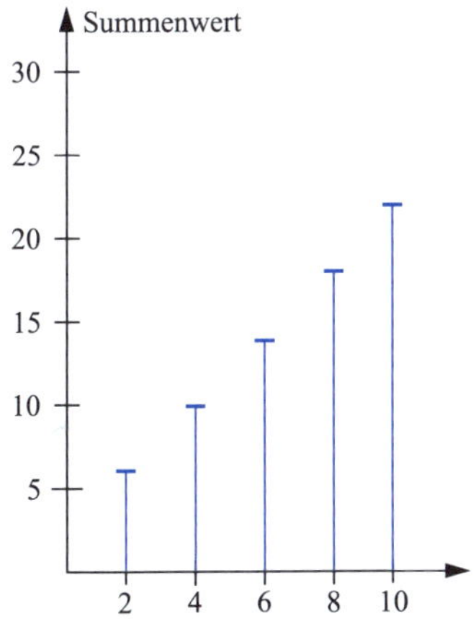

Ausgehend von der jeweiligen Belegung der Variable x auf der horizontalen Achse zeichnet man vertikale Striche, die auf der Höhe der zugehörigen Termwerte (hier: Summenwerte) enden.

Aufgaben

138. Fertige nummerische und grafische Wertetabellen über der jeweils angegebenen Grundmenge an.

a) $T(x) = 7 - x \cdot 1$; $\mathbb{G} = \{5; 6; 7\}$

b) $T(x) = 2 \cdot x - 0{,}5 \cdot x$; $\mathbb{G} = \{2; 4; 6; 8\}$

c) $T(x) = 3 \cdot (x + 2)$; $\mathbb{G} = \{2; 3; 4; 5; 6\}$

139. Ein Wanderer legt auf ebener Strecke mit 2 Schritten 1 Meter zurück.

a) Finde für die gelaufenen Meter einen Term mit der Variablen x und berechne mithilfe des Terms, wie viel Meter der Wanderer mit 670 Schritten und 2 250 Schritten zurücklegt.

b) Wie viel Schritte benötigt der Wanderer für 550 m und 2,3 km?

140. Finde über der Grundmenge $\mathbb{G} = \{0; 1; 2; 3; 4; 5\}$ den Term, der die folgenden Termwerte besitzt, und berechne den Termwert für 50:

a) $T(0) = 0$
$T(1) = 2$
$T(2) = 4$
$T(3) = 6$
$T(4) = 8$
$T(5) = 10$

b) $T(0) = 1$
$T(1) = 2$
$T(2) = 3$
$T(3) = 4$
$T(4) = 5$
$T(5) = 6$

c) $T(0) = 2$
$T(1) = 4$
$T(2) = 6$
$T(3) = 8$
$T(4) = 10$
$T(5) = 12$

d) $T(0) = 0$
$T(1) = \frac{1}{2}$
$T(2) = \frac{2}{3}$
$T(3) = \frac{3}{4}$
$T(4) = \frac{4}{5}$
$T(5) = \frac{5}{6}$

1.2 Definitionsmenge $\mathbb{D}$ und äquivalente Terme

Denke dir eine Zahl. Addiere 3. Verdopple alles. Subtrahiere 6. Teile das Ergebnis durch die gedachte Zahl. Das Ergebnis ist 2.
Für welche Zahl funktioniert dieses Rätsel nicht?

> Alle Elemente der Grundmenge $\mathbb{G}$, die man in den Term einsetzen darf, bilden die **Definitionsmenge $\mathbb{D}$** des Terms.
> **Achtung:** Die Division durch Null ist nicht erlaubt.

Beispiel

Bestimme die Definitionsmenge $\mathbb{D}$ der Terme über der gegebenen Grundmenge $\mathbb{G}$.

a) $T_1(x) = \dfrac{8}{x}$; $\quad \mathbb{G} = \{0; 1, 2; 3; 4\}$

b) $T_2(y) = \dfrac{2+y}{2-y}$; $\quad \mathbb{G} = \{0; 2; 4; 6\}$

c) $T_3(x) = \dfrac{100}{x-20}$; $\quad \mathbb{G} = \{10; 20\}$

Lösung:

a) $\mathbb{D} = \{1, 2; 3; 4\}$ — Durch 0 darf man nicht teilen.

b) $\mathbb{D} = \{0; 4; 6\}$ — Die 0 darfst du hier einsetzen, aber nicht die 2, denn sonst steht im Nenner $2 - 2 = 0$.

c) $\mathbb{D} = \{10\}$ — $20 - 20 = 0$, deswegen darfst du aus der Grundmenge nur die 10 einsetzen.

Aufgabe 141. Bestimme die Definitionsmenge $\mathbb{D}$ der folgenden Terme über der gegebenen Grundmenge $\mathbb{G}$.

a) $T(x) = \frac{x+3}{2 \cdot x - 6}$; $\mathbb{G} = \{1; 3; 5; 7; 9\}$

b) $T(y) = \frac{7}{3 \cdot (y-2)}$; $\mathbb{G} = \{0; 1; 2; 3\}$

c) $T(x) = \frac{x}{9 - x^2}$; $\mathbb{G} = \{2; 3; 4; 5\}$

> Wenn die Termwerte zweier Terme bei allen Belegungen der Grundmenge übereinstimmen, so heißen die Terme **äquivalent über $\mathbb{G}$**.

Beispiel

Sind die beiden Terme äquivalent über $\mathbb{G}$?

$T_1(x) = \frac{35}{2 \cdot x + 1}$ und $T_2(x) = \frac{72}{2 \cdot (x+1)} x$; $\mathbb{G} = \{0; 2; 3; 17\}$

Lösung:

x	0	2	3	17
$T_1(x)$	35	7	5	1
$T_2(x)$	0	12	9	2

Stelle für beide Terme eine nummerische Wertetabelle auf, und vergleiche die Werte.

Die beiden Terme sind nicht äquivalent, da die Termwerte bei den Belegungen der Grundmenge nicht übereinstimmen.

Aufgabe 142. Prüfe, ob die angegebenen Terme über der gegebenen Grundmenge äquivalent sind.

a) $T_1(x) = (x+2)^2$; $T_2(x) = x^2 + 4x + 4$; $\mathbb{G} = \{1; 2; 3; 5\}$

b) $T_1(x) = 2x + 2$; $T_2(x) = 2 \cdot (x+1)$; $\mathbb{G} = \{7; 9; 11\}$

c) $T_1(x) = \frac{18}{2 \cdot x}$; $T_2(x) = \frac{18}{2 + x}$; $\mathbb{G} = \{1; 3\}$

2 Lösen von Gleichungen und Ungleichungen

2.1 Vorkenntnisse – Aussage, Aussageform, Grund- und Lösungsmenge

Du kennst bereits aus der Jahrgangsstufe 5 Gleichungen und Ungleichungen. Frische zunächst deine Vorkenntnisse auf, bevor du das Thema vertiefst.

Man spricht von einer **Gleichung** bzw. **Ungleichung (Aussageform)**, wenn zwei Terme durch ein **Gleichheitszeichen** bzw. **Ungleichheitszeichen** verbunden sind und **mindestens eine Variable (Platzhalter)** enthalten ist.

Beispiele

1. $3 - x = 1$ — Das ist eine Gleichung. Die Variable ist x.
2. $21 \cdot y = 42$ — Hier heißt die Variable y.
3. $96 + 4 \cdot x < 196$ — Das ist eine Ungleichung mit der Variablen x.

Bevor eine Gleichung bzw. Ungleichung gelöst werden kann, musst du die Grundmenge kennen.

Man setzt Elemente aus der **Grundmenge $\mathbb{G}$** für die Variable (den Platzhalter) ein. Die Elemente, die zu einer **wahren Aussage** führen, bilden dann die **Lösungsmenge $\mathbb{L}$**, die eine Teilmenge der Grundmenge darstellt. Die Angabe der Lösungsmenge richtet sich also nach der vorgegebenen Grundmenge $\mathbb{G}$.

Beispiel

Bestimme die Lösungsmenge $\mathbb{L}$ entsprechend der angegebenen Grundmenge $\mathbb{G}$ durch Probieren.

a) Die Zahl x gehört zu den einstelligen Zahlen.
$\mathbb{G} = \mathbb{N} = \{1; 2; 3; 4; 5; \ldots\}$

Lösung:
$\mathbb{L} = \{1; 2; 3; 4; 5; 6; 7; 8; 9\}$ — Die Zahlen von 1 bis 9 bilden beim Einsetzen in x eine wahre Aussage.

b) $x - 3 = 5$
$\mathbb{G} = \{4; 6; 8; 10\}$

Lösung:
Beim Einsetzen in die Gleichung ergibt nur die Zahl 8 eine wahre Aussage, es gilt: $\mathbb{L} = \{8\}$.

$4 - 3 = 1$, falsche Aussage
$6 - 3 = 3$, falsche Aussage
$8 - 3 = 5$, wahre Aussage
$10 - 3 = 7$, falsche Aussage

Man unterscheidet:

$\mathbb{G} = \{2; 3; \ldots; 7\}$ $5 + x = 8 \quad \mathbb{L}_1 = \{3\}$ $1 + x > 5 \quad \mathbb{L}_2 = \{5; 6; 7\}$	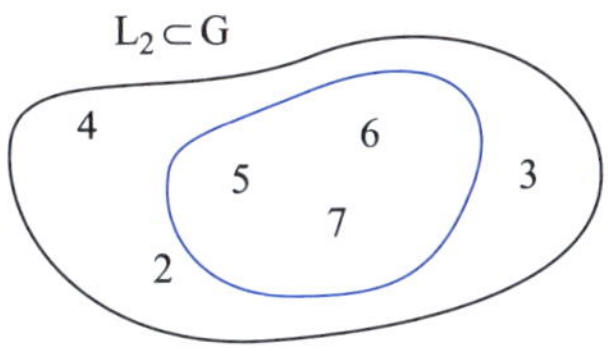	Eine Aussageform heißt **teilgültig** in $\mathbb{G}$, wenn $\mathbb{L}$ eine echte Teilmenge von G ist.
$\mathbb{G}_1 = \{1\}$; $2 - x = 1 \quad \mathbb{L}_1 = \{1\}$ $\mathbb{G}_2 = \{1; 2; 3\}$ $1 + x < 5 \quad \mathbb{L}_2 = \{1; 2; 3\}$	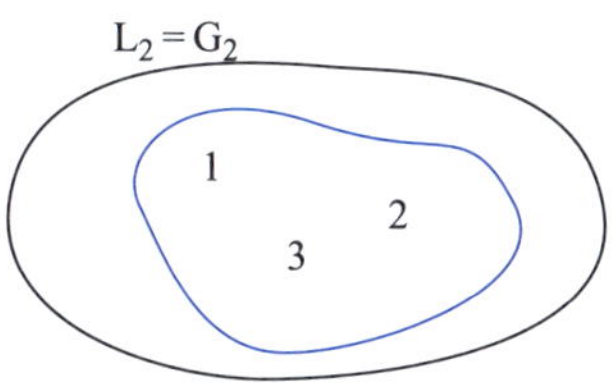	Eine Aussageform heißt **allgemeingültig** in $\mathbb{G}$, wenn $\mathbb{L}$ gleich $\mathbb{G}$ ist.
$\mathbb{G} = \{4; 5; \ldots; 9\}$ $3 + x = 5 \quad \mathbb{L}_1 = \varnothing$ $4 + x < 6 \quad \mathbb{L}_2 = \varnothing$	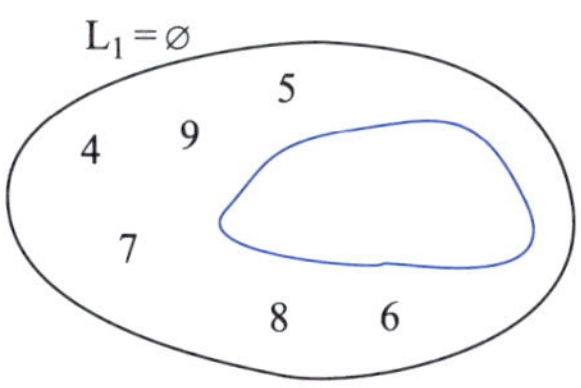	Eine Aussageform heißt **unerfüllbar** in $\mathbb{G}$, wenn $\mathbb{L}$ die leere Menge ist.

2.2 Intervalle

Welche Zahl ist größer als 3 und zugleich kleiner als 6?
Diese Aufgabe kannst du mit der Zahlenhalbgeraden lösen. Dazu musst du wissen:

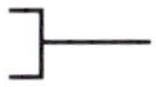
Dieses Zeichen bedeutet:
Der Randwert **gehört nicht zur gesuchten Menge.**

Dieses Zeichen bedeutet:
Der Randwert **gehört zur gesuchten Menge.**

Beispiele

1. Eine Zahl ist größer als 3 und zugleich kleiner als 6.

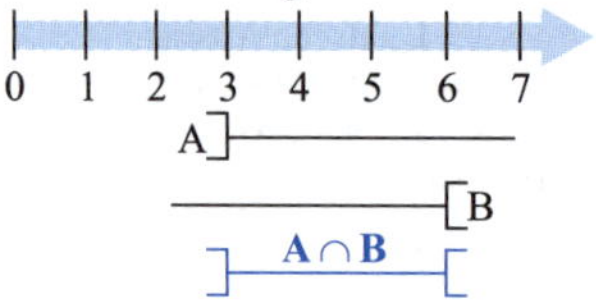

Größer als 3 bedeutet, dass die 3 nicht dabei ist.

Kleiner als 6 bedeutet, dass die 6 nicht dabei ist .

2. Eine Strecke ist mindestens 2 m, aber weniger als 5 m lang.

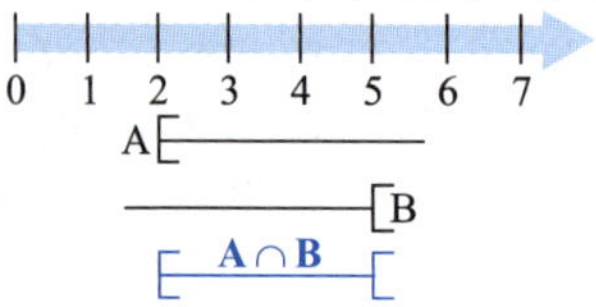

Mindestens 2 bedeutet, dass die 2 dabei ist .

Weniger als 5 heißt, dass die 5 nicht dabei ist.

3. Eine Zahl ist höchstens 6 und zugleich größer gleich 3.

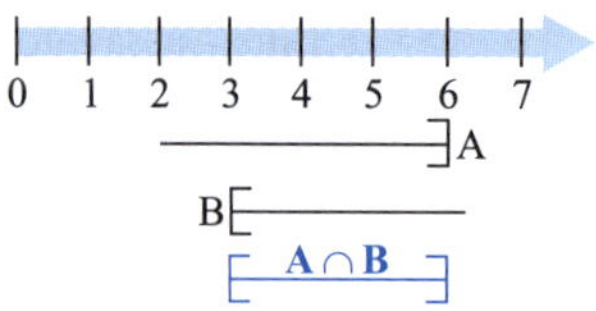

Höchstens 6 bedeutet, dass die 6 dabei ist .

Größer gleich 3 bedeutet, dass die 3 dabei ist.

Eine **zusammenhängende Zahlenmenge** heißt **Intervall**.
Zahlenmengen kann man in der Mengenschreibweise und in der Intervallschreibweise angeben.

Für Intervalle mit den Randwerten a und b gilt allgemein:

- **offenes Intervall:** $]a; b[= \{x \mid a < x < b\}$
- **halboffenes Intervall:** $[a; b[$ oder $]a; b] = \{x \mid a \leq x < b\}$ oder $\{x \mid a < x \leq b\}$
- **geschlossenes Intervall:** $[a; b] = \{x \mid a \leq x \leq b\}$

Beispiele

1. Gib die Intervalle in der Intervall- und Mengenschreibweise an.

a) 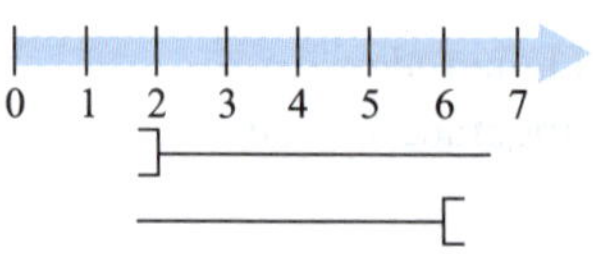

b) 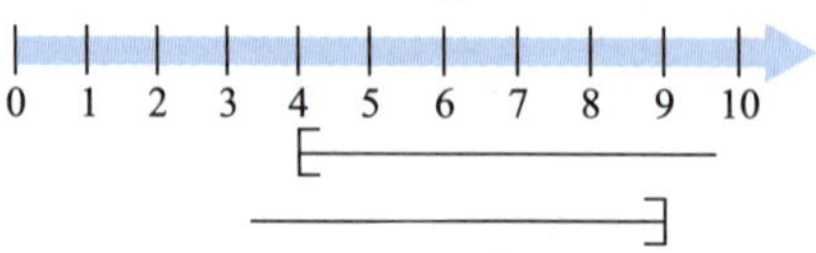

Setze die Randwerte für die Intervallschreibweise in die entsprechenden Klammern.

Gehört der Randwert dazu, schreibe ≤ oder ≥ in der Mengenschreibweise, sonst < oder >.

c) 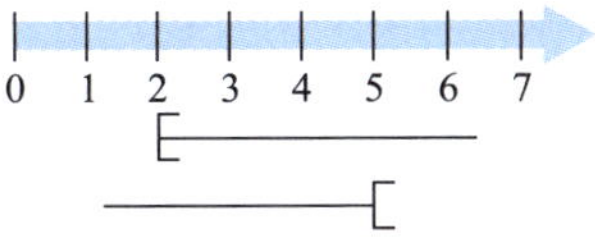

Lösung:

	Intervallschreibweise	Mengenschreibweise
a)	]2; 6[	$\{x \mid 2 < x < 6\}$
b)	[4; 9]	$\{x \mid 4 \leq x \leq 9\}$
c)	[2; 5[	$\{x \mid 2 \leq x < 5\}$

2. Stelle die Intervalle an der Zahlenhalbgeraden dar.
   a) [2; 6]
   b)]1; 4]
   c) $\{x \mid 3 \leq x < 7\}$

   Lösung:

   a) 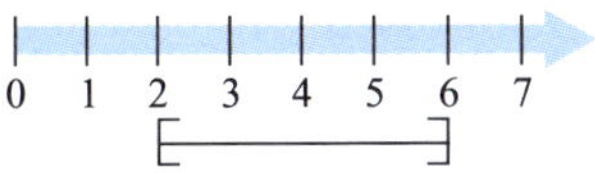

   b) 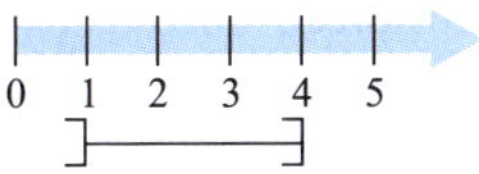

   c) 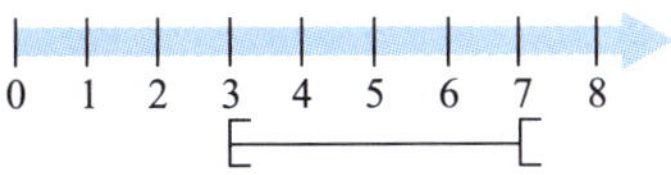

3. Stelle [1; 5] ∩]3,5; 7[an der Zahlengeraden dar und gib das Ergebnis als Intervall an.

   Lösung:
   [1; 5] ∩]3,5; 7[=]3,5; 5]

   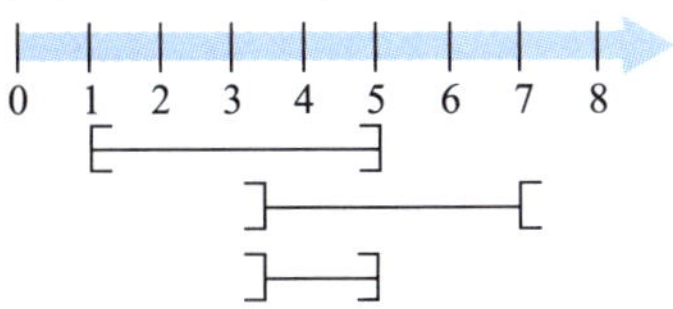

Aufgaben **143.** Gib in der Intervall- und Mengenschreibweise an.

a) 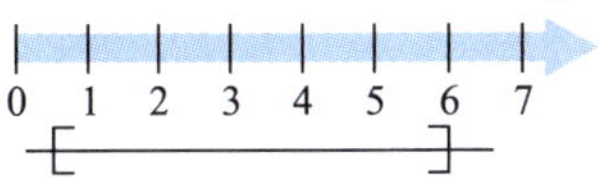

b)
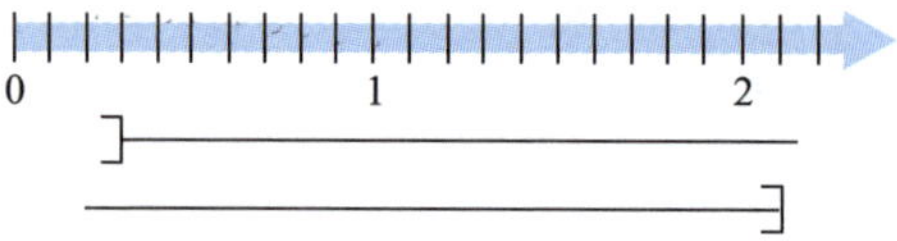

c)
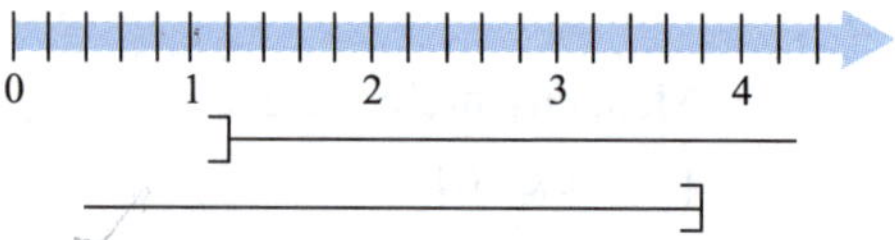

d)
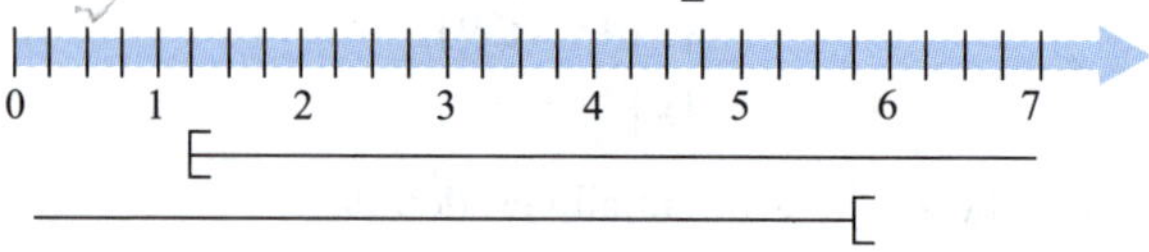

e)
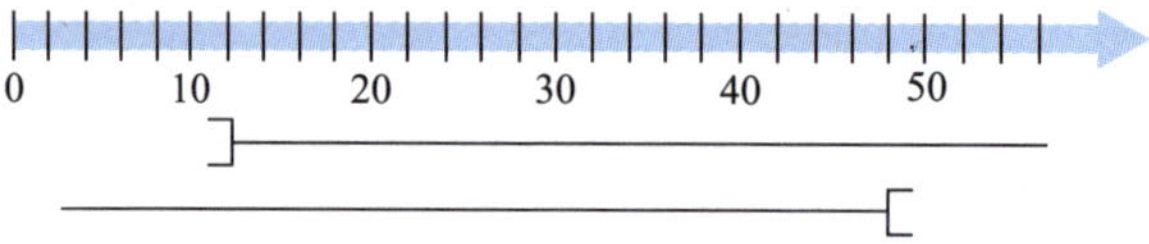

f)
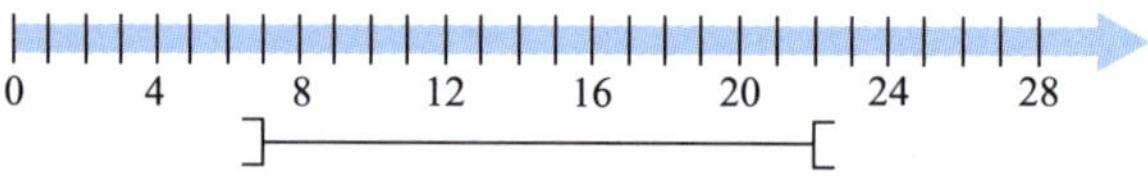

144. Zeichne in einem geeigneten Maßstab die entsprechende Zahlenhalbgerade und stelle die folgenden Intervalle an der Zahlenhalbgeraden dar.

a)]1,5; 7[

b) $\{x \mid 6 < x \leq 14\}$

c)]20; 70]

d) $\{x \mid 3 < x < 9\}$

145. Stelle folgenden Zusammenhang an der Zahlenhalbgerade dar und gib das Ergebnis als Intervall an.

a) $[2; 9] \cap [3; 7]$

b) $]1; 3] \cup [3; 8[$

c) $\{x \mid 2 \leq x < 12\} \cap \{x \mid 4 < x \leq 16\}$

146. Setze das richtige Zeichen ein $\in$ oder $\notin$?

a) 8 ☐ [2; 6]

b) 1 ☐]1; 4[

c) 7 ☐ [7; 9[

d) 3 ☐]0; 3]

2.3 Einfache Äquivalenzumformungen

Der Schüler Frank wird von seinem Lehrer erneut an die Tafel geholt. Er soll zu den folgenden Gleichungen die Lösungsmenge $\mathbb{L}$ über der Grundmenge $\mathbb{G} = \mathbb{Q}_0^+$ durch Überlegung finden.

$1{,}5 + x = 4$	$x + 3{,}5 = 6$	$x = 2{,}5$
$1{,}5 + 2{,}5 = 4$	$2{,}5 + 3{,}5 = 6$	$2{,}5 = 2{,}5$
$\mathbb{L} = \{2{,}5\}$	$\mathbb{L} = \{2{,}5\}$	$\mathbb{L} = \{2{,}5\}$

Der Lehrer ist von Frank begeistert, alles richtig. Er holt die Schülerin Nadine nach vorne. Nadine soll zu den folgenden Ungleichungen die Lösungsmenge $\mathbb{L}$ über der Grundmenge $\mathbb{N}_0$ durch Überlegung finden.

$x + 0{,}6 < 2$	$3 > x + 1$	$x < 1{,}7$
$0 + 0{,}6 < 2$	$3 > 0 + 1$	$0 < 1{,}7$
$1 + 0{,}6 < 2$	$3 > 1 + 1$	$1 < 1{,}7$
$\mathbb{L} = \{0;\ 1\}$	$\mathbb{L} = \{0;\ 1\}$	$\mathbb{L} = \{0;\ 1\}$

Nadine hat den Lehrer auch begeistert, alles richtig. Die Schüler stellen fest, dass die Gleichungen bzw. Ungleichungen über der Grundmenge $\mathbb{G}$ die gleiche Lösungsmenge $\mathbb{L}$ besitzen.

Gleichungen bzw. Ungleichungen, die über der **gleichen Grundmenge $\mathbb{G}$** die **gleiche Lösungsmenge $\mathbb{L}$** besitzen, heißen **äquivalent über $\mathbb{G}$**.

Zu komplizierten Aussageformen sucht man sich äquivalente, einfachere (elementare) Aussageformen, aus denen man die Lösungsmenge direkt ablesen kann:

$x = a;\quad \mathbb{G} = \mathbb{Q}_0^+$

$\mathbb{L} = \{a\}$

Das erreicht man durch Umformungen, die die Lösungsmenge nicht verändern. Diese Umformungen heißen **Äquivalenzumformungen**.

In Zukunft wird das Zeichen „·“ zwischen Zahl und Variable nicht mehr geschrieben. ($3 \cdot x = 3x$)

Eine Gleichung durch Probieren zu lösen, ist zeitaufwändig. Auf rechnerischem Weg gelangt man schneller zum Ziel.

Zu der Gleichung $5 + x = 7$ ist, über der Grundmenge $\mathbb{G} = \mathbb{Q}_0^+$, die Lösungsmenge $\mathbb{L}$ zu finden.

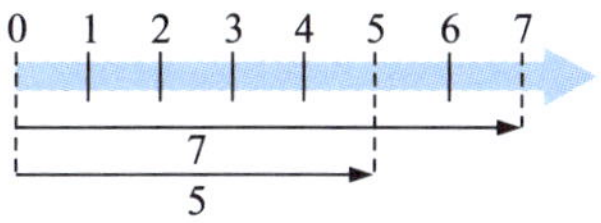

Durch welche Verknüpfung erhält man die zu addierende Zahl?

Spitze-Spitze-Verknüpfung

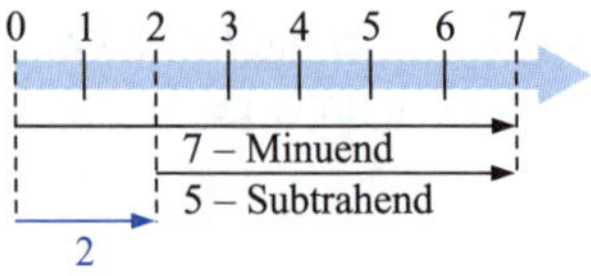

Rechnung:

$5 + x \quad = 7 \qquad | -5$

$5 + x - 5 = 7 - 5$

$x = 2$; elementare Form

Die Zahl 2 erfüllt die Ausgangsgleichung.
$\mathbb{L} = \{2\}$

> **Addiert oder subtrahiert** man auf **beiden Seiten** einer Gleichung bzw. Ungleichung **die gleiche Zahl**, so erhält man eine äquivalente Gleichung, bei der sich die Lösungsmenge nicht ändert. Umformungen dieser Art heißen **Äquivalenzumformungen**.

Gleichungen lassen sich nur dann lösen, wenn man zur **Umkehroperation** übergeht.

Beispiele

1. Bestimme die Lösungsmenge $\mathbb{L}$ über der Grundmenge $\mathbb{Q}_0^+$.
   a) $y + 13 = 27 \qquad | -13$
      $y \quad = 27 - 13 = 14$
      $L = \{14\}$
   b) $+12 + x = 20 \qquad | -12$
      $x = 20 - 12 = 8$
      $L = \{8\}$
   c) $x - 9{,}5 = 17{,}2 \qquad | +9{,}5$
      $x \quad = 17{,}2 + 9{,}5 = 26{,}7$
      $L = \{26{,}7\}$
2. Bestimme die Lösungsmenge über der Grundmenge $\mathbb{G} = \mathbb{N}_0$.
   $x + 4 < 8 \qquad | -4$
   $x < 4$
   $\mathbb{L} = \{0; 1; 2; 3\}$

Die Aussage $14 = 3 \cdot 4$ ist falsch. Multiplizierst du aber den Links- und Rechtsterm mit Null, entsteht eine wahre Aussage.

$14 \cdot 0 = 12 \cdot 0$

$0 = 0$ w. A.

Beachte:

> Die **Multiplikation mit Null ist keine Äquivalenzumformung**, da der Wahrheitswert verändert wird.

Das folgende Rechengesetz erleichtert dir, Terme äquivalent umzuformen:

> Für $a, b \in \mathbb{Q}_0^+ \setminus \{0\}$ gilt:
>
> $a : b = a \cdot \frac{1}{b}$
>
> Die Division einer Zahl kann auf die Multiplikation mit dem Kehrwert der Zahl zurückgeführt werden.

Beispiel

Ausgangsgleichung	Äquivalenzumformung	Elementare Form
$x \cdot \frac{1}{5} = 6$ ist auch $x : 5 = 6 \quad \mid \cdot 5$	$x \cdot \frac{1}{5} \cdot 5 = 6 \cdot 5$	$x = 30$ $\mathbb{L} = \{30\}$

Die Zahl 30 erfüllt die Ausgangsgleichung: $30 \cdot \frac{1}{5} = 6$

> **Multipliziert oder dividiert** man auf **beiden Seiten** einer Gleichung die **gleiche Zahl ungleich 0**, so erhält man eine äquivalente Gleichung bzw. Ungleichung, bei der sich die Lösungsmenge nicht ändert. Umformungen dieser Art sind **Äquivalenzumformungen.**

Gehe beim Lösen von Gleichungen der Form $ax + b = c$ wie folgt vor:

- Löse immer nach der Variablen auf, sodass die Variable „alleine steht“.
- Schreibe die Variable auf die linke Seite und den Zahlenwert auf die rechte Seite der Gleichung.
- Löse nach der Variablen auf, indem du die entsprechenden Umkehroperationen wählst, also zur Multiplikation die Division, zur Addition die Subtraktion. Schreibe rechts neben der Gleichung einen senkrechten Strich „|“ und die angewandte Rechenoperation.

Beispiel

Bestimme die Lösungsmenge $\mathbb{L}$ über der Grundmenge $\mathbb{Q}_0^+$.

a)
$$x : \frac{2}{5} = 6 \qquad \Big| \cdot \frac{5}{2}$$
$$x : \frac{2}{5} \cdot \frac{5}{2} = {}^{3}\not{6} \cdot \frac{5}{\not{2}_1}$$
$$x = 3 \cdot 5 = 15$$
$$\mathbb{L} = \{15\}$$

b)
$$\frac{3}{4}y - 2{,}25 = 3{,}75 \qquad \big| +2{,}25$$
$$\frac{3}{4}y = 6 \qquad \Big| \cdot \frac{4}{3} \quad y = {}^{2}\not{6} \cdot \frac{4}{\not{3}_1} = 2 \cdot 4 = 8$$
$$\mathbb{L} = \{8\}$$

c)
$$\frac{2}{5} + 4x - 5 = 2x + 3\frac{2}{5} \qquad \Big| -\frac{2}{5}$$
$$4x - 5 = 2x + 3 \qquad \big| -2x$$
$$2x - 5 = 3 \qquad \big| +5$$
$$2x = 8 \qquad \big| :2$$
$$x = 8 : 2 = 4$$
$$\mathbb{L} = \{4\}$$

Aufgaben **147.** Löse durch Äquivalenzumformungen über der Grundmenge $\mathbb{Q}_0^+$.

a) $\frac{1}{3}x + 5 = 12$

b) $9 + 4x = 19$

c) $5y - \frac{3}{4} = 19{,}25$

d) $(0{,}7 + 0{,}3) \cdot 15 + x = 40{,}5$

e) $2x - \frac{4}{8} + 6 = 9{,}5$

f) $18 + 0{,}5x = 32\frac{4}{5}$

148. Löse die Sachaufgaben, indem du eine Maßzahlengleichung erstellst und anschließend löst.

a) Ein Hauseigentümer will die 11,5 m^2 große Decke seines Wohnzimmers mit Holz verkleiden. Der Handwerker erstellt einen Kostenvoranschlag von 1 328,40 €. Im Preis sind zusätzliche Materialkosten von 86,40 € inbegriffen.
Was kostet der m^2 der reinen Holzdecke?

b) Die Metzgerei Wurst hat bei ihrem Schlachtfest für 120 Leberwürste mit Einnahmen in Höhe von 300 € gerechnet.
Für wie viel € muss eine Leberwurst verkauft werden?

149. Der Verkaufswert des Hauses ergibt sich, wenn du die vom Erdgeschoß bis zum Dach versteckten Aufgaben löst. Dabei sind die Gleichungen über der Grundmenge $\mathbb{Q}_0^+$ und die Ungleichungen über der Grundmenge $\mathbb{N}_0$ zu lösen. Die Summe der Zahlen der Lösungsmengen mit 1 000 multipliziert ergibt den Verkaufswert in €. Wenn du richtig gerechnet hast, ergibt sich ein Verkaufswert von 621 500 €.

Proportionalität und Prozentrechnung

1 Direkte Proportionalität

1.1 Kennzeichen, grafische Darstellung

Auf dem Wochenmarkt gibt es frische Bananen.
1 Kilogramm kostet 100 Cent.
Wie viel kosten 4 Kilogramm?
Wie viel kostet ein halbes Kilogramm?

> Eine **Zuordnung**, bei der dem n-fachen der einen Größe das n-fache der anderen Größe zugeordnet wird und umgekehrt, nennt man **direkt proportional** und schreibt $x \sim y$.

Beispiel

Bananen in kg	Preis in ct
4 (·2) → 8	400 (·2) → 800
10 (:2) → 5	1 000 (:2) → 500

Für doppelt so viele Kilogramm Bananen muss der doppelte Preis bezahlt werden.

Für halb so viele Kilogramm Bananen muss der halbe Preis bezahlt werden.

Woran erkennst du, dass zwei Größen direkt proportional sind? Es gibt zwei Methoden:

- **rechnerische Methode:**
  Bilde aus allen Zahlenpaaren Quotienten.
  $\frac{100}{1} = \frac{200}{2} = \frac{300}{3} = \ldots = 100$
  Wenn für alle Zahlenpaare gilt:
  $\frac{y}{x} = k$, dann heißt k **Proportionalitätsfaktor**.
  Direkte Proportionalität bedeutet eine Menge von quotientengleichen Zahlenpaaren.

- **grafische Methode:**
  Die geordneten Zahlenpaare werden als Punkte im Koordinatensystem abgetragen.
  Bei direkter Proportionalität liegen alle Punkte auf einer Ursprungshalbgeraden.

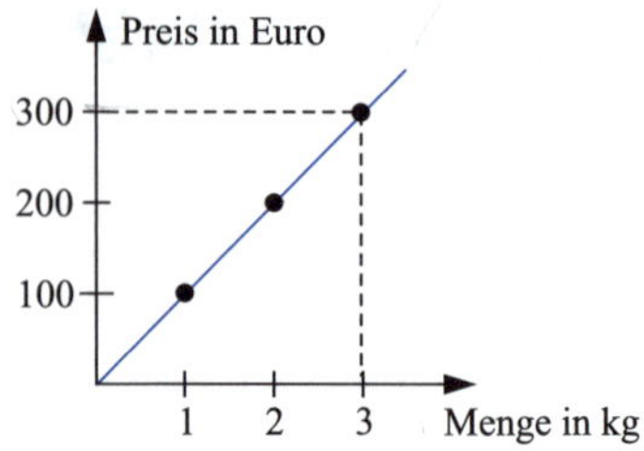

Beispiel

Es gilt x ~ y. Ergänze die fehlenden Zahlenwerte.

x	3	4	5	8	16
y			20		

Lösung:

$k = y : x = 20 : 5 = 4$

Den Proportionalitätsfaktor k berechnest du durch den Quotienten aus 20 und 5.

x	3	4	5	8	16
y	12	16	20	32	64

Multipliziere dann alle x-Werte mit k, um die passenden y-Werte zu erhalten.

Aufgaben

150. Ergänze die Zahlenpaare für den Proportionalitätsfaktor $k = \frac{3}{4}$.

x	3	4	5	8	16
y					

151. Frau Lehmann fährt auf der Autobahn in die Stadt. An der Autobahnauffahrt stellt sie den Tageskilometerzähler auf Null und liest nach jeder Minute ab, wie viele Kilometer zurückgelegt wurden.

Fahrzeit t in min	1	2	3	4	5	6	7	8	9	10	11
Fahrstrecke s in km	4	8	12	16	20	24	28	32	36	40	44

a) Welcher Zusammenhang besteht zwischen der Fahrzeit und der Fahrstrecke anhand der Wertetabelle? Begründe rechnerisch!

b) Zeichne den Graphen für diesen Zusammenhang in ein t-s-Diagramm. Wähle einen geeigneten Maßstab.

152. Überprüfe grafisch, ob zwischen den Größen eine direkte Proportionalität vorliegt.

Äpfel in kg	4	6	8	10	12
Preis in €	3	4,5	6	7,5	9

1.2 Dreisatz bei proportionalen Zuordnungen

Katja hat sich drei Hefte gekauft und musste dafür 3,75 € bezahlen. Sebastian braucht acht Hefte. Er überlegt, ob 10 € dafür reichen werden.

> Sind in einer Sachaufgabe zwei Größen direkt proportional, so erhält man die gesuchte Größe mithilfe des **Dreisatzes**. Dabei schließt man zuerst auf die Einheit durch Dividieren und dann auf das Vielfache durch Multiplizieren.

Beispiel

24 Eier kosten 8,40 €. Wie viel kosten 7 Eier?

Lösung:

:24 (	24 Eier ≙ 8,40 €	) :24
	1 Ei ≙ 35 ct	
·7 (	7 Eier ≙ 2,45 €	) ·7

24 Eier kosten 8,40 €.
1 Ei kostet 0,35 ct.
7 Eier kosten 2,45 €.

Aufgaben

153. Mithilfe eines Tauchsieders werden 500 $m\ell$ Wasser und 500 $m\ell$ Speiseöl erwärmt. Gemessen wurde dabei die Dauer der Erwärmung in Minuten und die erreichte Temperaturerhöhung in Grad Celsius (°C).

Zeit in Minuten	0,5	1,0	1,5	2,0	2,5	3,0	3,5
°C – Wasser	1,5	3,0	4,5	6,0	7,5	9,0	10,5
°C – Speiseöl	2,0	4,0	6,0	8,0	10,0	12,0	14,0

a) Werte die Messergebnisse in einem Diagramm aus. Dabei soll die Erwärmungszeit auf der x-Achse und die Temperaturerhöhung auf der y-Achse abgetragen werden.

b) Welcher der Stoffe erwärmt sich schneller? Begründe.

c) Bestimme jeweils den Proportionalitätsfaktor.

154. Ergänze die fehlenden Größen der nachfolgenden Tabelle, die zu einer direkten Proportionalität gehören.

Liter Diesel		27	35		
Preis in €	4,2		36,75	42	67,2

155. Für das Auslegen einer 36 m^2 großen Terrasse werden 900 Marmorfliesen benötigt.
Wie viele Fliesen müssen für eine 40 m^2 große Terrasse gekauft werden?

156. Eine Firma produziert Nougatstangen und verpackt diese zu einem Dutzend. Im Werkverkauf kosten 65 Nougatschachteln 780 €. Im Supermarkt ist jede Nougatschachtel um einen Euro teurer.
Was würden 95 Nougatschachteln im Supermarkt kosten?

157. Berechne die Zeit, die ein Motorboot für 600 m benötigt, wenn es in einer halben Stunde genau 12 km zurücklegt. Die Geschwindigkeit ist die Zeit über konstant.

158. Bei einem Radrennen über eine 3 km lange Strecke benötigt der Rennfahrer 1 nur 200 Sekunden. Er hat im Ziel einen Vorsprung von 500 m gegenüber Rennfahrer 2, der für die bis dahin gefahrenen 2,5 km eine Zeit von 200 Sekunden benötigte.

a) Wie viele Meter fährt der Rennfahrer 1 in 14 Sekunden?

b) Wie lange braucht der Rennfahrer 2 für die restlichen 0,5 km, wenn er mit der gleichen Geschwindigkeit weiterfährt?

159. Ergänze die fehlenden Größen der nachfolgenden Tabelle, die zu einer direkten Proportionalität gehören.

Liter Super	12	20			65
Preis in €	13,20		27,50	46,20	

160. Während eines Gewitters läuft aus der Dachrinne eines Hauses in 5 Minuten 4 Liter Regenwasser in die Regentonne.
Wie lange müsste es konstant weiter regnen, damit die 200 Liter fassende Regentonne bis zum Rand mit Regenwasser gefüllt wäre?

2 Prozentrechnung

2.1 Prozentbegriff

Prozentangaben begegnen dir überall im täglichen Leben:

- Luftfeuchtigkeit
- Schlussverkauf
- Wahlen
- Verkehrsschilder
- Sparbuch
- Mehrwertsteuer
- …

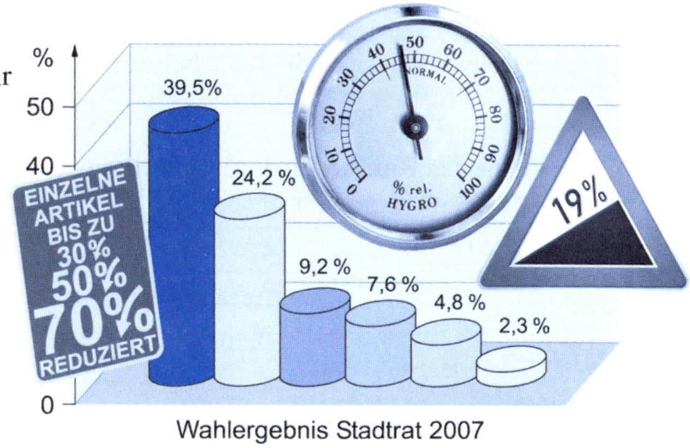

> Bei relativen Vergleichen vergleicht man Anteile, d. h. Brüche mit gleichem Nenner.
> Besonders geeignet sind Brüche mit dem Nenner 100. Man nennt sie **Prozente**.
> 1 Prozent (1 %) bedeutet $\frac{1}{100}$.

Beispiele

1. Wie viel Prozent sind das?

   a) $\frac{5}{100}$

   b) $\frac{7}{20}$

   Lösung:

   a) $\frac{5}{100} = 5 \cdot \frac{1}{100} = 5\ \%$ — % ist eine andere Schreibweise für $\frac{1}{100}$.

   b) $\frac{7}{20} = \frac{35}{100} = 35\ \%$ — Erweitere auf Hundertstel. Setze dann das Prozentsymbol.

2. Bei einem Wettkampf trifft Dartspieler 1 von 20 Versuchen 8-mal ins Schwarze, Dartspieler 2 hat bei 25 Versuchen 11-mal Erfolg. Wer hat besser abgeschnitten?

Lösung:

	Dartspieler 1	Dartspieler 2
relativer Vergleich	$\frac{8}{20}=\frac{40}{100}$	$\frac{11}{25}=\frac{44}{100}$
Prozente	40 %	44 %

Demnach hat also Spieler 2 besser abgeschnitten.

Aufgaben **161.** Ordne den Bruchteilen die entsprechenden Prozentangaben zu.

$\frac{3}{20}$	12,5 %
$\frac{3}{8}$	10 %
$\frac{7}{10}$	75 %
$\frac{4}{5}$	15 %
$\frac{1}{4}$	80 %
$\frac{3}{4}$	70 %
$\frac{1}{8}$	37,5 %
$\frac{2}{20}$	25 %

162. Beim Ringewerfen trifft Dirk von 10 Versuchen 7-mal einen Gegenstand. Frank hat bei 25 Versuchen 20-mal Erfolg. Wer hat besser abgeschnitten?

2.2 Grundwert, Prozentwert, Prozentsatz

5 % von 600 € sind 30 €.

Hierbei nennt man

5	Prozentsatz PS (der relative Anteil)
600 €	Grundwert GW (das Ganze)
30 €	Prozentwert PW (der Anteil)

Berechnung des Prozentsatzes PS

Es gilt: $\mathbf{PS = \frac{PW}{GW} \cdot 100}$

Beispiel

Ein Sweatshirt kostet aufgrund eines Nachlasses von 19,98 € nur noch 29,97 €.
Wie viel Prozent beträgt der Nachlass?

Lösung:

geg.: $GW = 29{,}97\ € + 19{,}98\ € = 49{,}95\ €$

Der Grundwert setzt sich zusammen aus dem jetzigen Preis und dem Preisnachlass.

$PW = 19{,}98\ €$

Den Prozentwert findest du in der Angabe.

ges.: Prozentsatz PS

Setze die gegebenen Werte in die Formel ein und berechne.

$$PS = \frac{PW}{GW} \cdot 100$$

$$PS = \frac{19{,}98\ €}{49{,}95\ €} \cdot 100$$

$$PS = 40$$

$$PS\ \% = 40\ \%$$

Der Nachlass beträgt 40 %.

Aufgaben

163. Das Gehalt eines Angestellten ist von 480 € wöchentlich auf 540 € erhöht worden.
Wie viel Prozent beträgt die Gehaltssteigerung?

164. Bei einer Festveranstaltung der Metzgerinnung wurden verzehrt: 30 kg Schweinefleisch, 17,6 kg Rindfleisch, 1,8 kg Kalbfleisch, 4,7 kg Geflügelfleisch und 4,2 kg sonstiges Fleisch.
Berechne die Prozentanteile der einzelnen Fleischsorten.

Berechnung des Grundwertes GW

Es gilt: $\mathbf{GW = \frac{PW}{PS} \cdot 100}$

Beispiel

Beim Kauf eines Fernsehers erhält Herr Müller einen Rabatt von 20 %. Er zahlt an der Kasse nur noch 240 €.
Wie viel hat der Fernseher ursprünglich gekostet?

Lösung:

geg.: PW = 240 €
PS % = 80 %

Den Prozentwert findest du in der Angabe.

Herr Müller erhält einen Rabatt von 20 %. Das bedeutet, er zahlt 80 % des ursprünglichen Preises.

ges.: Grundwert GW

Setze die gegebenen Werte in die Formel ein und berechne.

$$GW = \frac{PW}{PS} \cdot 100$$

$$GW = \frac{240\ €}{80} \cdot 100$$

$$GW = 300\ €$$

Der Fernseher hat ursprünglich 300 € gekostet.

Aufgaben

165. Ein Aktionär erhielt in einem Jahr 747,50 € Dividende ausbezahlt, da die Gesellschaft 23 % Dividende verteilte.
Wie groß war sein Aktienkapital?

166. Wie groß ist der Nennwert einer Aktie, die bei einem Kurswert von 132 % mit 330 € gehandelt wird?

Berechnung des Prozentwertes PW

Es gilt: $\mathbf{PW = \frac{PS \cdot GW}{100}}$

Beispiel

Von 480 kg Obst sind 20 % verdorben.
Wie viel kg Obst sind das?

Lösung:

geg.: GW = 480 kg
PS % = 20 %

Du kannst alle Werte direkt aus der Angabe übernehmen.

ges.: Prozentwert PW

$$PW = \frac{PS \cdot GW}{100}$$

$$= \frac{20 \cdot 480 \text{ kg}}{100}$$

$$PW = 96 \text{ kg}$$

Setze die gegebenen Werte in die Formel ein und berechne.

96 kg Obst sind verdorben.

Anwendung der Prozentrechnung im kaufmännischen Rechnen:

Bei Aufgaben zu …	entspricht der Grundwert GW dem
Einkauf, Verkauf, Gewinn, Verlust	Selbstkostenpreis, d. h. Einkaufspreis + Spesen
Brutto, Netto, Tara	Bruttogewicht, d. h. Gewicht der Ware + Gewicht der Verpackung
Skonto	Rechnungsbetrag (nur bei sofortiger Bezahlung)
Rabatt	Preis, mit dem die Ware ausgezeichnet ist
Dividende	Nennwert der Aktie
Provision	Umsatz
Prämie	Versicherungswert

Aufgaben

167. Ein Kaufmann gewährt 3 % Rabatt.
Wie groß ist bei einem Preis von 42,70 € der Preisnachlass?

168. Eine Aktie hat einen Kurs von 148 %.
Wie groß ist ihr Kurswert bei einem Nennwert von 250 €?

169. a) Der Bayerische Rundfunk nahm im Geschäftsjahr 1959/60 an Hörfunkgebühren etwa 30 Mio. € ein. Für die Programmgestaltung wurden 43 % davon verwendet.
Wie viel Euro machte dies aus?

b) Der Hörfunk gab dem Fernsehen einen Zuschuss von 930 000 €.
Wie viel Prozent von den Gesamteinnahmen waren das?

170. Ein Rechnungsbetrag lautet auf 582 €. Der Kunde überweist 567,45 €.
Wie viel Prozent Skonto hat er abgezogen?

171. Bei einem Ausverkauf wurde ein Anzug, der mit 180 € ausgezeichnet war, um 25,20 € billiger verkauft.
Um wie viel Prozent wurde der Preis gesenkt?

172. Ein Autohändler kaufte einen Transporter für 3 000 € und ein älteres Auto für 1 650 €.

a) Den Transporter konnte er bereits nach 3 Tagen für 3 360 € verkaufen.
Auf wie viel Prozent vom Einkaufspreis belief sich der Gewinn?

b) Das ältere Auto musste zunächst in der Werkstatt für 397,62 € überholt werden. Der Verkauf brachte dem Händler nur 10 % der entstandenen Kosten an Gewinn ein.
Wie teuer konnte er das ältere Auto verkaufen?

c) Welchen Gesamtgewinn in € und in Prozent vom Selbstkostenpreis hat der Händler erzielt?

173. Der Werbeetat eines Schuhhauses beträgt 3,5 % des Umsatzes des vorhergehenden Jahres. Es hatte in diesem Jahr einen Jahresumsatz von 184 244,75 €.
Welcher Betrag kann im folgenden Jahr für Werbung ausgegeben werden?

174. Auf der 148 km langen Berg-Etappe der „Tour de France" nach Courchevel gewann Richard Virenque 1997 mit einer Gesamtzeit von 4:34:16 vor dem Träger des gelben Trikots, Jan Ullrich. Das Reglement der Tour schreibt vor, dass nur Rennfahrer mit einem Zeitrückstand von 12 % im Wettkampf verbleiben dürfen.
Welche Zeit musste man also fahren, um im Feld bleiben zu können?

Die Zahlenmenge der ganzen Zahlen $\mathbb{Z}$

1 Addition und Subtraktion von Zahlenpfeilen an der Zahlenhalbgeraden

Auf einem Rangierbahnhof werden durch das Ab- und Hintereinanderhängen von Waggons neue Züge zusammengestellt. Wie viele Waggons hat ein Zug, der anfangs aus 15 Waggons besteht, wenn zuerst 4 Waggons abgehängt werden und danach doppelt so viele wieder angehängt werden?

Wie du bereits weißt, werden natürliche Zahlen an der Zahlenhalbgeraden durch Bildpunkte oder Zahlenpfeile dargestellt.

> Die **Addition** wird an einer Zahlenhalbgeraden durch eine **Spitze-Fuß-Kopplung** zweier Zahlenpfeile wiedergegeben. Der Ergebnispfeil reicht vom Fuß des 1. Summanden bis zur Spitze des 2. Summanden.

Beispiel

Stelle an der Zahlenhalbgeraden dar:
$4 + 3$

Lösung:

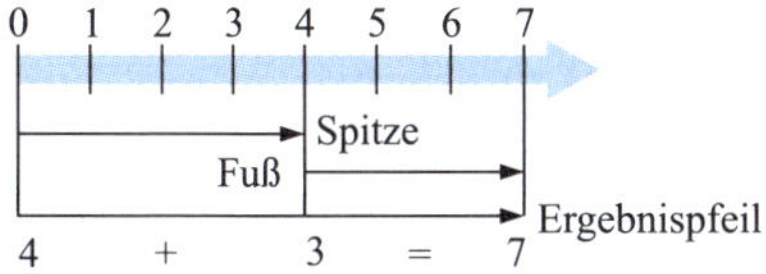

1. Summand + 2. Summand = Summenwert

Der Fuß des Pfeils des 2. Summanden muss an die Spitze des Pfeils des 1. Summanden gekoppelt werden. Der Ergebnispfeil reicht vom Fuß des Pfeils des 1. Summanden bis zur Spitze des Pfeils des 2. Summanden.

Die **Subtraktion** zweier Zahlen an einer Zahlenhalbgeraden wird durch eine **Spitze-Spitze-Kopplung** zweier Zahlenpfeile wiedergegeben. Der Ergebnispfeil reicht vom Fuß des Minuenden bis zum Fuß des Subtrahenden.

Beispiel Stelle 5 – 2 an der Zahlenhalbgeraden dar.

Lösung:

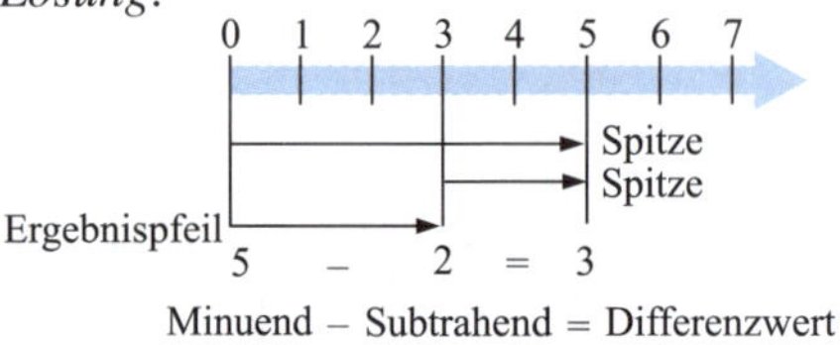

Die Spitze des Pfeils des Subtrahenden muss an die Spitze des Pfeils des Minuenden gekoppelt werden. Der Ergebnispfeil reicht vom Fuß des Pfeils des Minuenden bis zum Fuß des Pfeils des Subtrahenden.

Aufgabe 175. Stelle mit Zahlenpfeilen dar:

a) $3+6$ b) $4+2+5$

c) $12-9$ d) $10-3-6$

e) $7+4-3$ f) $7-3+8$

2 Erweiterung des Zahlenbereichs $\mathbb{N}_0$

Was ist $1-7$? Diese Aufgabe kann man mit den natürlichen Zahlen ℕ nicht lösen. Mit den „neuen" Zahlen ℤ hingegen schon.

Die Zahl $-a$ ist die **Gegenzahl** zur Zahl a und umgekehrt. Zur Zahl $-a$ gehört ein nach links gerichteter Zahlenpfeil, der Gegenpfeil zur Zahl a.

- Zahlen, deren Zahlenpfeile nach links gerichtet sind, bezeichnet man als negative Zahlen. **Negative Zahlen** haben als Vorzeichen ein „–".
- Zahlen, deren Zahlenpfeile nach rechts gerichtet sind, bezeichnet man als positive Zahlen. **Positive Zahlen** haben als Vorzeichen ein „+".

Beispiel Stelle die Zahl 3 und ihre Gegenzahl an der Zahlengerade dar.

Lösung:

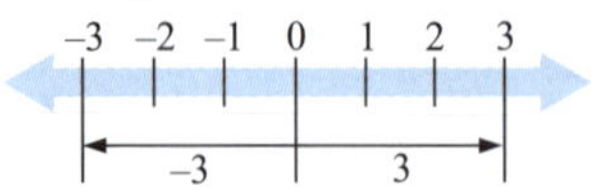

Die Menge der ganzen Zahlen ℤ enthält alle natürlichen Zahlen, ihre Gegenzahlen und die Zahl 0.

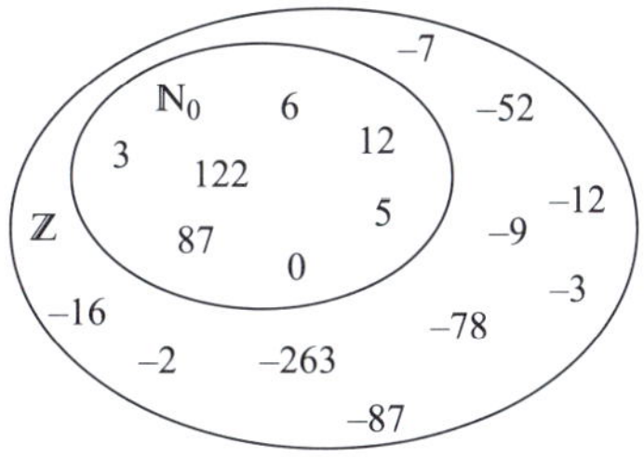

Dargestellt wird ℤ an der Zahlengeraden.

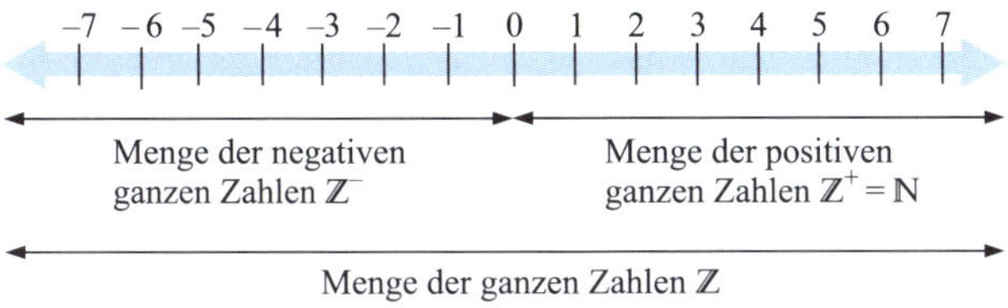

Beispiele

1. Schreibe mit entsprechenden Vorzeichen.
   a) 12 Grad unter Null b) 60 € Schulden
   c) 15 Grad warm d) 150 € Vermögen

   Lösung:
   a) –12 °C b) –60 €
   c) +15 °C d) +150 €

2. Gib Vorgänger und Nachfolger der Zahl an.
   a) –3
   b) +4
   c) 0

   Lösung:
   a) –4 und –2
   b) +3 und +5
   c) –1 und +1

Aufgaben

176. Zeichne eine Zahlengerade und markiere darauf die Bildpunkte zu den Zahlen –12, +2, –6, –2 und +5.
Schreibe dann die ganzen Zahlen auf, die zwischen –6 und +5 liegen.

177. Ordne die Zahlen der Größe nach.
a) –15, +3, –7, +15, +11, 0, –2
b) –125, +78, –25, +17, +225, –18

178. Entnimm der nebenstehenden Grafik die Temperaturen der einzelnen nordamerikanischen Städte und ordne sie. Beginne mit der kältesten Stadt.

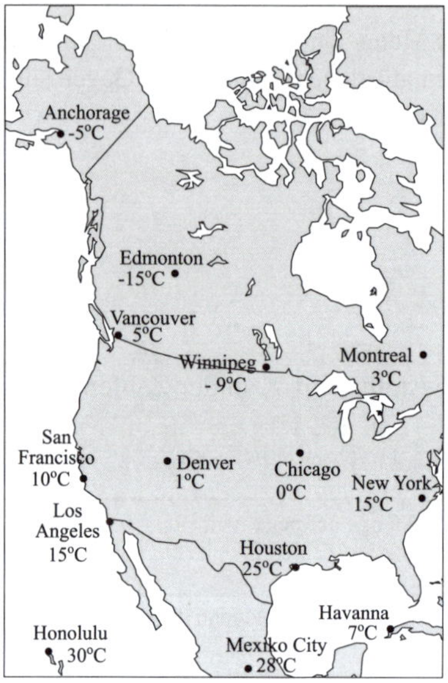

179. Vergleiche die beiden Zahlen miteinander und benutze das Zeichen > oder <. Ordne anschließend alle diese Zahlen der Größe nach, beginne mit der kleinsten Zahl.

a) –4 und –6
b) –11 und 0
c) +237 und –45
d) –71 und +70
e) +13 und –14
f) –300 und +250

180. Gib den Vorgänger und den Nachfolger der Zahl an.

a) –56 b) +12
c) –6 d) –111
e) 0 f) –1

181. Die Siedetemperatur von Wasser beträgt 100 °C. Bei der Siedetemperatur ändert sich der Aggregatzustand eines Stoffes von flüssig zu gasförmig. Unterhalb der Siedetemperatur wird ein gasförmiger Stoff wieder flüssig. Hier siehst du die Siedetemperaturen einiger gasförmiger Stoffe:

Stoff	Siedetemperatur
Chlor	–34 °C
Helium	–269 °C
Kohlenstoffdioxid	–79 °C
Luft	–193 °C
Sauerstoff	–183 °C
Stickstoff	–196 °C
Wasserstoff	–253 °C

a) Ordne die Stoffe nach ihren Siedetemperaturen, beginne mit der niedrigsten Siedetemperatur.

b) Ethylen hat eine Siedetemperatur von –104 °C.
Zwischen den Siedetemperaturen welcher beiden Stoffe liegt seine Siedetemperatur?

c) Welche dieser Stoffe können mit flüssigem Stickstoff verflüssigt werden? (Welche Stoffe werden schneller flüssig als Stickstoff?)

182. Der Elektrikermeister Schulz geht die Abrechnungen seiner Kunden der letzten Woche durch. Er erstellt folgende Übersicht:

Kunde	zu viel überwiesen	Schulden
Müller	50 €	
Mayer		120 €
Lehmann		460 €
Schmidt		610 €
Schröder	20 €	

a) Schreibe die Geldbeträge mit entsprechenden Vorzeichen.

b) Welchen Geldbetrag hat Herr Schulz noch zu bekommen, wie viel Geld wurde zu viel überwiesen?

c) Reicht das ausstehende Geld, damit Herr Schulz Kabel im Wert von 1 100 € bestellen kann?

183. Die Atmosphäre setzt sich aus verschiedenen Luftschichten zusammen, in denen sich das Wetter, der Funkverkehr und vieles andere abspielt.
Das nebenstehende Diagramm zeigt die Temperaturen, die ungefähr in Bereichen der einzelnen Schichten der Atmosphäre herrschen.

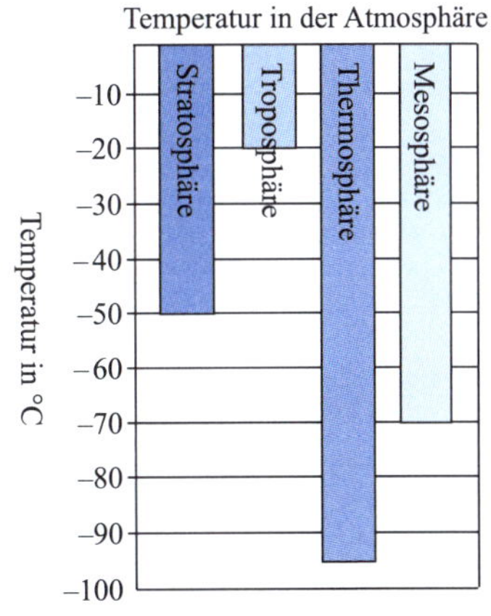

a) Lies ab, welche Temperatur in den einzelnen Schichten der Atmosphäre herrscht.

b) Welcher Temperaturunterschied herrscht zwischen dem Bereich der Troposphäre und dem Bereich der Thermosphäre?

c) Ordne die Bereiche der einzelnen Schichten der Atmosphäre, beginne mit der wärmsten Schicht.

3 Absoluter Betrag

Welcher Zahlenpfeil ist länger?

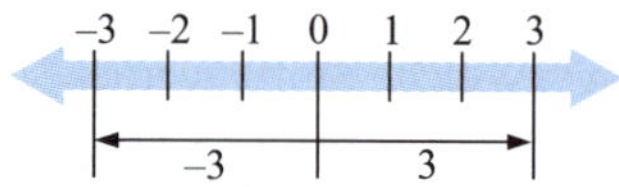

> Man nennt die Maßzahl der Länge eines Zahlenpfeils den **absoluten Betrag** der entsprechenden Zahl. Zahl und Gegenzahl haben stets den gleichen Betrag.
> Schreibweise: $|a|$
> Sprechweise: „Betrag von a“

Beispiele

$|-7| = 7$ — Der Betrag ist die Länge des Zahlenpfeils der Zahl. Eine Länge ist nie negativ. Deshalb ist auch der Betrag nie negativ,

$|0| = 0$ — Der Zahlenpfeil der Zahl 0 hat die Länge 0.

$|11| = 11$

Aufgabe **184.** Berechne

a) $|-4| + 5$

b) $|-17| - 8$

c) $8 + |-11| - 9$

d) $-4 + |-9| - |-35| + 17$

e) $|54| - |-14| + 2 + |-6|$

f) $-12 - 4 + |-28| - |8|$

4 Rechenregeln und -gesetze der Addition und Subtraktion im Umgang mit ganzen Zahlen

Im Zahlenbereich der ganzen Zahlen gelten folgende Regeln und Gesetze.

> **Addition ganzer Zahlen mit gleichem Vorzeichen:**
> 1. Als erstes werden die Beträge der ganzen Zahlen addiert.
> 2. Das Vorzeichen des Ergebnisses ist das gemeinsame Vorzeichen der Summanden.
>
> Es gilt für **$a, b \geq 0$:** $(+a) + (+b) = +(a + b)$ $(-a) + (-b) = -(a + b)$

Beispiele

1. $(+3)+(+7)$

Lösung:

$(+3)+(+7)=+(3+7)=+10$

Addiere die Beträge der Summanden. $3+7=10$. Beide Summanden haben positives Vorzeichen, setze als Vorzeichen also +.

Spitze-Fuß-Kopplung

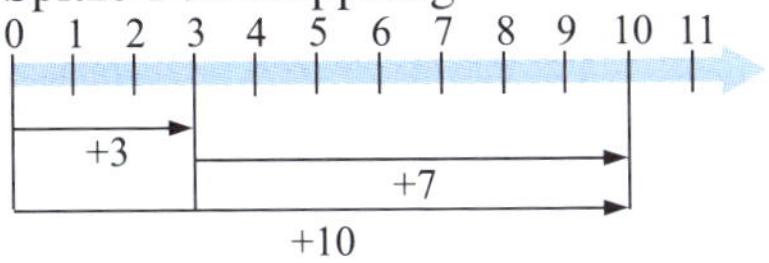

Du kannst die Aufgabe natürlich auch mit den Zahlenpfeilen lösen.

Der Fuß des Pfeils des 2. Summanden muss an die Spitze des Pfeils des 1. Summanden gekoppelt werden.

2. $(-4)+(-3)$

Lösung:

$(-4)+(-3)=-(4+3)=-7$

$4+3=7$. Als Vorzeichen setze –, da beide Summanden negatives Vorzeichen haben.

Spitze-Fuß-Kopplung

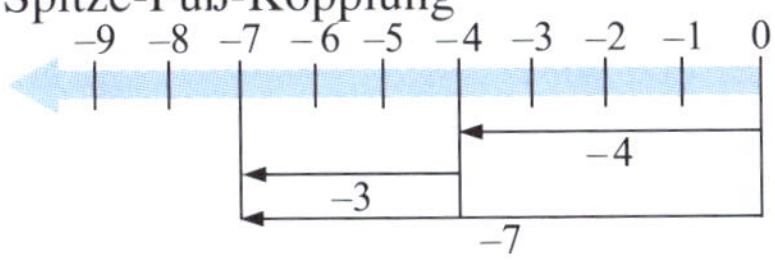

Der Fuß des Pfeils des 2. Summanden muss an die Spitze des Pfeils des 1. Summanden gekoppelt werden.

Addition ganzer Zahlen mit unterschiedlichen Vorzeichen:

1. Als erstes wird der kleinere Betrag vom größeren Betrag subtrahiert.
2. Das Vorzeichen des Ergebnisses ist das Vorzeichen des Summanden mit dem größeren Betrag.

Es gilt für **$a>b$:**

$(+a)+(-b)=+(a-b)$ $\quad$ $(-a)+(+b)=-(a-b)$

Es gilt für **$a<b$:**

$(+a)+(-b)=-(b-a)$ $\quad$ $(-a)+(+b)=+(b-a)$

Beispiele

1. $(-4)+(+9)$

Lösung:

$(-4)+(+9)=(9-4)=5$

Der Betrag von (+9) ist größer als der Betrag von (–4). Rechne also $9-4=5$ und setze als Vorzeichen das Vorzeichen von +9.

Spitze-Fuß-Kopplung

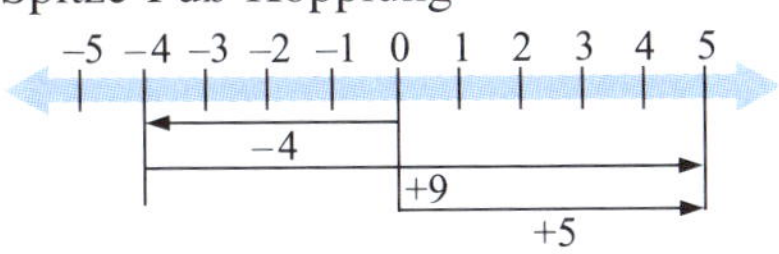

Auch die Variante mit den Zahlenpfeilen ist möglich. Der Fuß des Pfeils des 2. Summanden muss an die Spitze des Pfeils des 1. Summanden gekoppelt werden.

2. (+3) + (–5)

Lösung:

(+3) + (–5) = –(5 – 3) = –2

Der Betrag von (–5) ist größer als der Betrag von (+3). Rechne also 5 – 3 = 2 und setze als Vorzeichen das Vorzeichen der – 5.

Spitze-Fuß-Kopplung

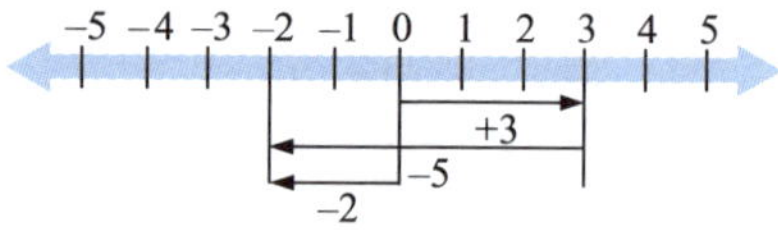

Der Fuß des Pfeils des 2. Summanden muss an die Spitze des Pfeils des 1. Summanden gekoppelt werden.

> **Subtraktion einer positiven oder negativen ganzen Zahl**
> Jede Differenz kann als Summe geschrieben werden, wenn bei der Subtraktion einer Zahl diese durch ihre Gegenzahl ersetzt wird.
> Wird von der Zahl 0 die Zahl a abgezogen, so ist das Ergebnis die Gegenzahl der Zahl a. Es gilt: 0 – a = – a

Beispiele

1. (+5) – (+8)

Lösung:

(+5) – (+8) = –3

Spitze-Spitze-Kopplung

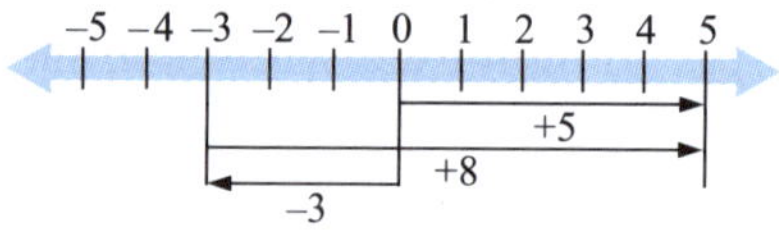

(+5) + (–8) = –3

Spitze-Fuß-Kopplung

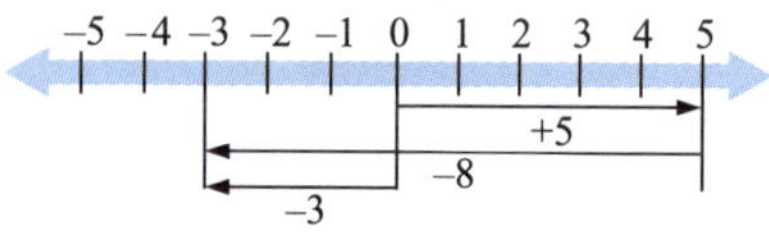

Die Addition der Gegenzahl des Subtrahenden liefert das gleiche Ergebnis.

2. (–2) – (–6)

Lösung:

(–2) – (–6) = +4

Spitze-Spitze-Kopplung

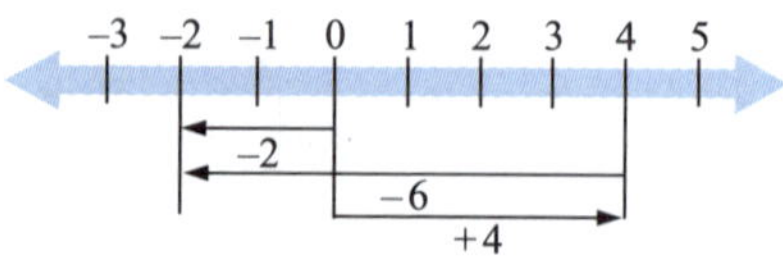

$(-2)+(+6)=+4$
Spitze-Fuß-Kopplung

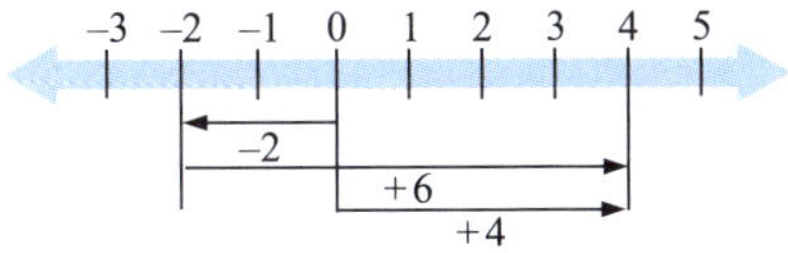

3. $(+4)-(-2)$

   Lösung:

   $(+4)-(-2)=+6$
   Spitze-Spitze-Kopplung

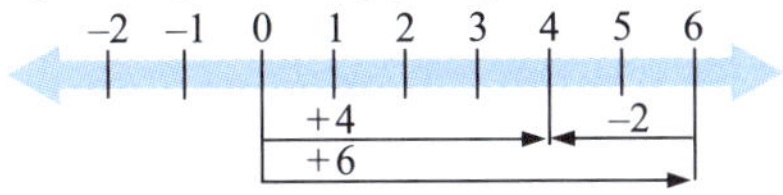

$(+4)+(+2)=+6$
Spitze-Fuß-Kopplung

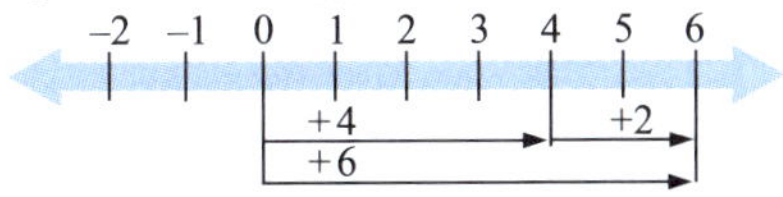

Rechenregeln zur Addition und Subtraktion

Aus dem Rechenzeichen und dem Vorzeichen des Summanden bzw. Subtrahenden wird ein Rechenzeichen.

Addition

$(+a)+(+b)=a+b$	– und – ergibt +
$(+a)+(-b)=a-b$	– und + ergibt –
$(-a)+(+b)=-a+b$	+ und – ergibt –
$(-a)+(-b)=-a-b$	+ und + ergibt +

Subtraktion

$(+a)-(+b)=a-b$
$(+a)-(-b)=a+b$
$(-a)-(+b)=-a-b$
$(-a)-(-b)=-a+b$

Beispiel

Vereinfache die Terme und berechne den Termwert.

a) $(-11)+(-12)$
b) $(+52)-(-17)$
c) $(+15)+(+89)$
d) $(-41)-(+21)$
e) $(-26)-(+7)+(-32)$

Lösung:

a) $(-11)+(-12)=-11-12=-23$

$(-a)+(-b)=-a-b$
Das Vorzeichen von (–12) und das Rechenzeichen + ergeben ein –.

b) $(+52)-(-17)=52+17=69$

$(+a)-(-b)=a+b$
Das Vorzeichen von (–17) und das Rechenzeichen – ergeben ein +.

c) $(+15)+(+89)=15+89=104$

$(+a)+(+b)=a+b$
Das Vorzeichen von (+89) und das Rechenzeichen + ergeben ein +.

d) $(-41)-(+21)=-41-21=-62$

$(-a)-(+b)=-a-b$
Das Vorzeichen von (+21) und das Rechenzeichen – ergeben ein –.

e) $(-26)-(+7)+(-32)$
$=-26-7-32=-65$

$(-a)-(+b)+(-c)=-a-b-c$
Das Vorzeichen von (+7) und das Rechenzeichen – ergeben ein –.
Das Vorzeichen von (–32) und das Rechenzeichen + ergeben ein –.

Aufgaben

185. Rechne mithilfe von Zahlenpfeilen.

a) $(-3)+(-5)$
b) $(+7)+(-4)$
c) $(-5)-(-2)+(+6)$
d) $(+3)+(-1)+(+8)$

186. Berechne ausführlich mithilfe der Rechenregeln die Termwerte.

a) $(+3)+(-12)$
b) $(-14)+(-12)$
c) $(-22)-(-21)$
d) $(+18)-(-6)$
e) $(-34)+(+41)$
f) $(+7)-(+2)$
g) $(-65)-(+96)$
h) $(+88)+(+12)$

187. Trage die Summenwerte in die Tabelle ein.

+	–22	–35	23	–50
–11				
46				
–26				
–19				

188. Bestimme den Term und berechne seinen Wert.

a) Addiere die Differenz aus 25 und –31 zur Summe dieser Zahlen.

b) Subtrahiere die Summe der Zahlen 39 und 67 von der Differenz aus den Zahlen –37 und –78.

189. Ergänze fehlende Zahlen und Rechenzeichen.

a) (–8) □ (–12) = –20

b) □ – (+30) = +15

c) (+14) □ (–17) = +31

d) 5 □ 9 □ (–22) = 36

e) (–53) + □ = (–80)

f) 7 □ (–8) – □ = 0

190. Ergänze zur Mitte hin die leeren Kästchen. Bilde dazu immer die Summe zweier benachbarter Zahlen und trage den Summenwert in das Kästchen ein, welches zwischen den beiden Zahlen liegt. Wenn du die Summe aller inneren Zahlen bildest und die Zahl in der Mitte das Ergebnis ist, hast du richtig gerechnet.

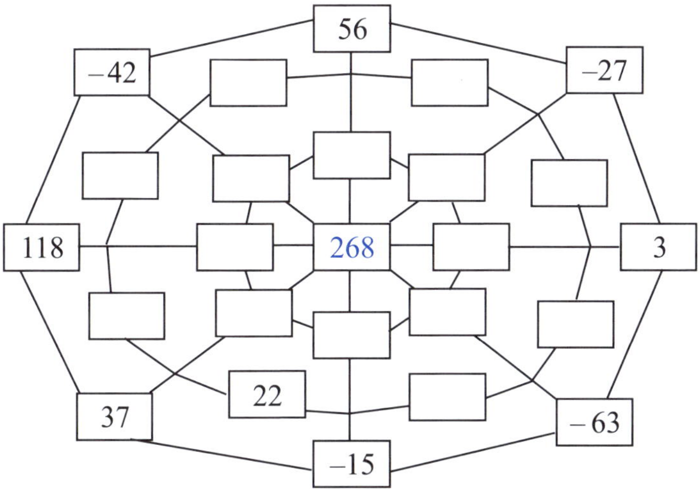

191. Berechne den Termwert.

a) –24 + 26 – 25 + 52

b) (16 – 32) + (–36 + 41)

c) 5 – 74 – 18 + 12

d) (–39 + 83 – 128) – (53 – 70)

e) 16 – [38 + (37 – 58)]

f) 324 – [5 – (43 – 170) – (29 + 142)]

Grundbegriffe der ebenen Geometrie

1 Die euklidische Geometrie

1.1 Lagebeziehungen zwischen Punkt und Gerade

Welche Entfernung von einem Punkt zu einer Geraden ist die kürzeste? Die Punkte A und B liegen auf der Geraden g. Die Punkte C und D liegen nicht auf der Geraden g.

Kurzschreibweise:
$A \in g$; $B \in g$; $C \notin g$; $D \notin g$

Die Punkte C und D haben unterschiedliche Entfernungen zur Geraden g. Die Entfernungen können gemessen werden indem man das Lot von den Punkten auf die Gerade fällt.

Hinweis: Bei anderer Skalierung der Achsen ergeben sich andere Werte.

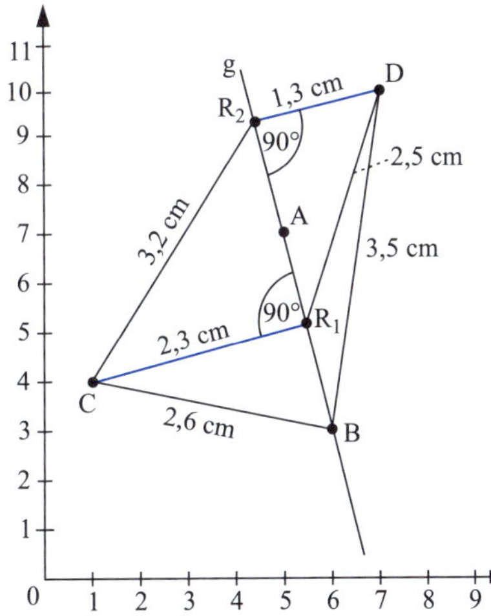

Es gibt immer eine kürzeste Entfernung eines Punktes $P \notin g$ zu einer Geraden g. Die kürzeste Entfernung $\overline{PQ}$ mit $Q \in g$ heißt **Abstand** d des Punktes P von der Geraden g.

Kurzform: d(P; g)

Die Strecke [PQ] steht dabei senkrecht auf g und heißt Lotstrecke.

Kurzform: $[PQ] \perp g$

Beispiel

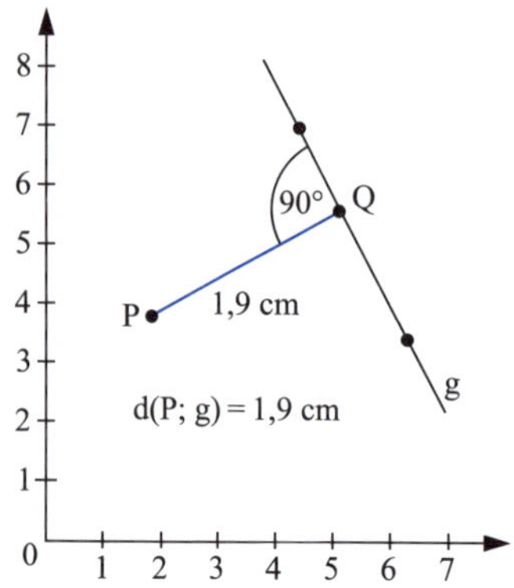

Fälle das Lot von P auf g, indem du eine Senkrechte zu g durch P zeichnest.
Der Abstand des Punktes P zur Geraden g beträgt $\overline{PQ} = 1{,}9$ cm.

Aufgabe 192. Trage die Punkte A(1 | 2), B(7 | 6), C(4 | 8), D(5 | 2), E(11 | 4), F(12 | 7) und G(10 | 9) in ein Koordinatensystem ein.
Miss die Abstände der Punkte zur Geraden AF.

1.2 Lagebeziehungen zwischen Geraden

Geraden können einen besonderen Verlauf zueinander haben.

Parallel verlaufende Geraden bilden eine **Parallelenschar**. 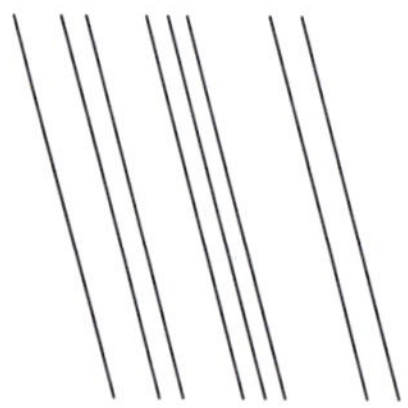	Wenn Geraden einen gemeinsamen Schnittpunkt haben, bilden sie ein **Geradenbüschel**. Der gemeinsame Schnittpunkt heißt **Büschelpunkt**. 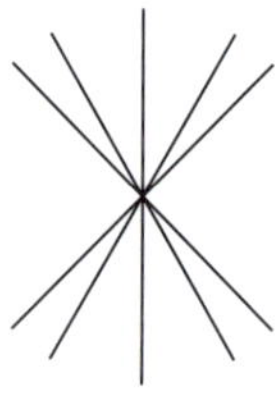

Beispiel

Zeichne die Gerade g durch die Punkte A(0 | 1) und B(0 | 4). Zeichne im Abstand von 0,5 cm zur Geraden g die Gerade h. Zeichne zwei weitere Geraden s und t, die zur Gerade g den doppelten bzw. vierfachen Abstand der Geraden h haben.

Lösung:

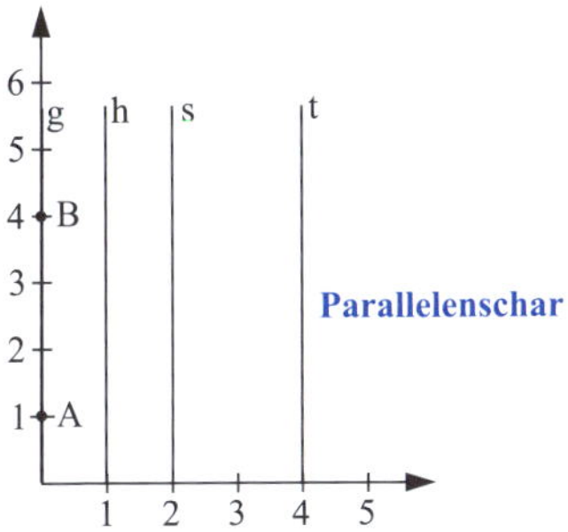

Zeichne die Gerade g und im Abstand von 0,5 cm die Gerade h. Dazu brauchst du nur einen Punkt im Abstand von 0,5 cm zur Geraden g zu markieren. Die Geraden g und h verlaufen parallel zueinander. Du kannst jetzt die Gerade h zeichnen, da es zu jeder Geraden nur eine parallel verlaufende Gerade durch einen vorgegebenen Punkt gibt. Gehe bei den Geraden s und t auf die gleiche Art und Weise vor.
Die Gerade s hat einen Abstand von 1 cm zu g, die Gerade t einen Abstand von 2 cm.

Aufgabe 193. Zeichne zu dem Büschelpunkt P(4 | 5) die Büschelgeraden, die durch die Punkte A(2 | 3), B(6 | 1), C(1 | 7) und D(5 | 9) verlaufen, in ein Koordinatensystem ein. Zeichne anschließend das Dreieck APC und miss den Abstand d(B; [AP]).
Gib die Koordinaten des Punktes C' an, der auf der Geraden CP liegt und für den gilt: $\overline{CP} = \overline{C'P}$.

1.3 Lagebeziehungen zwischen Kreis und Gerade

Kreise und Geraden finden sich überall in deiner Umgebung. Dabei kann eine Gerade verschiedene Lagen bezüglich eines Kreises einnehmen und entsprechend dieser Lage klassifiziert werden.

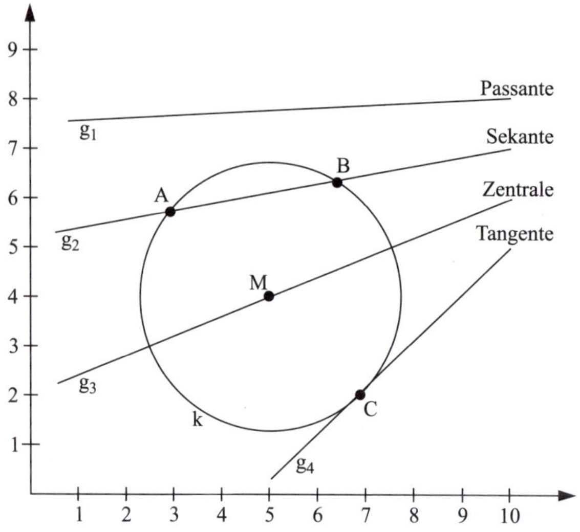

Eine **Passante** schneidet den Kreis in keinem Punkt.
Kurz: $k \cap g_1 = \emptyset$

Eine **Sekante** schneidet den Kreis in zwei Punkten.
Kurz: $k \cap g_2 = \{A, B\}$

Eine **Zentrale** verläuft durch den Mittelpunkt M des Kreises.

Eine **Tangente** berührt den Kreis in einem Punkt.
Kurz: $k \cap g_4 = \{C\}$

Aufgabe 194. Der Punkt A(3 | 2) liegt auf der Kreislinie des Kreises k. Zeichne den Kreis k mit dem Mittelpunkt M(5,5 | 3,5).
Zeichne nun die Gerade AM, welche den Kreis k im Punkt P schneidet.

a) Zeichne dann eine Sekante s, die parallel zur y-Achse durch den Punkt P verläuft und den Kreis k in dem Punkt Q schneidet.

b) Zeichne die Strecke [MQ] und eine Senkrechte t zur Strecke [MQ], die durch den Punkt Q verläuft. Die Tangente schneidet die Gerade g = AP im Punkt R.

c) Zeichne abschließend die Passante h, die parallel zur x-Achse durch den Punkt R verläuft.

2 Punktmengen

2.1 Halbebenen, Streifen, Winkel

Ebenen

Eine Ebene E ist ein unbegrenzter zweidimensionaler Raum, der aus unendlich vielen Punkten besteht.

Beispiel

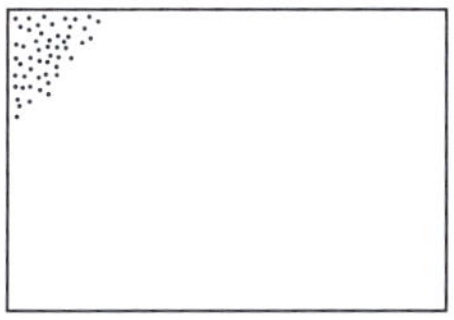

Da man einen unbegrenzten Raum nicht zeichnen kann, behilft man sich, indem man Ebenen als rechteckige Flächen darstellt. Die unendlich vielen Punkte der Ebene werden nur angedeutet, meist aber ganz weggelassen.

Halbebenen

Jede Gerade g einer Ebene E teilt diese in zwei **Halbebenen H_1 und H_2**. Die Gerade g wird als **Randgerade** bezeichnet. Die Halbebene befindet sich immer auf der Seite der Randgerade, auf der ihre Bezeichnung zu finden ist. Gehört die Randgerade g zu einer Halbebene, so nennt man sie **abgeschlossen**, andernfalls **offen**.

Beispiel

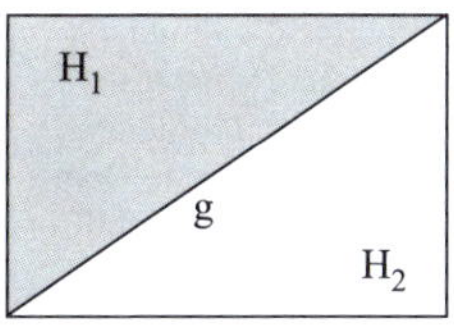

Ein Blatt Papier kann als Versinnbildlichung einer Ebene dienen. Falte das Blatt entlang der Diagonalen g. Es entstehen zwei Halbebenen H_1 und H_2 links und rechts der Diagonalen. Die Punkte der Ebene können in der Halbebene H_1, der Halbebene H_2, oder auf der Randgeraden g selbst liegen.

Streifen

Wird die Schnittmenge zweier Halbebenen durch ihre zueinander parallelen Randgeraden begrenzt, so erzeugen Halbebenen einen **Streifen**. Seine Breite ist der Abstand d der Randgeraden.
Kurz: $H_1 \cap H_2 = \text{Streifen}$

Beispiel

Die Ebene wird von zwei parallel verlaufenden Schienen durchzogen. Es entsteht eine neue Punktmenge.
Die Schienen sind Randgeraden einer Halbebene links der Schienen, eines Streifens zwischen den Schienen und einer Halbebene rechts der Schienen.

Bemerkung:

- Sind die Halbebenen abgeschlossen, gehören die Randgeraden zur Schnittmenge und damit zum Streifen.
- Sind die Halbebenen nicht abgeschlossen, gehören die Randgeraden nicht zum Streifen.
- Ist nur eine Halbebene abgeschlossen, gehört nur die entsprechende Randgerade zum Streifen.

> Sind zwei Halbebenen Teilmengen voneinander, so ergibt sich als Schnittmenge wieder eine Halbebene.
>
> Kurz: $H_1 \cap H_2 = H_1$

Beispiel

Zeichne eine Halbebene H_1 mit der Randgeraden h, die Teilmenge der Halbebene H_2 mit der Randgeraden g ist. Bilde die Schnittmenge.

Lösung:

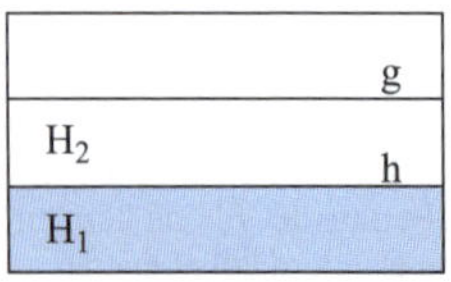

Zur Halbebene H_2 gehören alle Punkte unterhalb der Geraden g, da H_2 unter der Geraden steht. Zur Halbebene H_1 gehören alle Punkte unterhalb der Geraden h. Demnach ist die Schnittmenge genau die Halbebene H_1.

> Wenn zwei Halbebenen, die gemeinsame Punkte besitzen, keine Teilmengen zueinander darstellen, ist die Vereinigungsmenge von Halbebenen mit parallelen Randgeraden eine Ebene E.
>
> Kurz: $H_1 \cup H_2 = E$

Beispiel

Zeichne eine offene Halbebene H_1 mit der Randgeraden g und eine offene Halbebene H_2 mit der Randgeraden h, die keine Teilmengen voneinander sind. Die Randgeraden g und h sollen parallel zueinander verlaufen. Bilde die Vereinigungsmenge.

Lösung:

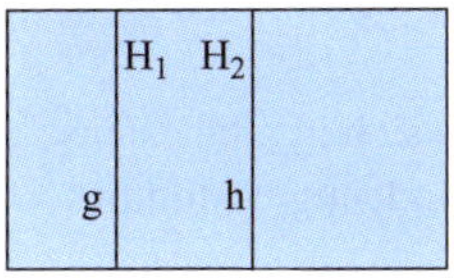

Zur Halbebene H_1 gehören alle Punkte rechts der Geraden g, zur Halbebene H_2 alle Punkte links der Geraden h. Damit liegen in der Vereinigungsmenge alle Punkte der Ebene.

Aufgabe 195. Markiere die vorgegebenen Mengen. Die Halbebenen sind abgeschlossen.

a) $H_1 \cap H_2$

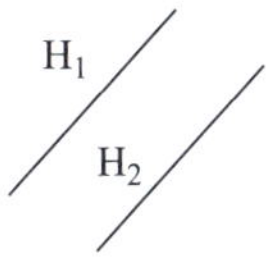

b) $H_1 \cap H_2$

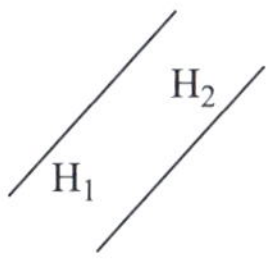

c) $H_1 \cup H_2$

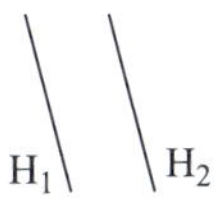

d) $H_1 \cap H_2 \cap H_3$

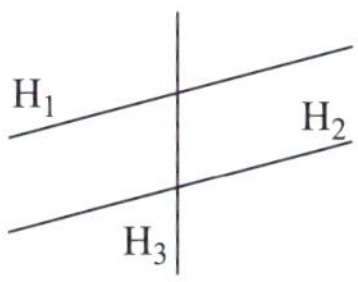

e) $H_1 \cap H_2$

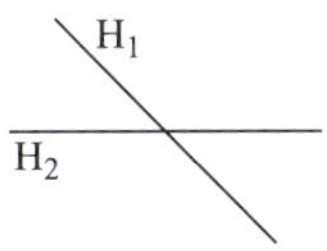

f) $H_1 \cup H_2$

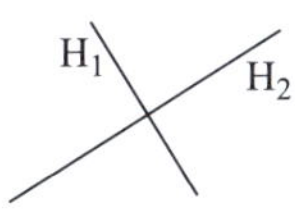

g) $H_1 \cap H_2 \cap H_3$

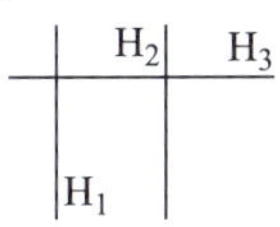

h) $H_1 \cup H_2 \cup H_3$

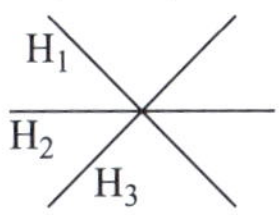

Wenn man zwei Halbebenen übereinanderlegt, bildet der Schnitt eine neue Punktmenge.

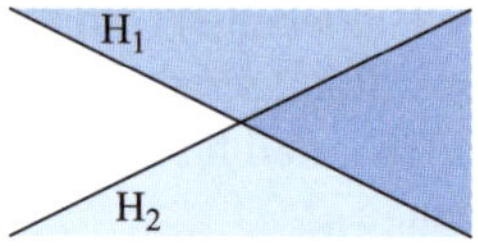

Winkel

Die Schnittmenge zweier Halbebenen, deren Randgeraden sich in mindestens einem Punkt S schneiden, heißt **Winkel**. Ist der Punkt S eindeutig bestimmt, bezeichnet man ihn als **Scheitel** des Winkels.

Arten von Winkeln

spitzer Winkel
$<90°$

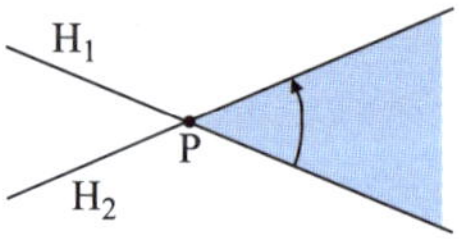

rechter Winkel
$=90°$

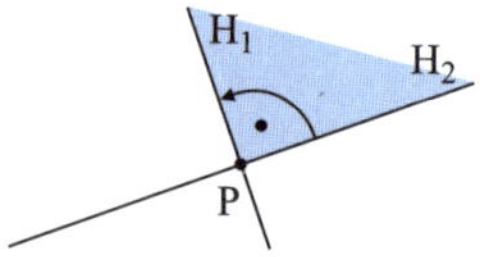

stumpfer Winkel
$>90°$

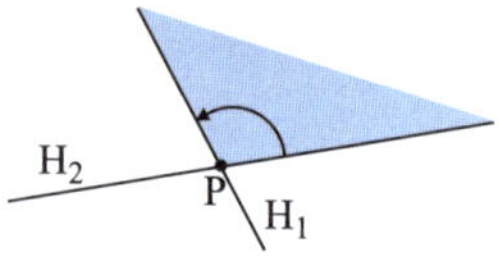

gestreckter Winkel
$=180°$

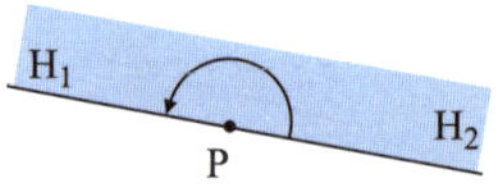

überstumpfer Winkel
$>180°$

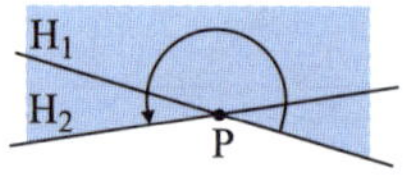

Winkel können durch drei Punkte eindeutig bezeichnet werden. Dabei musst du auf die Orientierung achten. Es ist ein Unterschied, ob der Winkel ASB oder der Winkel BSA gemeint ist.

Die Drehrichtung von Winkeln ist immer **gegen den Uhrzeigersinn** gerichtet.

Beispiel

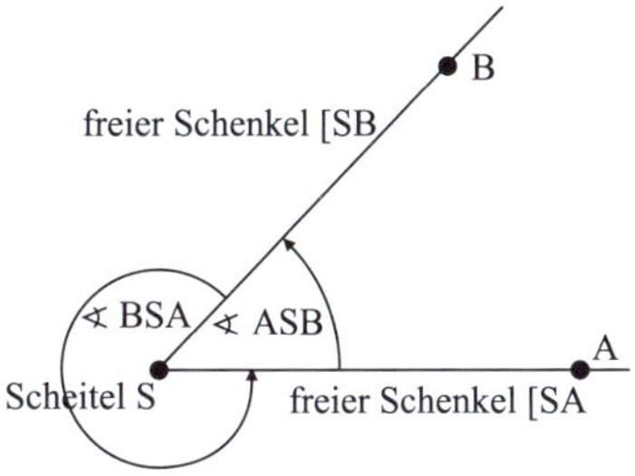

Der freie Schenkel [SA schließt mit dem freien Schenkel [SB das Winkelfeld des Winkels ASB ein.
Somit ist der Winkel BSA, wie zu erkennen ist, ein anderer.
Der Winkel ASB ergänzt sich mit dem Winkel BSA zu 360°.

Aufgabe 196. Bezeichne die farbig markierten Winkel mithilfe der angegebenen Punkte.

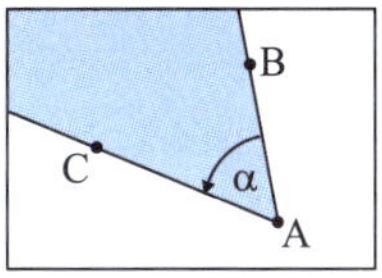

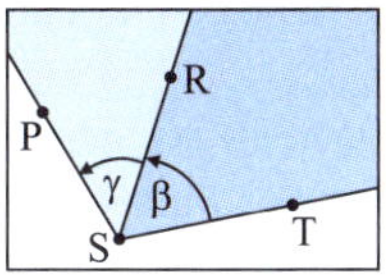

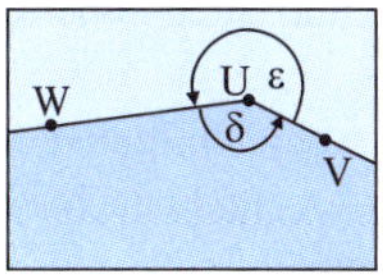

Wie werden Winkel gemessen?

1. Lege den Nullpunkt der Grundseite des Geodreiecks auf den Scheitel des Winkels und beachte dabei, dass die Grundseite des Geodreiecks auf dem freien Schenkel liegt.
2. An der Stelle, an der der andere freie Schenkel die Winkelskala schneidet, kannst du das Maß des Winkels ablesen.

Beispiel

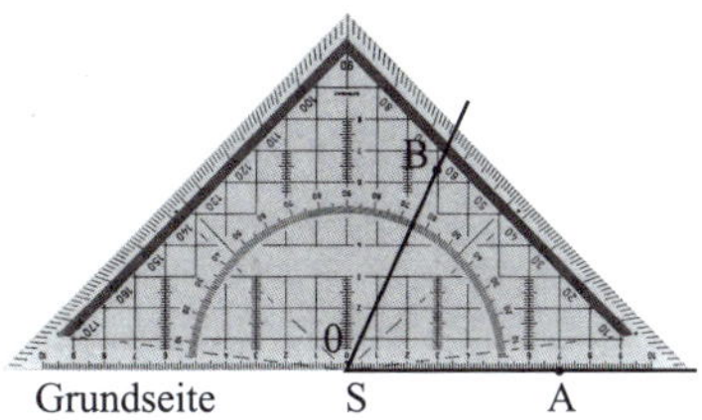

Der Winkel ASB hat in dem Bild das Maß 65°. Kurz: ∢ASB = 65°

Aufgaben 197. Zeichne das Dreieck ABC mit A(1 | 2), B(7 | 3) und C(3 | 5) in ein Koordinatensystem.
Bestimme durch Messung das Maß des Winkels BAC, des Winkels ACB und des Winkels CBA.

198. Zeichne die Punkte D(1 | 1), E(5 | 1), F(5 | 4), G(5 | 8), H(1 | 8) und I(1 | 4) in ein Koordinatensystem.
Zeichne anschließend das Viereck DEGH.
Unterteile die Figur so, dass der Winkel FHG, der Winkel IFD und der Winkel EDF entstehen.
Bestimme durch Messung die Maße der genannten Winkel.

Wie werden Winkel gezeichnet?

1. Zeichne einen beliebigen freien Schenkel und markiere den Scheitel des Winkels.
2. Lege den Nullpunkt der Grundseite des Geodreiecks auf den Scheitel des Winkels und beachte dabei, dass die Grundseite des Geodreiecks auf dem freien Schenkel liegt.
3. Markiere mithilfe der Winkelskala des Geodreiecks das gewünschte Winkelmaß.
4. Zeichne nun den anderen freien Schenkel.

Beispiel

Konstruktionsbeschreibung:
1. Zeichnen des freien Schenkels [SA
2. Antragen des Winkels ASB = 50°
3. Zeichnen des freien Schenkels [SB

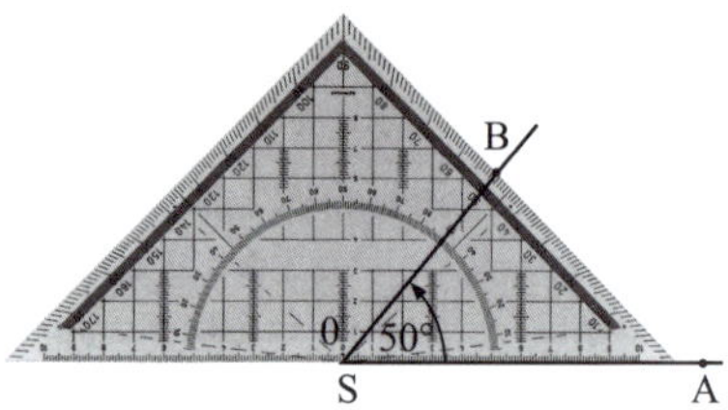

Aufgabe **199.** Zeichne folgende Winkel:

a) ∢SRT = 70°

b) ∢ABC = 35°

c) ∢UVW = 140°

d) ∢EFG = 210°

2.2 Nebenwinkel und Scheitelwinkel

In Kirchenfenstern kann man viele Winkel betrachten. Findest du rechte und gestreckte Winkel?

- Wenn ein gestreckter Winkel unterteilt wird, so entsteht ein Paar von **Nebenwinkeln**. Nebenwinkel ergeben zusammen einen gestreckten Winkel.
  Kurz: $\alpha + \beta = 180°$

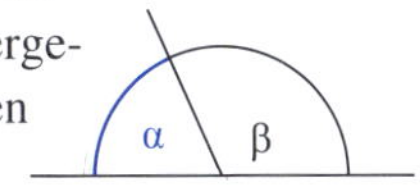

- Die gegenüberliegenden Winkel zweier sich schneidender Geraden nennt man **Scheitelwinkel**. Scheitelwinkel sind gleich groß, haben also das gleiche Maß.
  Kurz: $\alpha = \beta$ und $\varepsilon = \delta$

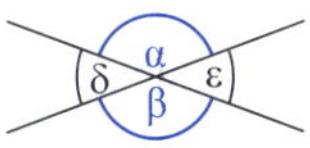

Beispiel

Bestimme die fehlenden Winkelmaße.

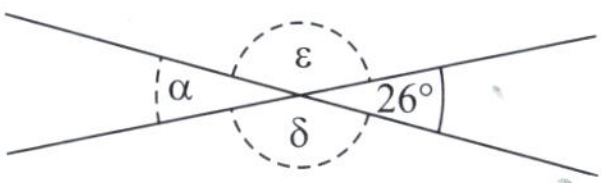

Lösung:

Winkel	Begründung
$\varepsilon = 180° - 26° = 154°$	Nebenwinkel
$\alpha = 26°$	Scheitelwinkel
$\delta = \varepsilon = 154°$	Scheitelwinkel

Aufgaben

200. Bestimme die fehlenden Winkelmaße.

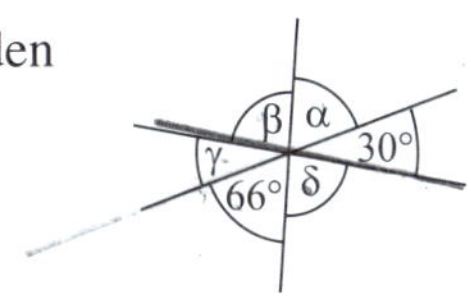

201. Welche Maße haben die in den Aussagen gesuchten Winkel?

a) Der Nebenwinkel zu β hat das Maß 108°.

b) Der Nebenwinkel γ ist 11-mal so groß wie δ.

c) Welches Maß haben die Scheitelwinkel α und ε, deren Summe 254° beträgt?

3 Punktmengen am Kreis

Folgende Flächen und Strecken ergeben besondere Punktmengen.

1. Die Verbindungsstrecke zweier verschiedener Kreispunkte nennt man **Kreissehne**. Jede Kreissehne teilt die zugehörige Kreislinie in zwei **Kreisbögen**.

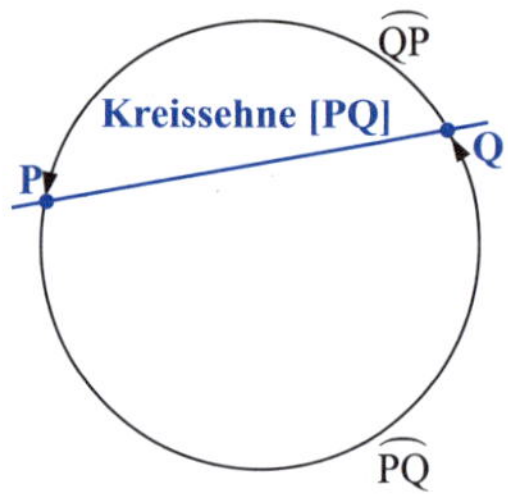

2. Die **Mittelsehne** (Kreisdurchmesser) verläuft als längste Sehne durch den Kreismittelpunkt. Bei einer Mittelsehne entstehen zwei **Halbkreisbögen**. Jeder Kreisbogen begrenzt mit der zugehörigen Kreissehne ein **Kreissegment**. *Hinweis:* Die Kreissehne eines Kreissegments muss aber nicht die Mittelsehne sein, sondern kann jede beliebige Kreissehne sein.

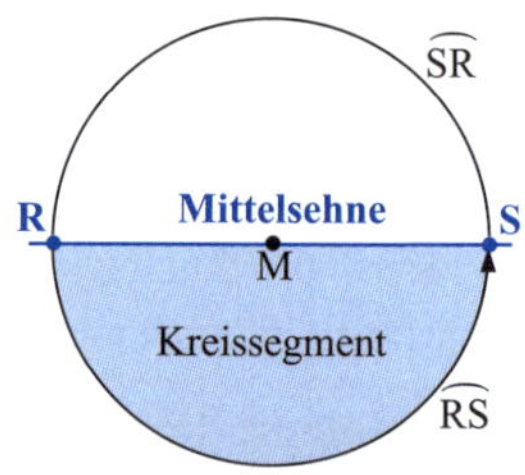

3. Werden Anfangs- und Endpunkt eines Kreisbogens mit dem Kreismittelpunkt verbunden, so schließt der Kreisbogen einen **Kreissektor** ein. Die vom Kreismittelpunkt ausgehenden Radiusstrecken r bilden den Mittelpunktswinkel φ. (Öffnungswinkel φ)

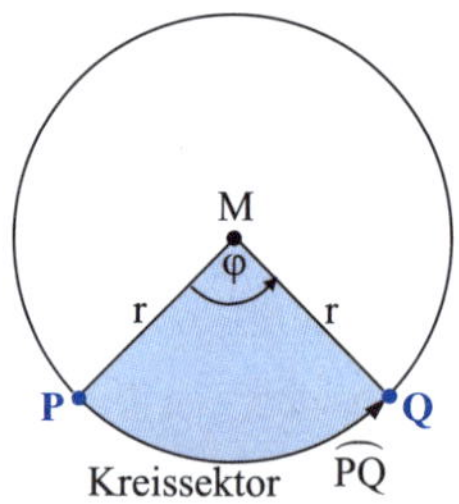

Beispiel

Welche Kreisteile sind Kreissektoren und welche sind Kreissegmente?

a) 

b) 

c) 

d) 

e) 

f) 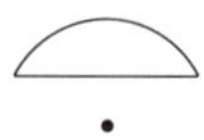

Lösung:

a) Kreissektor und Kreissegment	Kreisbogen und Kreissehne bzw. Kreisbogen und 2 Radiusstrecken
b) Kreissegment	Kreisbogen und Kreissehne
c) Kreissektor	Kreisbogen und 2 Radiusstrecken
d) Kreissektor	Kreisbogen und 2 Radiusstrecken
e) Kreissektor	Kreisbogen und 2 Radiusstrecken
f) Kreissegment	Kreisbogen und Kreissehne

Aufgaben

202. Zeichne einen Kreis k mit dem Mittelpunkt M(7 | 7) und dem Radius r = 2 cm. Zeichne eine Gerade AB mit A(5 | 5) und B(8 | 4).

a) Die Gerade AB schneidet den Kreis k in den Punkten P und Q. Schraffiere mit blauer Farbe das Kreissegment, das durch die Sehne [PQ] und den Bogen $\overset{\frown}{PQ}$ begrenzt wird.

b) Schraffiere mit grüner Farbe den Kreissektor, der durch den Kreisbogen $\overset{\frown}{PQ}$ sowie die Radiusstrecken [MP] und [MQ] eingeschlossen wird. Bestimme das Maß des zugehörigen Mittelpunktswinkels durch Messung.

c) Schraffiere mit Rot einen Sektor, der gleichzeitig auch ein Segment ist. Welches Maß hat der zugehörige Mittelpunktswinkel?

203. Welchen Radius hätte ein Kreis, wenn der Umfang eines Kreissektors 10,28 cm beträgt und der begrenzende Kreisbogen 6,28 cm lang ist.

204. Überlege, in wie viele Teile 3 verschiedene Sehnen einen Kreis zerlegen können.
Zeichne die Möglichkeiten auf.

205. Die Endpunkte einer 5 cm langen Sehne bilden zusammen mit dem Mittelpunkt eines Kreises ein gleichschenkliges Dreieck mit einem Umfang von 13 cm.
Fertige eine nicht maßstäbliche Zeichnung des Kreises an und schraffiere mit unterschiedlichen Farben das zugehörige kleinere Kreissegment und den zugehörigen größeren Kreissektor.

206. Die Seiten des Quadrates ABCD mit A(–3 | –2), B(3 | –2), C(3 | 4) und D(–3 | 4) sind Sehnen eines Kreises k (M; r).
Zeichne den Kreis k, gib die Koordinaten des Mittelpunktes M an und bestimme den Durchmesser d durch Messung.

207. Ein 3 cm langer Kreisbogen begrenzt den zugehörigen Kreissektor. Zeichne den Kreis k, wenn der Kreissektor einen Umfang von 9 cm hat.

208. Zeichne den Kreis k $(M(4|4); r = 2\text{ cm})$ und den Punkt $S(5|1)$ in ein Koordinatensystem.

a) Zeichne die Sekante s, welche eine Mittelsehne des Kreises k ist, durch den Punkt S ein.

b) Zeichne mit dem Geodreieck alle zur Geraden MS parallel verlaufenden Sehnen s_1, s_2 von 2 cm Länge ein.

c) Zeichne alle zur Geraden MS senkrecht stehenden Tangenten an den Kreis k ein.

209. Zeichne einen Kreis $k(M; r = 2\text{ cm})$.
Zeichne den Mittelpunktswinkel $\alpha = \sphericalangle PMQ = 100°$ ein, wobei die Punkte P und Q auf der Kreislinie liegen und P rechts von Q liegt.
Zeichne einen Punkt C auf dem Kreisbogen $\overset{\frown}{QP}$ ein.
Zeichne anschließend das Dreieck QCP ein.

a) Wie viele Kreissektoren und Kreissegmente erkennst du in der Zeichnung?

b) Welchen Öffnungswinkel φ hat der Kreissektor QMP?

Achsenspiegelung – Grundbegriffe, grundlegende Eigenschaften

1 Eigenschaften von Ur- und Bildfigur

Du kannst Figuren ganz einfach selbst erzeugen: Kleckse etwas Tinte auf ein Blatt Papier und falte es.

Die **Urfigur** (Figur A) wird dabei auf die **Bildfigur** (Figur B) abgebildet. Es entsteht eine achsensymmetrische Figur. Eine derartige Abbildung wird als **Achsenspiegelung** bezeichnet. Die Faltachse ist die **Spiegelachse s**.

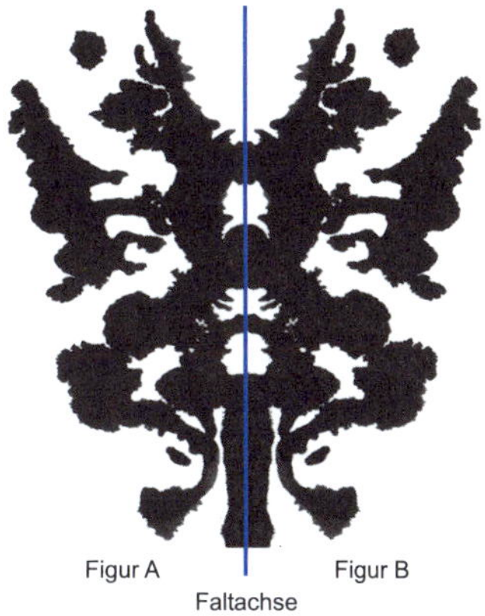

- Die beiden Figuren A und B sind **deckungsgleich** oder **kongruent**, wenn sie durch Achsenspiegelungen aufeinander abgebildet werden können. Schreibweise: $A \cong B$
- Eine Figur heißt **achsensymmetrisch** bezüglich einer Geraden s, wenn sie bei der Spiegelung an s auf sich selbst abgebildet wird. Die Gerade s ist die **Spiegelachse** und heißt **Symmetrieachse** der Figur.

Beispiel

Zeichne in den Figuren die Spiegelachsen richtig ein.

a) b) c) d)

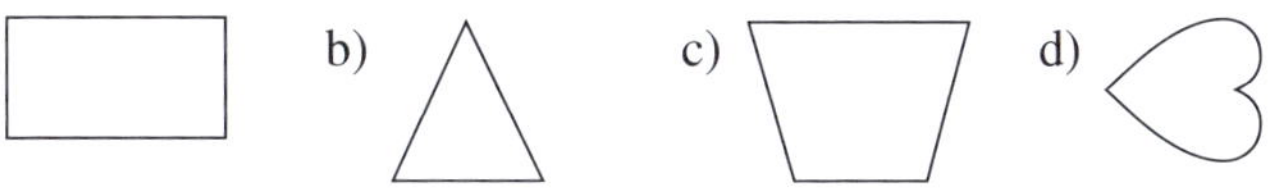

Lösung:

a) b) c) d)

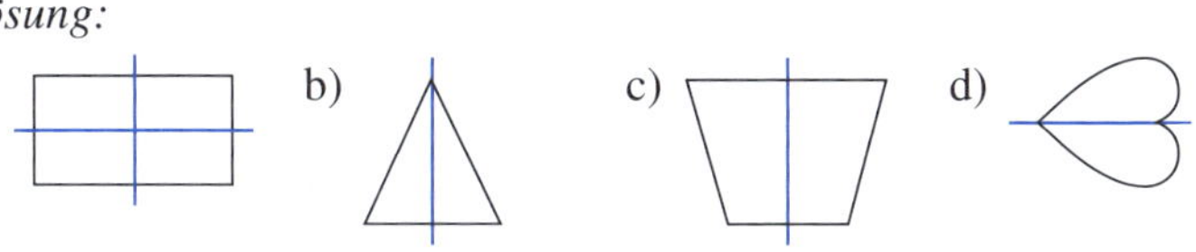

Die eine Hälfte der Figur muss genau deckungsgleich zur anderen Hälfte der Figur sein.

Urpunkt P und Bildpunkt P' liegen sich auf einer Senkrechten zur Spiegelachse im selben Abstand gegenüber.

Abbildungsvorschrift der Achsenspiegelung:

$P \overset{s}{\longmapsto} P'$

Sprechweise:
Der Punkt P wird durch Achsenspiegelung an der Spiegelachse s auf den Punkt P' abgebildet.

Beispiel

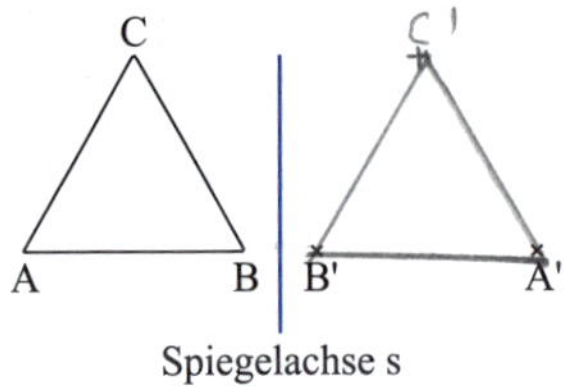

Das Urdreieck ΔABC soll auf das Bilddreieck ΔA'B'C' durch Achsenspiegelung abgebildet werden. Die Bildpunkte A' und B' sind bereits bekannt.

Wo aber liegt der Bildpunkt C'? Zeichne das Bilddreieck ΔA'B'C'.

Lösung:

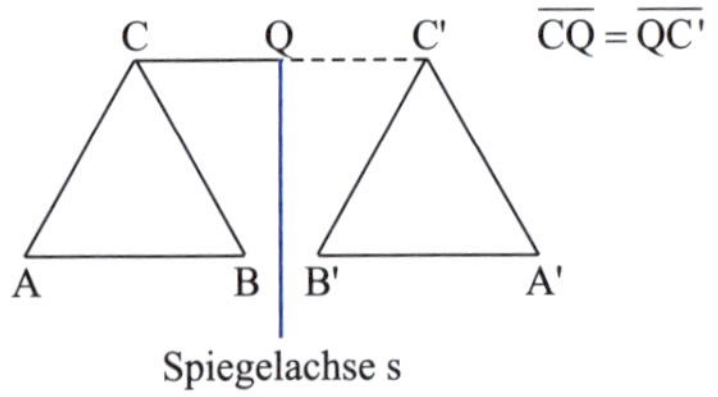

Zeichne eine Senkrechte zur Spiegelachse durch den Punkt C. Der Punkt C' befindet sich auf der Senkrechten im gleichen Abstand von der Spiegelachse wie der Punkt C.

2 Konstruktion von Bildpunkten

Verwendet man beim Zeichnen nur den Zirkel und das Geodreieck, so spricht man von einer **Konstruktion**.

Konstruktion von Bildpunkten mit dem Geodreieck

1. Zeichne eine Senkrechte t durch den Punkt P zur Spiegelachse s.
2. Die Senkrechte t schneidet die Spiegelachse s im Punkt F.
3. Lege die Symmetrieachse des Geodreiecks so auf die Spiegelachse, dass die Zeichenkante auf t liegt.
4. Übertrage die Länge der Strecke $\overline{PF}$ mithilfe der cm-Skala auf die andere Seite der Spiegelachse s.

Konstruktion von Bildpunkten mit Zirkel und Lineal

1. Wähle zwei beliebige Punkte A und B auf der Spiegelachse s.
2. Zeichne zwei Kreise $k_1(A; r = \overline{AP})$ und $k_2(B; r = \overline{BP})$. Der von P verschiedene Schnittpunkt der beiden Kreise ist der Bildpunkt P'.

Beispiele

1.

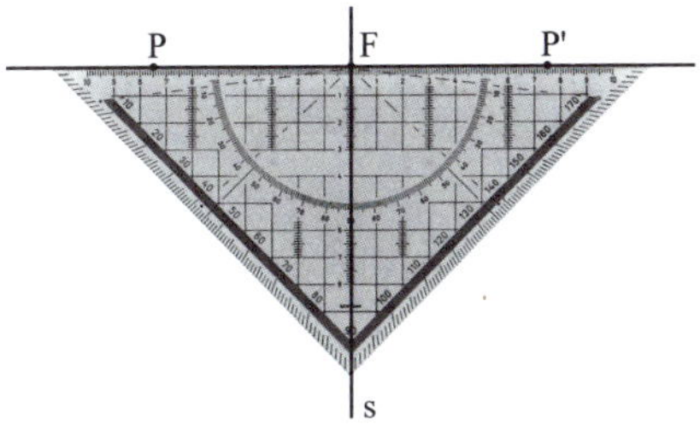

2.

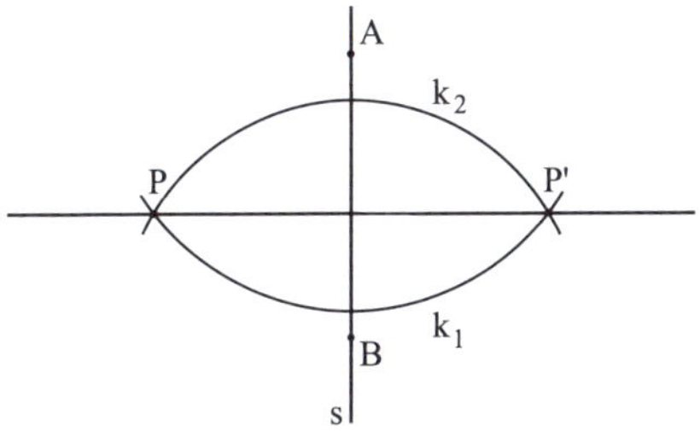

3. Bilde das Rechteck ABCD mit A(1 | 1); B(2,5 | 1); C(2,5 | 4) und D(1 | 4) durch Achsenspiegelung an der Geraden s = PQ mit P(4 | 4) und Q(4 | 1) auf das Recheck A'B'C'D' ab.

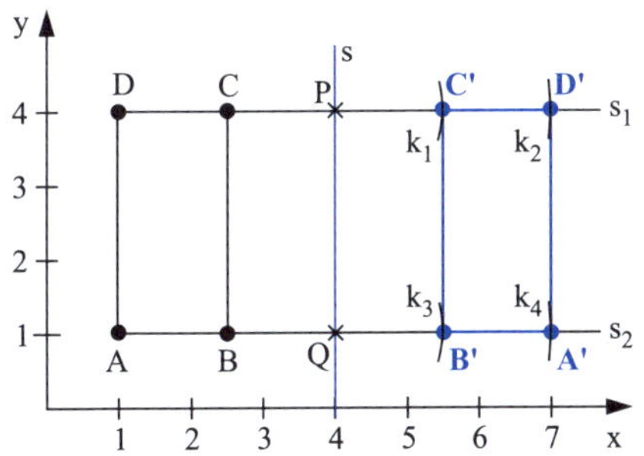

1. Zeichne das Rechteck ABCD und die Gerade s.
2. Zeichne die Senkrechte s_1 zu s durch C und die Senkrechte s_2 zu s durch B.
3. $s_1 \cap s = \{P\}$, $s_2 \cap s = \{Q\}$
4. Zeichne die Kreise $k_1 = (P; r = \overline{PC})$, $k_2 = (P; r = \overline{PD})$, $k_3 = (Q; r = \overline{QB})$ und $k_4 = (Q; r = \overline{QA})$.
5. $k_1 \cap s_1 = \{C'\}$, $k_2 \cap s_1 = \{D'\}$, $k_3 \cap s_2 = \{B'\}$, $k_4 \cap s_2 = \{A'\}$.
6. Zeichne das Rechteck A'B'C'D'.

Aufgaben **210.** Es fehlen Punkte von Ur- und Bildfigur. Die Bildfigur ist durch Achsenspiegelung aus der Urfigur hervorgegangen. Finde die fehlenden Punkte durch Konstruktion und verbinde die Ur- und Bildpunkte jeweils zu einer geschlossenen Figur.

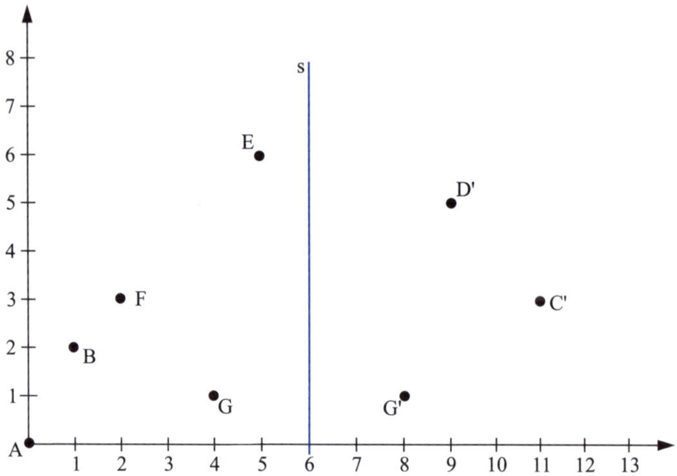

211. Die Urfigur ABCD wird durch Achsenspiegelung auf die Bildfigur A'B'C'D' abgebildet. Bekannt sind die Koordinaten der Punkte A(2 | 1), B(4 | 2), C(3 | 5), D(0,5 | 2) und A'(7 | 1). Finde durch Konstruktion die Bildfigur A'B'C'D'.

212. Welche Figur entsteht, wenn der Punkt B(7 | 5) an der Strecke [AC] mit A(4 | 1) und C(4 | 7) achsengespiegelt wird und man die Punkte A und B, B und C, C und B' und B' und A verbindet?

213. Ein Freizeitschwimmer will einen breiten Fluss durchqueren. Er startet bei A und möchte das gegenüberliegende Ufer am Punkt B erreichen. Wenn der Schwimmer genau auf den Punkt B zuschwimmen würde, würde er durch die Strömung am Punkt C des gegenüberliegenden Ufers ankommen. Welche Richtung muss der Schwimmer unter Berücksichtigung der Strömung einschlagen, um am Punkt B das gegenüberliegende Ufer zu erreichen?
Übertrage die Zeichnung für A(5 | 1), B(5 | 5) und C(9 | 5) in ein Koordinatensystem und konstruiere die Schwimmrichtung.

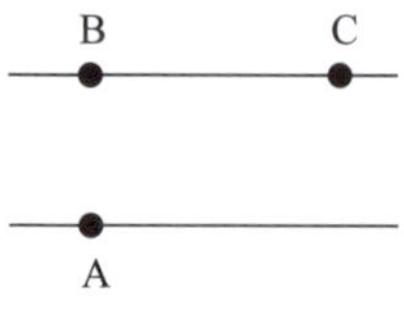

3 Fundamentalsätze

geradentreu

Bei der Achsenspiegelung ist das Bild einer Geraden g wieder eine Gerade g'.

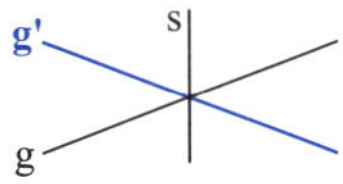

längentreu

Bei der Achsenspiegelung wird die Urstrecke [AB] auf die Bildstrecke [A'B'] abgebildet. Ur- und Bildstrecke sind gleich lang.

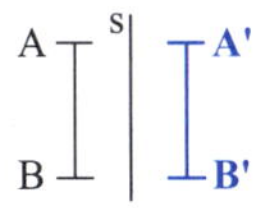

winkeltreu

Bei der Achsenspiegelung haben Urwinkel α und Bildwinkel α' das gleiche Maß: $\alpha = \alpha'$

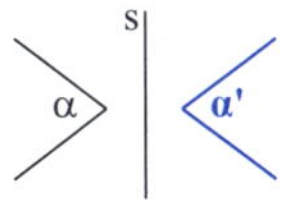

parallelentreu

Sind bei der Achsenspiegelung die Urgeraden parallel zueinander, so sind auch die Bildgeraden parallel zueinander.

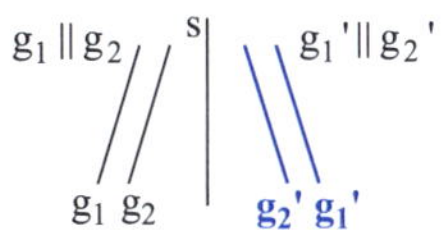

kreistreu

Bei der Achsenspiegelung ist das Bild eines Kreises wieder ein Kreis. Urkreis und Bildkreis haben den gleichen Radius: $r = r'$

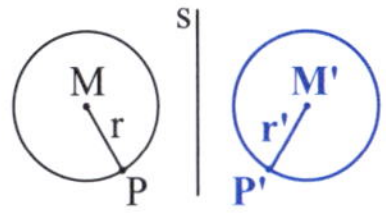

orientierungsumkehrend

Bei der Achsenspiegelung kehrt sich der Drehsinn (die Orientierung) um.

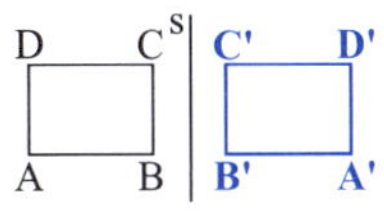

Weitere Eigenschaften der Achsenspiegelung

- Alle Punkte, die auf der Spiegelachse s liegen, sind **Fixpunkte**. Das heißt, sie werden auf sich selbst abgebildet.
- Alle bezüglich der Spiegelachse achsensymmetrischen Figuren sind **Fixfiguren**. Das heißt, sie werden auf sich selbst abgebildet. Liegt beispielsweise der Mittelpunkt eines Kreises auf der Spiegelachse, so wird der Kreis auf sich selbst abgebildet. Man nennt dies einen **Fixkreis**.
- Die Spiegelachse s ist die einzige **Fixpunktfigur**, da sie nur aus Fixpunkten besteht.

Beispiel

Das Dreieck ABC mit A(2 | 1,5), B(5 | 3) und C(2 | 3) soll durch Achsenspiegelung an der Spiegelachse CB abgebildet werden.

Lösung:

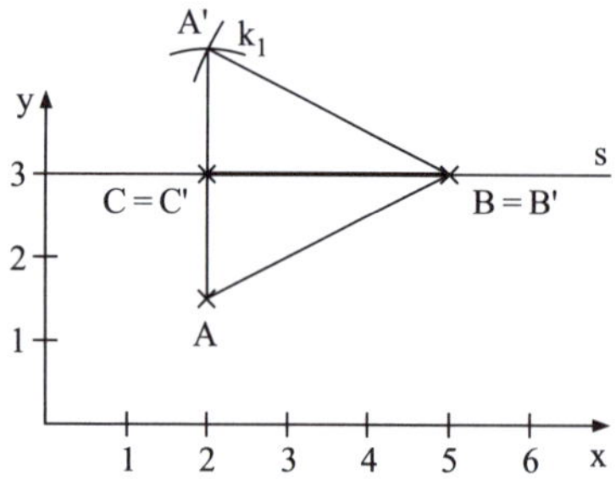

Auf der Spiegelachse CB liegt die Strecke [CB]. Somit sind die Punkte C und B Fixpunkte und werden auf sich selbst abgebildet. Der Punkt A' liegt auf einer Senkrechten zur Spiegelachse, die durch den Punkt A verläuft. Der Abstand von A' zur Spiegelachse ist gleich dem Abstand des Punktes A von der Spiegelachse. Nun kannst du die Bildfigur A'B'C' zeichnen.

Aufgabe 214. An der Spiegelachse PQ mit P(2 | 5) und Q(9 | 5) soll die Figur ABCDEFGM, die sich aus einem Kreis k mit 1 LE Radius und dem Mittelpunkt M(5 | 5) sowie den Strecken [AB], [BC], [BD], [BF], [FE] und [FG] mit A(5 | 4), B(5 | 3,5), C(4 | 2), D(6 | 2), E(3 | 0), F(5 | 1) und G(7 | 0) zusammensetzt, durch Achsenspiegelung abgebildet werden. Lies die Koordinaten der Bildpunkte ab.

4 Fundamentalkonstruktionen – Mittelsenkrechte und Winkelhalbierende

Konstruktion der Mittelsenkrechten – Halbieren einer Strecke

Die Teilstrecke [RS] soll halbiert werden.

1. Zeichne einen Kreis k_1 mit dem Mittelpunkt R und dem Radius $r > \frac{\overline{RS}}{2}$.
2. Zeichne einen Kreis k_2 mit dem Mittelpunkt S und dem Radius r.
4. Die Kreise k_1 und k_2 scheiden sich in den Punkten P und Q.
5. Die Gerade PQ = s ist die gesuchte Mittelsenkrechte m der Strecke [RS].

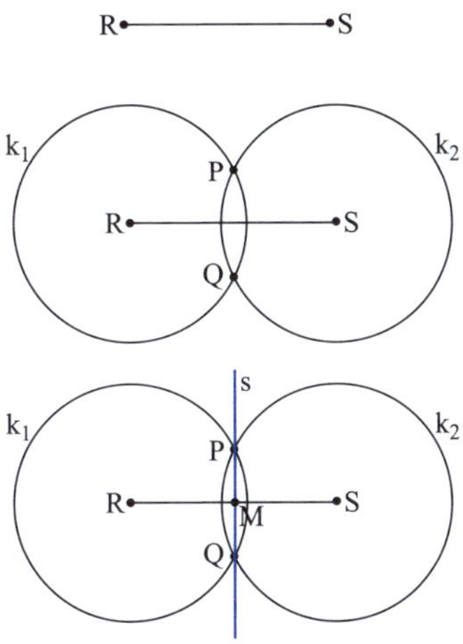

Die Spiegelachse s ist die **Mittelsenkrechte m** zur Strecke [RS] und der Punkt M halbiert die Strecke [RS].

Kurzschreibweise: $m_{[RS]}$

Beispiel

Zeichne eine 4,5 cm lange Strecke [AB] und teile sie in vier gleich lange Teilstrecken.

Lösung:

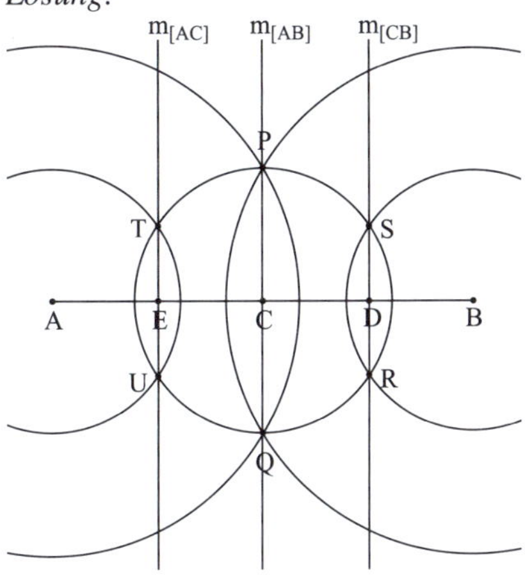

Du musst die Strecke [AB] wie oben beschrieben halbieren. Die zwei entstandenen Strecken sind jeweils erneut zu halbieren. Die vier entstehenden Stecken sind gleich lang.

Aufgabe 215. Konstruiere den Mittelpunkt der Strecke [AB] mit A(2 | 4,5) und B(6 | 2), um herauszufinden, ob der Punkt R(5,5 | 7) auf der Mittelsenkrechten liegt.

Konstruktion der Winkelhalbierenden

Der Winkel ASB soll halbiert werden.

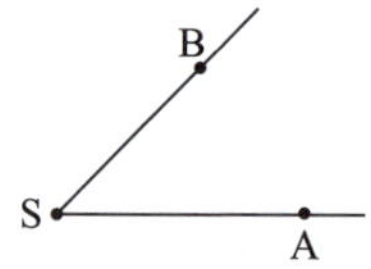

1. Zeichne einen Kreis k mit dem Mittelpunkt S und einem beliebigen Radius r.
2. Der Kreis k schneidet den Schenkel [SA im Punkt P und den Schenkel [SB im Punkt Q.

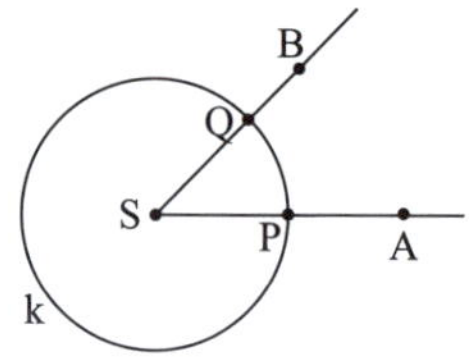

3. Zeichne die Strecke [PQ] und konstruiere die Mittelsenkrechte der Strecke [PQ]:

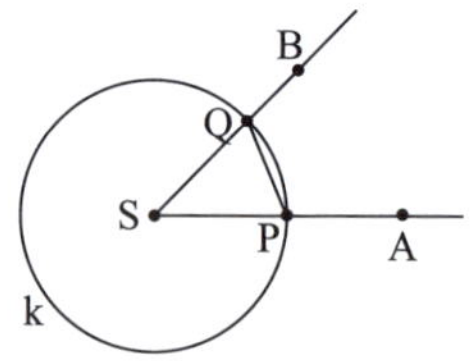

4. Zeichne einen Kreis k_1 mit dem Mittelpunkt Q und dem Radius r.
5. Zeichne einen Kreis k_2 mit dem Mittelpunkt P und dem Radius r.
6. Die Kreise scheiden sich in den Punkten S und T.
7. Zeichne die Gerade m durch die Punkte S und T.

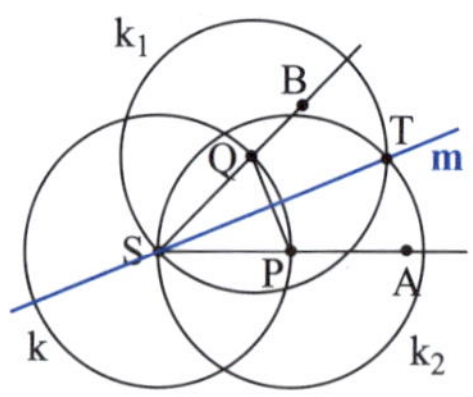

Die Mittelsenkrechte m der Strecke [PQ], die Gerade ST, halbiert den Winkel ASB und ist somit **Winkelhalbierende** des Winkels ASB.

Beispiel

Konstruiere den Winkel $\alpha = 22{,}5°$.

Lösung:

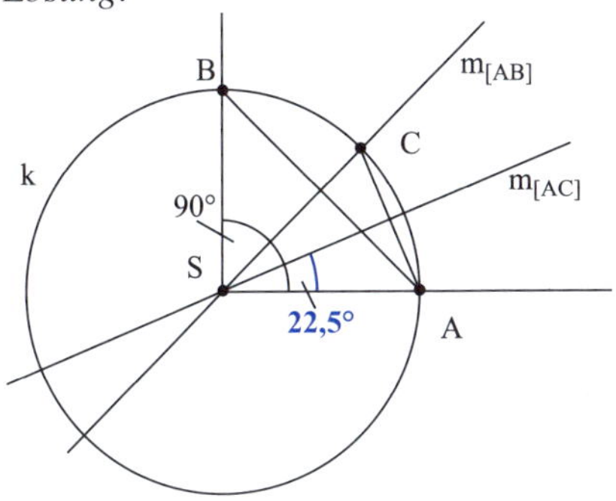

Der Winkel ASB hat ein Maß von 90° und muss 2-mal halbiert werden, um einen Winkel von 22,5° zu erhalten ($4 \cdot 22{,}5° = 90°$). Gehe wie oben beschrieben vor.

Aufgaben

216. a) Zeichne eine 2,5 cm lange Strecke [AB] und konstruiere die Mittelsenkrechte der Strecke [AB].

b) Zeichne einen Winkel ASB mit dem Maß $\alpha = 125°$ und konstruiere die Winkelhalbierende des Winkels α.

217. Zeichne ein beliebiges spitzwinkliges Dreieck ABC.
Konstruiere zu jeder Dreiecksseite die Mittelsenkrechte.
Was stellst du fest?

218. Zeichne ein beliebiges stumpfwinkliges Dreieck ABC.
Konstruiere die Winkelhalbierenden der drei Innenwinkel.
Was stellst du fest?

219. Zeichne die Strecke [AB] und die Strecke [AC] mit A(3 | 2), B(8 | 2) und C(3 | 7) in ein Koordinatensystem.
Finde durch Konstruktion den Punkt S, der von A, B und C den gleichen Abstand hat.

220. Ein Hausbesitzer möchte in seinem dreieckigen Vorgarten einen Rasenstreifen setzen. Der Rasenstreifen soll von den Strecken [AB] und [AC] immer gleich weit entfernt sein.
Übertrage die Zeichnung für A(2 | 1), B(6 | 3) und C(3 | 7) in ein Koordinatensystem und konstruiere den Verlauf des Rasenstreifens.

221. Zeichne die Punkte A(3 | 3), B(9 | 3) und D(3 | 7) in ein Koordinatensystem.
Die Punkte A, B und D sind Eckpunkte des Rechteckes ABCD.
Finde durch Konstruktion mit Zirkel und Lineal den Punkt C und gib dessen Koordinaten an. Zeichne das Rechteck ABCD.

222. a) Zeichne den Kreis k mit dem Mittelpunkt M(7 | 5) und dem Radius r = 5 LE sowie die Punkte A(7 | 0), B(12 | 5), C(7 | 10) und D(2 | 5) in ein Koordinatensystem.

b) Konstruiere die Winkelhalbierenden der Winkel BMC und AMB. Verlängere die Winkelhalbierenden über den Scheitel hinaus.

c) Konstruiere die Mittelsenkrechten der Strecken [MA], [MB], [MC] und der Strecke [MD].

d) Gib die Koordinaten der Schnittpunkte der Winkelhalbierenden mit den Mittelsenkrechten an.

e) Welche Figur entsteht, wenn du die Schnittpunkte miteinander verbindest?

223. a) Zeichne die Strecke [SA] mit S(2 | 2) und A(6 | 1) und trage im Punkt S den Winkel α mit dem Maß von 75° an.

b) Konstruiere die Winkelhalbierende des Winkels α. Die Winkelhalbierende schneidet die Strecke [RT] mit R(9 | 7) und T(9 | 2) im Punkt P.

c) Zeichne eine Parallele t zur y-Achse durch den Punkt A.

d) Spiegle den Punkt P an der Spiegelachse t auf den Punkt P' und gib dessen Koordinaten an.

224. Von zwei Dreiecken, die durch Achsenspiegelung auseinander hervorgegangen sind, sind nur noch die Punkte A(3 | 2), B'(1 | 7), C(8 | 4) und C'(3 | 9) bekannt.

a) Zeichne die Punkte in ein Koordinatensystem.

b) Konstruiere die Spiegelachse t und die fehlenden Punkte A' und B und zeichne die Dreiecke ABC und A'B'C'.

225. Auf welchen Punkt der Bande [AB] eines Billardtisches muss gezielt werden, um mit der weißen Kugel P die rote Kugel Z zu treffen?
Aus der Physik ist Folgendes bekannt: Trifft eine Kugel in einem bestimmten Winkel (Einfallswinkel α) an die Bande, so wird sie im gleichen Winkel (Ausfallswinkel α') zurückgeworfen (reflektiert). Es gilt das Reflexionsgesetz $\alpha = \alpha'$.

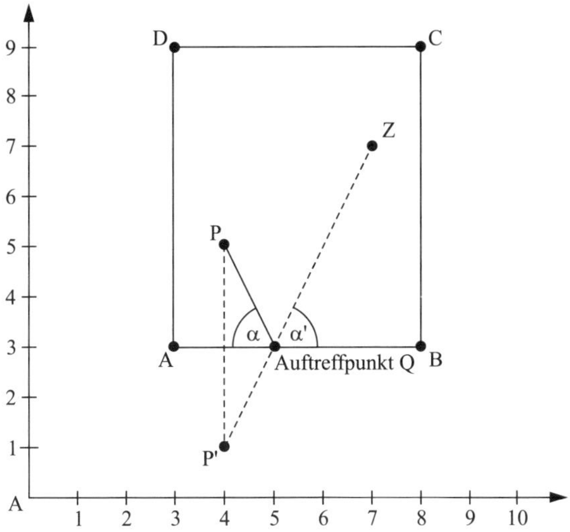

Um also die Kugel Z zu treffen, muss man auf das Spiegelbild P' der weißen Kugel P zielen. Die gedachte Verbindungsstrecke [P'Z] schneidet die Bande [AB] im Auftreffpunkt Q. Der Punkt Q muss von der weißen Kugel P getroffen werden, um die rote Kugel Z spielen zu können.

a) Zeichne einen Billardtisch mit A(3 | 3), B(9 | 3), C(9 | 9) und D(3 | 9) sowie die weiße Kugel P mit P(4 | 6) und die rote Kugel Z mit Z(8 | 5) in ein Koordinatensystem.
Konstruiere den Weg, den die weiße Kugel P nehmen muss, um am Auftreffpunkt Q so reflektiert zu werden, dass die rote Kugel Z getroffen wird.

b) Zeichne einen Billardtisch mit A(5 | 3), B(11 | 3), C(11 | 9) und D(5 | 9) sowie die weiße Kugel P mit P(6 | 6) und die rote Kugel Z mit Z(10 | 5) in ein Koordinatensystem.
Konstruiere den Weg, den die weiße Kugel P nehmen muss, um nach der Reflexion an den Banden [AD] und [AB] die rote Kugel Z zu treffen.

5 Übersicht: Eigenschaften achsensymmetrischer Dreiecke und Vierecke

Gleichschenkliges Dreieck

Ein gleichschenkliges Dreieck hat eine Symmetrieachse, die Mittelsenkrechte der Basis.

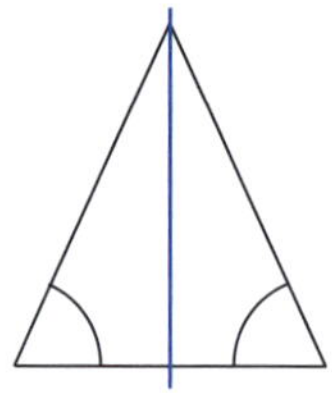

Eigenschaften:
- zwei gleichlange Schenkel
- maßgleiche Basiswinkel
- die Symmetrieachse halbiert die Basis in zwei gleichlange Teilstrecken

Gleichseitiges Dreieck

Ein gleichseitiges Dreieck hat 3 Symmetrieachsen, die Mittelsenkrechten der Dreiecksseiten.

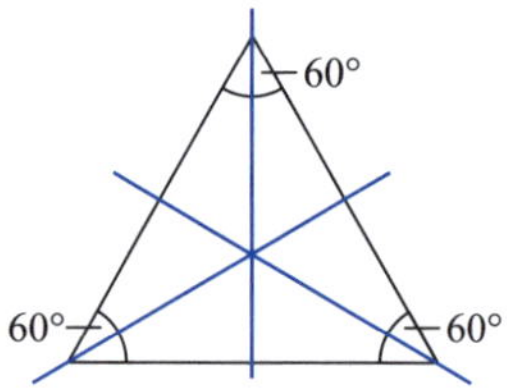

Eigenschaften:
- die Seiten sind gleich lang
- alle Winkel haben das Maß 60°
- jede Mittelsenkrechte ist zugleich Winkelhalbierende

Rechteck

Ein Rechteck hat 2 Symmetrieachsen, die Mittelsenkrechten der Rechtecksseiten.

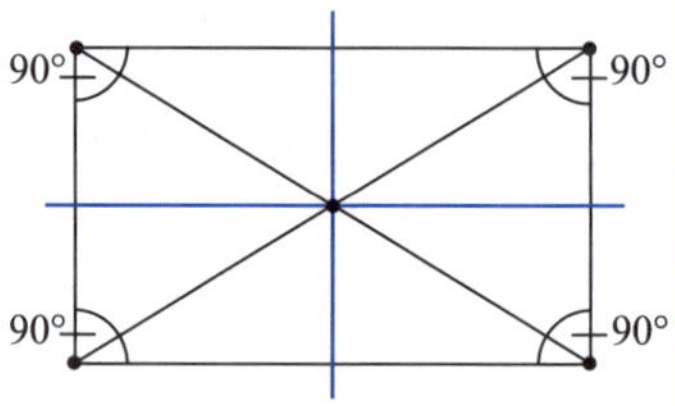

Eigenschaften:
- zwei Paar gegenüberliegende, parallele, gleich lange Seiten
- die Diagonalen sind gleich lang und halbieren sich gegenseitig
- vier rechte Winkel
- eine Diagonale zerlegt das Rechteck in zwei rechtwinklige, flächengleiche Dreiecke

Quadrat

Ein Quadrat hat 4 Symmetrieachsen, die Mittelsenkrechten der Quadratseiten und die beiden Diagonalen.

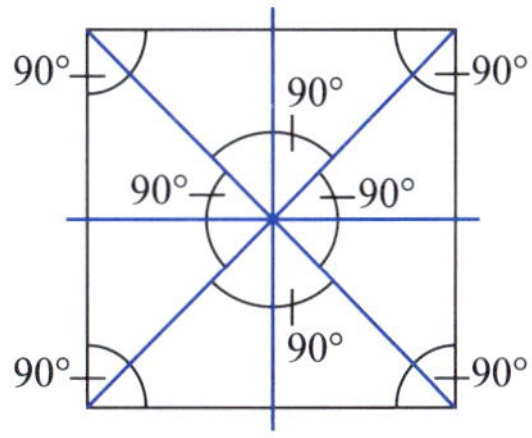

Eigenschaften:
- die Gegenseiten sind gleich lang und parallel
- die Diagonalen sind gleich lang, stehen senkrecht aufeinander und halbieren sich gegenseitig
- vier rechte Winkel
- eine Diagonale zerlegt das Quadrat in zwei gleichschenklig-rechtwinklige, flächengleiche Dreiecke

Drachenviereck

Ein Drachen hat eine Symmetrieachse, die durch die Spitzen der gleichschenkligen Teildreiecke verläuft.

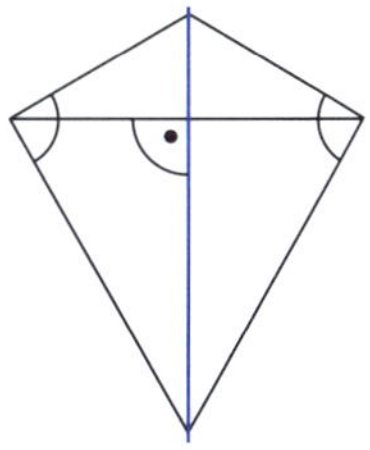

Eigenschaften:
- zwei Paar gleich langer Nachbarseiten
- zwei einander gegenüberliegende Winkel sind gleich
- die Diagonalen stehen senkrecht zueinander und eine wird halbiert
- die eine Diagonale zerlegt den Drachen in zwei flächengleiche Dreiecke, die andere in zwei gleichschenklige Dreiecke

aute

Eine Raute hat 2 Symmetrieachsen, die beiden Diagonalen.

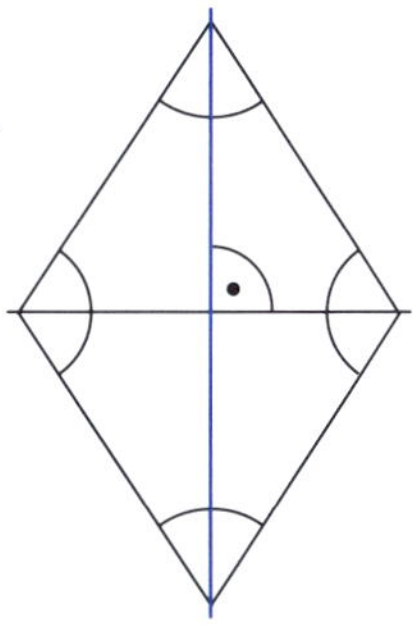

Eigenschaften:
- vier gleich lange, parallele Gegenseiten
- die gegenüberliegenden Winkel sind maßgleich
- die Diagonalen stehen senkrecht aufeinander und halbieren sich
- eine Diagonale zerlegt die Raute in zwei gleichschenklige, flächengleiche Dreiecke

gleichschenkliges Trapez

Ein gleichschenkliges Trapez hat eine Symmetrieachse, die Mittelsenkrechte der Grundlinie.

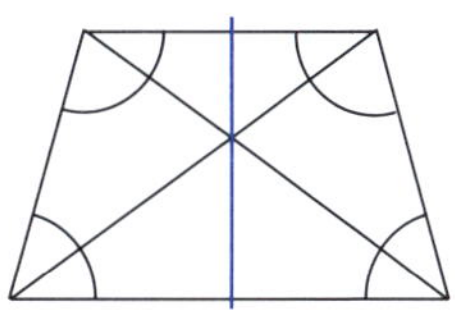

Eigenschaften:
- parallele Grundlinien und gleich lange Schenkel
- die Diagonalen sind gleich lang
- die Winkel an den Grundlinien sind maßgleich

Lösungen

1. a) $\frac{6}{18}$ der Fläche sind gefärbt.
Der Rest beträgt $\frac{12}{18}$.

b) $\frac{3}{8}$ der Fläche sind gefärbt.
Der Rest beträgt $\frac{5}{8}$.

c) $\frac{3}{12}$ der Fläche sind gefärbt.
Der Rest beträgt $\frac{9}{12}$.

d) $\frac{1}{16}$ der Fläche ist gefärbt.
Der Rest beträgt $\frac{15}{16}$.

e) $\frac{4}{12}$ des Körpers sind gefärbt.
Der Rest beträgt $\frac{8}{12}$.

f) $\frac{3}{8}$ der Fläche sind gefärbt.
Der Rest beträgt $\frac{5}{8}$.

Zähle die Kästchen und schreibe ihre Anzahl in den Nenner.

Dann zähle die gefärbten Kästchen und schreibe ihre Anzahl in den Zähler.

In Aufgabe 1 a gibt es 18 Kästchen. 18 steht deshalb im Nenner.

6 Kästchen sind gefärbt. 6 steht deswegen im Zähler.

2. 2 Halbe ergeben ein Ganzes.
3 Drittel ergeben ein Ganzes.
8 Achtel ergeben ein Ganzes.
40 Vierzigstel ergeben ein Ganzes.

Bei einem Ganzen steht im Zähler und im Nenner dieselbe Zahl, also $\frac{2}{2}$, $\frac{3}{3}$, $\frac{8}{8}$, $\frac{40}{40}$.

3. a) $\frac{1}{5}$ ist abgebrochen.

b) $\frac{2}{3}$ sind abgebrochen.

c) $\frac{4}{7}$ sind abgebrochen.

d) $\frac{3}{9}$ sind abgebrochen.

Der Stab lässt sich in 5 gleiche Teile teilen. 5 wird deswegen in den Nenner geschrieben.

Ein Teil ist abgebrochen. In den Zähler wird deshalb 1 geschrieben.

4. a) $\frac{4}{10}$

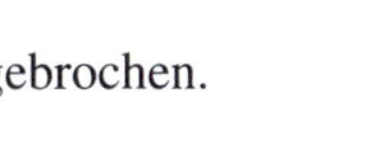

Die Anzahl der gefärbten Kästchen muss der Ziffer im Zähler entsprechen. Färbe also 4 von den 10 Kästchen.

b) $\frac{5}{9}$

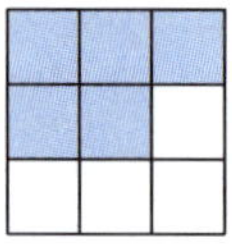

Färbe 5 von den 9 Kästchen.

c) $\frac{3}{4}$

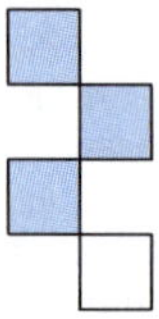

Färbe 3 von den 4 Kästchen.

d) $\frac{5}{7}$

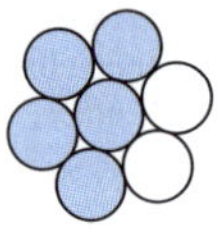

Färbe 5 von den 7 Kreisen.

5. a) $\frac{4}{6}$

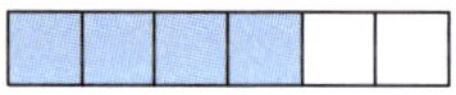

Der Nenner sagt dir, wie viele Kästchen das Rechteck haben soll.

Der Zähler gibt an, wie viele Kästchen du färben musst.

b) $\frac{3}{12}$

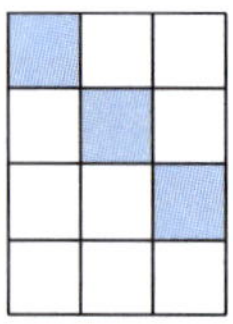

c) $\frac{12}{15}$

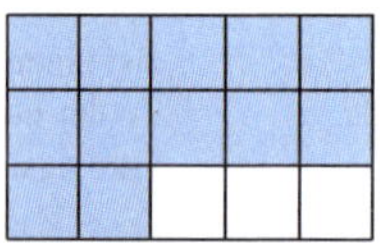

d) $\frac{5}{8}$

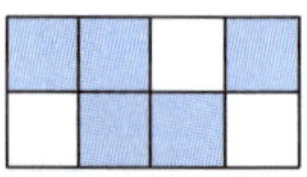

6. a) Ein Überraschungsei ist $\frac{1}{36}$ vom Ganzen.

Zähle, wie viele Überraschungseier in der Palette Platz hätten, und schreibe das Ergebnis in den Nenner.

b) $\frac{10}{36}$ der Überraschungseier sind bereits verkauft.

Zähle, wie viele Lücken die Palette hat, und schreibe das Ergebnis in den Zähler.

c) $\frac{26}{36}$ der Überraschungseier können noch verkauft werden.

Zähle, wie viele Eier in der Palette sind, und schreibe das Ergebnis in den Zähler.

7. a) $\frac{7}{35}$ des Daches müssen repariert werden.

b) $\frac{28}{35}$ des Daches haben den Sturm unbeschadet überstanden.

Zähle, wie viele Dachschindeln das Haus hat, und schreibe das Ergebnis in den Nenner. Zähle, wie viele Dachschindeln kaputt sind, und schreibe das Ergebnis in den Zähler.

8. a) $\frac{3}{4}$ der Fläche werden bepflanzt.

b) $\frac{1}{4}$ der Fläche wird bepflanzt.

c) $\frac{1}{4}$ der Fläche wird bepflanzt.

d) $\frac{3}{8}$ der Fläche werden bepflanzt.

Bestimme die Flächenstücke, aus denen sich die umspannte Fläche und die gesamte Fläche zusammensetzen lassen. Bestimme dann, wie oft diese Flächenstücke in die gesamte Fläche passen, und schreibe das Ergebnis in den Nenner. Bestimme, wie oft diese Flächenstücke in die umspannte Fläche passen, und schreibe das Ergebnis in den Zähler.

9.

… von	24 kg	288 ha	96 €
$\frac{1}{2}$	(24 kg : 2) · 1 = **12 kg**	(288 ha : 2) · 1 = **144 ha**	(96 € : 2) · 1 = **48 €**
$\frac{8}{12}$	(24 kg : 12) · 8 = **16 kg**	(288 ha : 12) · 8 = **192 ha**	(96 € : 12) · 8 = **64 €**
$\frac{2}{3}$	(24 kg : 3) · 2 = **16 kg**	(288 ha : 3) · 2 = **192 ha**	(96 € : 3) · 2 = **64 €**
$\frac{5}{8}$	(24 kg : 8) · 5 = **15 kg**	(288 ha : 8) · 5 = **180 ha**	(96 € : 8) · 5 = **60 €**
$\frac{3}{4}$	(24 kg : 4) · 3 = **18 kg**	(288 ha : 4) · 3 = **216 ha**	(96 € : 4) · 3 = **72 €**

10. a) 32 € = 3 200 ct
(3 200 ct : 8) · 2 = **800 ct**

b) 55 h = 3 300 min
(3 300 min : 11) · 7 = **2 100 min**

c) 150 ℓ = 150 000 mℓ
(150 000 mℓ : 3) · 2 = **100 000 mℓ**

d) 3,55 t = 3 550 kg
(3 550 kg : 5) · 4 = **2 840 kg**

e) 64 a = 6 400 m^2
(6 400 m^2 : 16) · 3 = **1 200 m^2**

f) 21 m^2 = 2 100 dm^2
(2 100 dm^2 : 7) · 3 = **900 dm^2**

11. a) $A = 100\ m \cdot 40\ m = 4\,000\ m^2$

$\frac{4}{10}$ von $4\,000\ m^2$

$(4\,000\ m^2 : 10) \cdot 4 = \mathbf{1\,600\ m^2}$

Rest: $4\,000\ m^2 - 1\,600\ m^2 = \mathbf{2\,400\ m^2}$

Berechne zuerst mit der Formel A = Länge × Breite den Inhalt der Fläche.
Dann teile die Fläche in 10 gleiche Teile. Multipliziere mit 4.

b) $V = 40\ m \cdot 20\ m \cdot 50\ m = 40\,000\ m^3$

$\frac{8}{20}$ von $40\,000\ m^3$

$(40\,000\ m^3 : 20) \cdot 8 = \mathbf{16\,000\ m^3}$

Rest: $40\,000\ m^3 - 16\,000\ m^3 = \mathbf{24\,000\ m^3}$

Berechne zuerst mit der Formel V = Länge × Breite × Höhe das Volumen des Körpers.
Dann teile die Fläche in 20 gleiche Teile. Multipliziere mit 8.

c) $V = (40\ m)^3 = 64\,000\ m^3$

$\frac{4}{8}$ von $64\,000\ m^3$

$(64\,000\ m^3 : 8) \cdot 4 = \mathbf{32\,000\ m^3}$

Rest: $64\,000\ m^3 - 32\,000\ m^3 = \mathbf{32\,000\ m^3}$

d) $A = 60\ m \cdot 70\ m = 4\,200\ m^2$

$\frac{6}{8}$ von $4\,200\ m^2$

$(4\,200\ m^2 : 8) \cdot 6 = \mathbf{3\,150\ m^2}$

Rest: $4\,200\ m^2 - 3\,150\ m^2 = \mathbf{1\,050\ m^2}$

12. $\frac{2}{8}$ von 224 cm:

$(224\ cm : 8) \cdot 2 = \mathbf{56\ cm}$

Die gekürzte Tischplatte ist $(224 - 56)\ cm = 168\ cm$ lang.

Teile die Tischplatte in 8 gleiche Teile. Nehme dann mit 2 mal.

13. $\frac{1}{7}$ von 21 °C:

$(21\ °C : 7) \cdot 1 = 3\ °C$

$21\ °C - 3\ °C = 18\ °C$

Anfang Mai hatte der See eine Temperatur von 18 °C.

Teile die 21 °C durch 7. Das Ergebnis gibt an, um wie viel Grad der See kälter war.

Ziehe nun die 3 °C von den 21 °C ab. Das Ergebnis gibt die Temperatur des Sees Anfang Mai an.

14. Sender 1:

$\frac{4}{6}$ von 25 800 000 Zuschauern:

$(25\,800\,000:6)\cdot 4=$ **17 200 000** Zuschauer

Sender 2:

$\frac{2}{10}$ von 25 800 000 Zuschauern:

$(25\,800\,000:10)\cdot 2=$ **5 160 000** Zuschauer

Auf die restlichen Sender verteilten sich

$25\,800\,000-(17\,200\,000+5\,160\,000)$
$=$ **3 440 000** Zuschauer.

Berechne, wie viele Zuschauer den Sender 1 eingeschaltet hatten. Teile dazu die Gesamtzuschauerzahl in 6 gleiche Teile, und multipliziere mit 4.

Berechne, wie viele Zuschauer den Sender 2 eingeschaltet hatten. Teile dazu die Gesamtzuschauerzahl in 10 gleiche Teile, und multipliziere mit 2.

Ziehe die beiden Ergebnisse von der Gesamtzuschauerzahl ab, und das Ergebnis ist die Anzahl der Zuschauer, die einen der restlichen Sender eingeschaltet hatten.

15. $\frac{2}{7}$ von 4 200:

$(4\,200:7)\cdot 2=1\,200$ Mountainbiker

$\frac{2}{4}$ von 4 200:

$(4\,200:4)\cdot 2=2\,100$ Bergtourengeher

$\frac{6}{28}$ von 4 200:

$(4\,200:28)\cdot 6=900$ Kletterer

Es waren letztes Jahr 1 200 Mountainbiker, 2 100 Bergtourengeher und 900 Kletterer in der Alpenregion unterwegs.

Um die Anzahl der Mountainbiker zu berechnen, teile 4 200 in 7 gleiche Teile und multipliziere mit 2.

Um die Anzahl der Bergtourengeher zu berechnen, teile 4 200 in 4 gleiche Teile und multipliziere mit 2.

Um die Anzahl der Kletterer zu berechnen, teile 4 200 in 28 gleiche Teile und multipliziere mit 6.

16. $\frac{1}{3}$ von 900:

$(900:3)\cdot 1=300$ Boote

$300\cdot 2=600$

Würde die Anzahl verdoppelt werden, wären es 600 Motorboote.

Um die Anzahl der Motorboote zu berechen, teile die Boote in 3 gleiche Teile und multipliziere mit 1.

Gesucht ist das Doppelte der Anzahl der Motorboote.

17. Jede Tafel muss in 4 gleiche Teile geteilt werden. Es entstehen 12 Teile. Diese können gerecht aufgeteilt werden. Jedes der 4 Kinder erhält $12:4=3$ Teile, oder anders gesagt, $\frac{3}{4}$ von einer Tafel.

18. $\frac{8}{9} = 8:9$ $\quad$ $\mathbf{\frac{4}{2} = 4:2 = 2}$ $\quad$ $\frac{4}{3} = 4:3$

$\mathbf{\frac{121}{11} = 121:11 = 11}$ $\quad$ $\frac{21}{8} = 21:8$ $\quad$ $\frac{19}{83} = 19:83$

$\mathbf{\frac{12}{4} = 12:4 = 3}$ $\quad$ $\mathbf{\frac{72}{9} = 72:9 = 8}$ $\quad$ $\mathbf{\frac{35}{7} = 35:7 = 5}$

$\frac{2}{8} = 2:8$ $\quad$ $\frac{7}{2} = 7:2$ $\quad$ $\mathbf{\frac{27}{3} = 27:3 = 9}$

Summe: $2+11+3+8+5+9=38$

19. a) $\frac{7}{3} = 7:3 = 2 \text{ Rest } 1 = 2\frac{1}{3}$

b) $\frac{12}{5} = 12:5 = 2 \text{ Rest } 2 = 2\frac{2}{5}$

c) $\frac{23}{4} = 23:4 = 5 \text{ Rest } 3 = 5\frac{3}{4}$

d) $\frac{17}{3} = 17:3 = 5 \text{ Rest } 2 = 5\frac{2}{3}$

e) $60:9 = 6 \text{ Rest } 6 = 6\frac{6}{9}$

f) $34:8 = 4 \text{ Rest } 2 = 4\frac{2}{8}$

g) $11:2 = 5 \text{ Rest } 1 = 5\frac{1}{2}$

h) $19:7 = 2 \text{ Rest } 5 = 2\frac{5}{7}$

i) $9:4 = 2 \text{ Rest } 1 = 2\frac{1}{4}$

j) $45:6 = 7 \text{ Rest } 3 = 7\frac{3}{6}$

Schreibe den Bruch als Quotienten:

7 : 3 = 2 Rest 1

2 ist die gesuchte natürliche Zahl und 1 wird der Zähler des gesuchten Bruchs. Als Nenner wird 3 beibehalten.

20. a) $2\frac{2}{3} = 2 + \frac{2}{3}$

$= \frac{6}{3} + \frac{2}{3}$

$= 6 : 3 + 2 : 3$

$= (6 + 2) : 3$

$= \mathbf{\frac{8}{3}}$

Schreibe den gemischten Bruch als Summe aus den Ganzen und dem echten Bruch.

Schreibe die Ganzen als Bruch mit dem Nenner des echten Bruchs. Dann schreibe die Summe aus den beiden Quotienten.

Klammere aus.

Schreibe den unechten Bruch.

b) $7\frac{6}{5} = 7 + \frac{6}{5}$

$= \frac{35}{5} + \frac{6}{5}$

$= 35 : 5 + 6 : 5$

$= (35 + 6) : 5$

$= \mathbf{\frac{41}{5}}$

c) $6\frac{13}{15} = 6 + \frac{13}{15}$

$= \frac{90}{15} + \frac{13}{15}$

$= 90 : 15 + 13 : 15$

$= (90 + 13) : 15$

$= \mathbf{\frac{103}{15}}$

d) $4\frac{7}{9} = 4 + \frac{7}{9}$

$= \frac{36}{9} + \frac{7}{9}$

$= 36 : 9 + 7 : 9$

$= (36 + 7) : 9$

$= \mathbf{\frac{43}{9}}$

21.

$3\frac{1}{4}$	$=3+\frac{1}{4}=\frac{12}{4}+\frac{1}{4}=12:4+1:4=(12+1):4=\mathbf{\frac{13}{4}}$	**F**
$12\frac{2}{5}$	$=12+\frac{2}{5}=\frac{60}{5}+\frac{2}{5}=60:5+2:5=(60+2):5=62:5=\mathbf{\frac{62}{5}}$	**R**
$5\frac{2}{3}$	$=5+\frac{2}{3}=\frac{15}{3}+\frac{2}{3}=15:3+2:3=(15+2):3=\mathbf{\frac{17}{3}}$	**E**
$25\frac{3}{4}$	$=25+\frac{3}{4}=\frac{100}{4}+\frac{3}{4}=100:4+3:4=(100+3):4=103:4$ $=\mathbf{\frac{103}{4}}$	**I**
$22\frac{1}{3}$	$=22+\frac{1}{3}=\frac{66}{3}+\frac{1}{3}=66:3+1:3=(66+1):3=67:3=\mathbf{\frac{67}{3}}$	**Z**
$4\frac{2}{5}$	$=4+\frac{2}{5}=\frac{20}{5}+\frac{2}{5}=20:5+2:5=(20+2):5=22:5=\mathbf{\frac{22}{5}}$	**E**
$7\frac{2}{4}$	$=7+\frac{2}{4}=\frac{28}{4}+\frac{2}{4}=28:4+2:4=(28+2):4=30:4=\mathbf{\frac{30}{4}}$	**I**
$15\frac{3}{5}$	$15+\frac{3}{5}=\frac{75}{5}+\frac{3}{5}=75:5+3:5=(75+3):5=78:5=\mathbf{\frac{78}{5}}$	**T**

22. a) $A=\frac{3}{10}$; $B=\frac{8}{10}$; $C=\frac{13}{10}=1\frac{3}{10}$; $D=\frac{22}{10}=2\frac{2}{10}$

b) $A=\frac{2}{5}$; $B=\frac{3}{5}$; $C=\frac{7}{5}=1\frac{2}{5}$

c) $A=\frac{2}{3}$; $B=\frac{5}{3}=1\frac{2}{3}$; $C=\frac{13}{3}=4\frac{1}{3}$;

$D=\frac{20}{3}=6\frac{2}{3}$; $E=\frac{21}{3}=21:3=7$

d) $A=\frac{1}{2}$; $B=\frac{3}{2}=1\frac{1}{2}$

Zähle, in wie viele Teile die Strecke [0,1] geteilt ist. Schreibe die Anzahl in den Nenner der Punkte.

Nun schau, auf dem wievielten Strich die Punkte liegen. Schreibe die Nummer in den Zähler.

23.

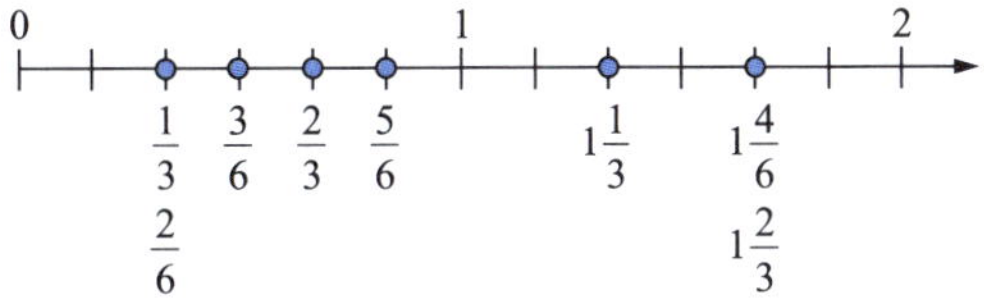

Die Brüche $\frac{1}{3}; \frac{2}{6}$ und $1\frac{4}{6}; 1\frac{2}{3}$ gehören zur selben Zahl.

Teile die Strecke [0,1] und die Strecke [1,2] in 3 gleiche Teile. Trage dann die Brüche $\frac{1}{3}$, $\frac{2}{3}$, $1\frac{1}{3}$ und $1\frac{2}{3}$ ab.
Teile die Strecken nun in 6 gleiche Teile. Trage die Brüche $\frac{3}{6}, \frac{2}{6}, \frac{5}{6}$ und $1\frac{4}{6}$ ab.

24. a) $\frac{12}{7} \underset{\cdot 2}{=} \frac{12\cdot 2}{7\cdot 2} = \frac{24}{14}$

$\frac{12}{7} \underset{\cdot 9}{=} \frac{12\cdot 9}{7\cdot 9} = \frac{108}{63}$

Multipliziere Zähler und Nenner mit 2.

Multipliziere Zähler und Nenner mit 9.

b) $\frac{6}{4} \underset{\cdot 2}{=} \frac{6\cdot 2}{4\cdot 2} = \frac{12}{8}$

$\frac{6}{4} \underset{\cdot 9}{=} \frac{6\cdot 9}{4\cdot 9} = \frac{54}{36}$

c) $\frac{9}{5} \underset{\cdot 2}{=} \frac{9\cdot 2}{5\cdot 2} = \frac{18}{10}$

$\frac{9}{5} \underset{\cdot 9}{=} \frac{9\cdot 9}{5\cdot 9} = \frac{81}{45}$

d) $\frac{7}{3} \underset{\cdot 2}{=} \frac{7\cdot 2}{3\cdot 2} = \frac{14}{6}$

$\frac{7}{3} \underset{\cdot 9}{=} \frac{7\cdot 9}{3\cdot 9} = \frac{63}{27}$

e) $\frac{4}{11} \underset{\cdot 2}{=} \frac{4\cdot 2}{11\cdot 2} = \frac{8}{22}$

$\frac{4}{11} \underset{\cdot 9}{=} \frac{4\cdot 9}{11\cdot 9} = \frac{36}{99}$

f) $\frac{6}{9} \underset{\cdot 2}{=} \frac{6\cdot 2}{9\cdot 2} = \frac{12}{18}$

$\frac{6}{9} \underset{\cdot 9}{=} \frac{6\cdot 9}{9\cdot 9} = \frac{54}{81}$

25. a) $\frac{3}{4} = \frac{\square}{12} = \frac{3 \cdot \mathbf{3}}{4 \cdot \mathbf{3}} = \frac{\mathbf{9}}{\mathbf{12}}$

Überlege dir, mit welcher Zahl man 4 multiplizieren muss, um 12 zu erhalten. Multipliziere dann Zähler und Nenner mit dieser Zahl.

b) $\frac{2}{7} = \frac{\square}{49} = \frac{2 \cdot \mathbf{7}}{7 \cdot \mathbf{7}} = \frac{\mathbf{14}}{\mathbf{49}}$

c) $\frac{3}{6} = \frac{18}{\square} = \frac{3 \cdot \mathbf{6}}{6 \cdot \mathbf{6}} = \frac{\mathbf{18}}{\mathbf{36}}$

Überlege dir, mit welcher Zahl man 3 multiplizieren muss, um 18 zu erhalten. Multipliziere dann Zähler und Nenner mit dieser Zahl.

d) $\frac{5}{8} = \frac{\square}{32} = \frac{5 \cdot \mathbf{4}}{8 \cdot \mathbf{4}} = \frac{\mathbf{20}}{\mathbf{32}}$

e) $\frac{11}{9} = \frac{121}{\square} = \frac{11 \cdot \mathbf{11}}{9 \cdot \mathbf{11}} = \frac{\mathbf{121}}{\mathbf{99}}$

f) $\frac{6}{13} = \frac{\square}{78} = \frac{6 \cdot \mathbf{6}}{13 \cdot \mathbf{6}} = \frac{\mathbf{36}}{\mathbf{78}}$

26. a) $\frac{12}{21} \underset{:3}{=} \frac{12:\mathbf{3}}{21:\mathbf{3}} = \frac{\mathbf{4}}{\mathbf{7}}$

$\frac{33}{6} \underset{:3}{=} \frac{33:\mathbf{3}}{6:\mathbf{3}} = \frac{\mathbf{11}}{\mathbf{2}}$

$\frac{18}{15} \underset{:3}{=} \frac{18:\mathbf{3}}{15:\mathbf{3}} = \frac{\mathbf{6}}{\mathbf{5}}$

$\frac{51}{39} \underset{:3}{=} \frac{51:\mathbf{3}}{39:\mathbf{3}} = \frac{\mathbf{17}}{\mathbf{13}}$

$\frac{63}{27} \underset{:3}{=} \frac{63:\mathbf{3}}{27:\mathbf{3}} = \frac{\mathbf{21}}{\mathbf{9}}$

b) $\frac{12}{8} \underset{:4}{=} \frac{12:\mathbf{4}}{8:\mathbf{4}} = \frac{\mathbf{3}}{\mathbf{2}}$

$\frac{32}{24} \underset{:4}{=} \frac{32:\mathbf{4}}{24:\mathbf{4}} = \frac{\mathbf{8}}{\mathbf{6}}$

$\frac{60}{16} \underset{:4}{=} \frac{60:\mathbf{4}}{16:\mathbf{4}} = \frac{\mathbf{15}}{\mathbf{4}}$

$\frac{8}{20} \underset{:4}{=} \frac{8:\mathbf{4}}{20:\mathbf{4}} = \frac{\mathbf{2}}{\mathbf{5}}$

$\frac{28}{64} \underset{:4}{=} \frac{28:\mathbf{4}}{64:\mathbf{4}} = \frac{\mathbf{7}}{\mathbf{16}}$

27. a) $\frac{124}{32} \underset{:2}{=} \frac{62}{16} \underset{:2}{=} \frac{31}{8} = \mathbf{3\frac{7}{8}}$

Der Zähler 124 ist durch 2 teilbar. Der Nenner 32 ist auch durch 2 teilbar. Kürze den Bruch also mit 2. 62 ist durch 2 teilbar. 16 ist auch durch 2 teilbar. Kürze den Bruch also nochmals mit 2.

b) $\frac{320}{70} \underset{:10}{=} \frac{32}{7} = \mathbf{4\frac{4}{7}}$

c) $\frac{96}{36} \underset{:3}{=} \frac{32}{12} \underset{:2}{=} \frac{16}{6} \underset{:2}{=} \frac{8}{3} = \mathbf{2\frac{2}{3}}$

d) $\frac{72}{16} \underset{:4}{=} \frac{18}{4} \underset{:2}{=} \frac{9}{2} = \mathbf{4\frac{1}{2}}$

e) $\frac{212}{336} \underset{:2}{=} \frac{106}{168} \underset{:2}{=} \mathbf{\frac{53}{84}}$

f) $\frac{540}{120} \underset{:10}{=} \frac{54}{12} \underset{:2}{=} \frac{27}{6} = \mathbf{4\frac{3}{6}}$

g) $\frac{153}{408} \underset{:3}{=} \frac{51}{136} \underset{:17}{=} \mathbf{\frac{3}{8}}$

h) $\frac{228}{192} \underset{:3}{=} \frac{76}{64} \underset{:2}{=} \frac{38}{32} \underset{:2}{=} \frac{19}{16} = \mathbf{1\frac{3}{16}}$

28. a) $\frac{1}{2} = \frac{\square}{4} = \frac{1 \cdot 2}{2 \cdot 2} = \mathbf{\frac{2}{4}}$

Überlege dir, mit welcher Zahl die 2 multipliziert worden ist, um 4 zu erhalten. Multipliziere dann auch den Zähler mit dieser Zahl.

$\frac{1}{2} = \frac{\square}{6} = \frac{1 \cdot 3}{2 \cdot 3} = \mathbf{\frac{3}{6}}$

$\frac{1}{2} = \frac{\square}{8} = \frac{1 \cdot 4}{2 \cdot 4} = \mathbf{\frac{4}{8}}$

b) $\frac{1}{4} = \frac{\square}{8} = \frac{1 \cdot 2}{4 \cdot 2} = \mathbf{\frac{2}{8}}$

$\frac{1}{4} = \frac{\square}{16} = \frac{1 \cdot 4}{4 \cdot 4} = \mathbf{\frac{4}{16}}$

c) $\frac{1}{5} = \frac{\square}{10} = \frac{1 \cdot 2}{5 \cdot 2} = \mathbf{\frac{2}{10}}$

$\frac{1}{5} = \frac{\square}{30} = \frac{1 \cdot 6}{5 \cdot 6} = \mathbf{\frac{6}{30}}$

29. a) $\frac{2}{10}=\frac{\square}{40}=\frac{2\cdot 4}{10\cdot 4}=\frac{\mathbf{8}}{40}$; $8=S$

Der Nenner wurde mit 4 erweitert. Erweitere auch den Zähler mit 4.

b) $\frac{25}{\square}=\frac{5}{12}=\frac{5\cdot 5}{12\cdot 5}=\frac{25}{\mathbf{60}}$; $60=C$

Der Bruch wurde mit 5 gekürzt. Was stand vorher im Nenner?

c) $\frac{\square}{4}=\frac{39}{12}=\frac{39:3}{12:3}=\frac{\mathbf{13}}{4}$; $13=H$

Der Bruch wurde mit 3 erweitert.
Was stand vorher im Zähler?

d) $\frac{4}{\square}=\frac{24}{66}=\frac{24:6}{66:6}=\frac{4}{\mathbf{11}}$; $11=U$

Der Bruch wurde mit 6 erweitert.
Was stand vorher im Nenner?

e) $\frac{21}{\square}=\frac{3}{8}=\frac{3\cdot 7}{8\cdot 7}=\frac{21}{\mathbf{56}}$; $56=L$

Der Bruch wurde mit 7 gekürzt. Was stand vorher im Nenner?

f) $\frac{14}{3}=\frac{\square}{30}=\frac{14\cdot 10}{3\cdot 10}=\frac{\mathbf{140}}{30}$; $140=F$

Der Nenner wurde mit 10 erweitert. Erweitere auch den Zähler mit 10.

g) $\frac{7}{12}=\frac{84}{\square}=\frac{7\cdot 12}{12\cdot 12}=\frac{84}{\mathbf{144}}$; $144=E$

Der Zähler wurde mit 12 erweitert. Erweitere auch den Nenner mit 12.

h) $\frac{42}{\square}=\frac{3}{5}=\frac{3\cdot 14}{5\cdot 14}=\frac{42}{\mathbf{70}}$; $70=R$

Der Bruch wurde mit 14 gekürzt.
Was stand vorher im Nenner?

i) $\frac{8}{\square}=\frac{96}{12}=\frac{96:12}{12:12}=\frac{8}{\mathbf{1}}$; $1=I$

Der Bruch wurde mit 12 erweitert.
Was stand vorher im Nenner?

j) $\frac{\square}{42}=\frac{150}{84}=\frac{150:2}{84:2}=\frac{\mathbf{75}}{42}$; $75=E$

Der Bruch wurde mit 2 erweitert.
Was stand vorher im Zähler?

k) $\frac{12}{7}=\frac{\square}{21}=\frac{12\cdot 3}{7\cdot 3}=\frac{\mathbf{36}}{21}$; $36=N$

Der Nenner wurde mit 3 erweitert. Erweitere auch den Zähler mit 3.

SCHULFERIEN

30. a) $\frac{3}{14}=\frac{3\cdot 3}{14\cdot 3}\mathbf{=}\frac{9}{42}$

Versuche, den linken Bruch auf den rechten Bruch zu erweitern.

b) $\frac{3}{2}=\frac{3\cdot 4}{2\cdot 4}=\frac{12}{8}\neq\frac{12}{9}$

c) $\frac{7}{3} = \frac{7 \cdot 5}{3 \cdot 5} = \frac{35}{15}$

d) $\frac{17}{12} = \frac{17 \cdot 2}{12 \cdot 2} = \frac{34}{24}$

e) $\frac{3}{5} = \frac{3 \cdot 3}{5 \cdot 3} = \frac{9}{15}$

f) $\frac{1}{3} = \frac{1 \cdot 7}{3 \cdot 7} = \frac{7}{21} \neq \frac{7}{20}$

31. a) $\frac{20}{30} \underset{:10}{=} \frac{2}{3}$

Kürze so weit wie möglich und vergleiche.

$\frac{28}{42} \underset{:7}{=} \frac{4}{6} \underset{:2}{=} \frac{2}{3}$

$\frac{20}{30}$ und $\frac{28}{42}$ haben den gleichen Wert.

b) $\frac{18}{24} \underset{:6}{=} \frac{3}{4}$

$\frac{30}{40} \underset{:10}{=} \frac{3}{4}$

$\frac{18}{24}$ und $\frac{30}{40}$ haben den gleichen Wert.

c) $\frac{20}{32} \underset{:4}{=} \frac{5}{8}$

$\frac{50}{80} \underset{:10}{=} \frac{5}{8}$

$\frac{20}{32}$ und $\frac{50}{80}$ haben den gleichen Wert.

d) $\frac{11}{33} \underset{:11}{=} \frac{1}{3}$

$\frac{22}{66} \underset{:22}{=} \frac{1}{3}$

$\frac{11}{33}$ und $\frac{22}{66}$ haben den gleichen Wert.

32. $\frac{25}{10} \underset{:5}{=} \frac{5}{2} \underset{\cdot 12}{=} \frac{60}{24} \underset{:6}{=} \frac{10}{4} \underset{\cdot 11}{=} \frac{110}{44} \underset{:2}{=} \frac{55}{22} \underset{\cdot 3}{=} \frac{165}{66}$

33. $(450:3)\cdot 1 = 150$ $\qquad \frac{2}{6} \underset{:2}{=} \frac{1}{3}$ $\qquad \frac{3}{9} \underset{:3}{=} \frac{1}{3}$

Der Wald besteht in jedem der drei Fälle aus 150 Laubbäumen, da der Anteil an Laubbäumen stets gleich $\frac{1}{3}$ ist.

34. a) $\frac{3}{2} < \frac{7}{2}$

Die Nenner sind gleich. Deswegen ist der Bruch mit dem größeren Zähler größer.

b) $\frac{5}{12} > \frac{5}{18}$

Die Zähler sind gleich. Deswegen ist der Bruch mit dem kleineren Nenner größer.

c) $\frac{14}{3} > \frac{13}{3}$

d) $\frac{4}{9} < \frac{12}{9}$

e) $\frac{2}{10} > \frac{2}{100}$

f) $\frac{21}{6} < \frac{21}{4}$

g) $\frac{11}{7} > \frac{5}{7}$

h) $\frac{2}{5} < \frac{20}{5}$

35. a) **HN: 6**

$\frac{1}{2}_{\cdot 3} = \mathbf{\frac{3}{6}}$

$\frac{2}{3}_{\cdot 2} = \mathbf{\frac{4}{6}}$

$\frac{3}{6} < \frac{4}{6}$, somit ist $\frac{1}{2} < \frac{2}{3}$.

Das kgV von 2 und 3 ist 6. Erweitere also beide Nenner auf 6. Bei Brüchen mit gleichem Nenner ist der Bruch mit dem kleineren Zähler kleiner.

b)
$3 = 3$
$15 = 3 \cdot 5$
$5 = 5$

kgV $= 3 \cdot 5 = \mathbf{15}$

HN: 15

$\left.\begin{array}{l} \frac{2}{3}_{\cdot 5} = \frac{10}{15} \\ \frac{4}{15} \\ \frac{3}{5}_{\cdot 3} = \frac{9}{15} \end{array}\right\} \frac{4}{15} < \frac{9}{15} < \frac{10}{15}$, somit ist $\frac{4}{15} < \frac{3}{5} < \frac{2}{3}$.

c) $\begin{array}{ll} 4 & = 2 \cdot 2 \\ 8 & = 2 \cdot 2 \cdot 2 \\ 12 & = 2 \cdot 2 \cdot \quad 3 \\ \hline \text{kgV} & = 2 \cdot 2 \cdot 2 \cdot 3 = \mathbf{24} \end{array}$

HN: 24

$$\left.\begin{array}{l} \frac{3}{4}\underset{\cdot 6}{=}\frac{18}{24} \\ \frac{2}{8}\underset{\cdot 3}{=}\frac{6}{24} \\ \frac{7}{12}\underset{\cdot 2}{=}\frac{14}{24} \end{array}\right\} \frac{6}{24} < \frac{14}{24} < \frac{18}{24}, \text{ somit ist } \frac{2}{8} < \frac{7}{12} < \frac{3}{4}.$$

d) $\begin{array}{ll} 2 & = 2 \\ 4 & = 2 \cdot 2 \\ 6 & = 2 \cdot \quad 3 \\ \hline \text{kgV} & = 2 \cdot 2 \cdot 3 = \mathbf{12} \end{array}$

HN: 12

$$\left.\begin{array}{l} \frac{3}{2}\underset{\cdot 6}{=}\frac{18}{12} \\ \frac{1}{4}\underset{\cdot 3}{=}\frac{3}{12} \\ \frac{4}{6}\underset{\cdot 2}{=}\frac{8}{12} \end{array}\right\} \frac{3}{12} < \frac{8}{12} < \frac{18}{12}, \text{ somit ist } \frac{1}{4} < \frac{4}{6} < \frac{3}{2}.$$

e) $\begin{array}{ll} 8 & = 2 \cdot 2 \cdot 2 \\ 4 & = 2 \cdot 2 \\ 16 & = 2 \cdot 2 \cdot 2 \cdot 2 \\ \hline \text{kgV} & = 2 \cdot 2 \cdot 2 \cdot 2 = \mathbf{16} \end{array}$

HN: 16

$$\left.\begin{array}{l} \frac{5}{8}\underset{\cdot 2}{=}\frac{10}{16} \\ \frac{7}{4}\underset{\cdot 4}{=}\frac{28}{16} \\ \frac{11}{16} \end{array}\right\} \frac{10}{16} < \frac{11}{16} < \frac{28}{16}, \text{ somit ist } \frac{5}{8} < \frac{11}{16} < \frac{7}{4}.$$

f)
$$\begin{array}{ll} 15 & = 3 \cdot \phantom{3 \cdot{}} 5 \\ 3 & = 3 \\ 5 & = \phantom{3 \cdot 3 \cdot{}} 5 \\ 9 & = 3 \cdot 3 \\ \hline \multicolumn{2}{l}{\text{kgV} = 3 \cdot 3 \cdot 5 = \mathbf{45}} \end{array}$$

HN: 45

$$\left.\begin{array}{l} \frac{8}{15} \underset{\cdot 3}{=} \frac{24}{45} \\ \frac{10}{3} \underset{\cdot 15}{=} \frac{150}{45} \\ \frac{4}{5} \underset{\cdot 9}{=} \frac{36}{45} \\ \frac{11}{9} \underset{\cdot 5}{=} \frac{55}{45} \end{array}\right\} \frac{24}{45} < \frac{36}{45} < \frac{55}{45} < \frac{150}{45}, \text{ somit ist } \frac{8}{15} < \frac{4}{5} < \frac{11}{9} < \frac{10}{3}.$$

36. a)
$$\begin{array}{ll} 5 & = \phantom{2 \cdot 2 \cdot 3 \cdot{}} 5 \\ 20 & = 2 \cdot 2 \cdot \phantom{3 \cdot{}} 5 \\ 15 & = \phantom{2 \cdot 2 \cdot{}} 3 \cdot 5 \\ 10 & = 2 \cdot \phantom{2 \cdot 3 \cdot{}} 5 \\ \hline \multicolumn{2}{l}{\text{kgV} = 2 \cdot 2 \cdot 3 \cdot 5 = \mathbf{60}} \end{array}$$

HN: 60

$$\left.\begin{array}{l} \frac{4}{5} \underset{\cdot 12}{=} \frac{48}{60} \\ \frac{12}{20} \underset{\cdot 3}{=} \frac{36}{60} \\ \frac{6}{15} \underset{\cdot 4}{=} \frac{24}{60} \\ \frac{12}{10} \underset{\cdot 6}{=} \frac{72}{60} \end{array}\right\} \frac{36}{60} \text{ liegt am nächsten an } \frac{48}{60}, \text{ somit } \frac{12}{20} \text{ am nächsten an } \frac{4}{5}.$$

b)
$$\begin{array}{ll} 5 & = \phantom{2 \cdot 2 \cdot 3 \cdot{}} 5 \\ 12 & = 2 \cdot 2 \cdot 3 \\ 15 & = \phantom{2 \cdot 2 \cdot{}} 3 \cdot 5 \\ 30 & = 2 \cdot \phantom{2 \cdot{}} 3 \cdot 5 \\ \hline \multicolumn{2}{l}{\text{kgV} = 2 \cdot 2 \cdot 3 \cdot 5 = \mathbf{60}} \end{array}$$

HN: 60

$$\left.\begin{aligned} \frac{4}{5} &\underset{\cdot 12}{=} \frac{48}{60} \\ \frac{5}{12} &\underset{\cdot 5}{=} \frac{25}{60} \\ \frac{9}{15} &\underset{\cdot 4}{=} \frac{36}{60} \\ \frac{45}{30} &\underset{\cdot 2}{=} \frac{90}{60} \end{aligned}\right\} \frac{36}{60} \text{ liegt am nächsten an } \frac{48}{60}, \text{ somit } \frac{9}{15} \text{ am nächsten an } \frac{4}{5}.$$

c)

$$\begin{aligned} 5 &= 5 \\ 8 &= 2 \cdot 2 \cdot 2 \\ 10 &= 2 \cdot 5 \\ 4 &= 2 \cdot 2 \\ \hline \text{kgV} &= 2 \cdot 2 \cdot 2 \cdot 5 = \mathbf{40} \end{aligned}$$

HN: 40

$$\left.\begin{aligned} \frac{4}{5} &\underset{\cdot 8}{=} \frac{32}{40} \\ \frac{7}{8} &\underset{\cdot 5}{=} \frac{35}{40} \\ \frac{7}{10} &\underset{\cdot 4}{=} \frac{28}{40} \\ \frac{1}{4} &\underset{\cdot 10}{=} \frac{10}{40} \end{aligned}\right\} \frac{35}{40} \text{ liegt am nächsten an } \frac{32}{40}, \text{ somit } \frac{7}{8} \text{ am nächsten an } \frac{4}{5}.$$

d)

$$\begin{aligned} 5 &= 5 \\ 2 &= 2 \\ 4 &= 2 \cdot 2 \\ 9 &= 3 \cdot 3 \\ \hline \text{kgV} &= 2 \cdot 2 \cdot 3 \cdot 3 \cdot 5 = \mathbf{180} \end{aligned}$$

HN: 180

$$\left.\begin{aligned} \frac{4}{5} &\underset{\cdot 36}{=} \frac{144}{180} \\ \frac{1}{2} &\underset{\cdot 90}{=} \frac{90}{180} \\ \frac{3}{4} &\underset{\cdot 45}{=} \frac{135}{180} \\ \frac{7}{9} &\underset{\cdot 20}{=} \frac{140}{180} \end{aligned}\right\} \frac{140}{180} \text{ liegt am nächsten an } \frac{144}{180}, \text{ somit } \frac{7}{9} \text{ am nächsten an } \frac{4}{5}.$$

37. a) $\frac{4}{8}$ und $\frac{5}{8}$ liegen zwischen den beiden Brüchen.

b) Erweitere mit 2.

$\frac{3}{6} \underset{\cdot 2}{=} \mathbf{\frac{6}{12}}$ und $\frac{4}{6} \underset{\cdot 2}{=} \mathbf{\frac{8}{12}}$

$\frac{7}{12}$ liegt zwischen den beiden Brüchen.

c) **HN: 20**

$\frac{2}{5} \underset{\cdot 4}{=} \mathbf{\frac{8}{20}}$ und $\frac{1}{4} \underset{\cdot 5}{=} \mathbf{\frac{5}{20}}$

$\frac{6}{20}$ und $\frac{7}{20}$ liegen zwischen den beiden Brüchen.

d) **HN: 21**

$\frac{2}{3} \underset{\cdot 7}{=} \mathbf{\frac{14}{21}}$ und $\frac{1}{7} \underset{\cdot 3}{=} \mathbf{\frac{3}{21}}$

Zum Beispiel liegt $\frac{9}{21}$ zwischen den beiden Brüchen.

e) $12 = 2 \cdot 2 \cdot 3$

$9 = 3 \cdot 3$

$\text{kgV} = 2 \cdot 2 \cdot 3 \cdot 3 = \mathbf{36}$

HN: 36

$\frac{9}{12} \underset{\cdot 3}{=} \mathbf{\frac{27}{36}}$ und $\frac{12}{9} \underset{\cdot 4}{=} \mathbf{\frac{48}{36}}$

Zum Beispiel liegt $\frac{41}{36}$ zwischen den beiden Brüchen.

f) **HN: 34**

$\frac{3}{2} \underset{\cdot 17}{=} \mathbf{\frac{51}{34}}$ und $\frac{15}{17} \underset{\cdot 2}{=} \mathbf{\frac{30}{34}}$

Zum Beispiel liegt $\frac{32}{34}$ zwischen den beiden Brüchen.

38. **HN: 48**

$\frac{4}{16} \underset{\cdot 3}{=} \mathbf{\frac{12}{48}}$;

$\frac{8}{12} \underset{\cdot 4}{=} \mathbf{\frac{32}{48}}$;

$\frac{19}{24} \underset{\cdot 2}{=} \mathbf{\frac{38}{48}}$;

$2\frac{2}{3} = \frac{8}{3}\underset{\cdot 16}{=} \mathbf{\frac{128}{48}}$;

$\mathbf{\frac{47}{48}}$;

$\frac{9}{6}\underset{\cdot 8}{=} \mathbf{\frac{72}{48}}$;

$\frac{14}{8}\underset{\cdot 6}{=} \mathbf{\frac{84}{48}}$;

$5\frac{1}{3} = \frac{16}{3}\underset{\cdot 16}{=} \mathbf{\frac{256}{48}}$

$\frac{12}{48} < \frac{32}{48} < \frac{38}{48} < \frac{47}{48} < \frac{72}{48} < \frac{84}{48} < \frac{128}{48} < \frac{256}{48}$, somit ist

$\frac{4}{16} < \frac{8}{12} < \frac{19}{24} < \frac{47}{48} < \frac{9}{6} < \frac{14}{8} < 2\frac{2}{3} < 5\frac{1}{3}$

Z U G V Ö G E L

39. Der Fettanteil wird berechnet durch $\frac{\text{Fettgehalt}}{\text{Burgergewicht}}$.

Um den Fettanteil zu vergleichen, werden alle Brüche auf den Hauptnenner gebracht. HN: 360

Burger 1	Burger 2	Burger 3
$\frac{28}{120}\underset{\cdot 3}{=} \mathbf{\frac{84}{360}}$	$\frac{55}{180}\underset{\cdot 2}{=} \mathbf{\frac{110}{360}}$	$\frac{30}{90}\underset{\cdot 4}{=} \mathbf{\frac{120}{360}}$

Burger 1 hat den geringsten Fettanteil, da $\frac{84}{360} < \frac{110}{360} < \frac{120}{360}$.

40. Die Gewinnchance wird berechnet durch $\frac{\text{Anzahl der Gewinnfelder}}{\text{Anzahl der Felder}}$.

Um die Gewinnchancen zu vergleichen, werden die Brüche alle auf den Hauptnenner gebracht

$\frac{5}{60}; \frac{3}{40}; \frac{7}{80}$

HN: 240

$\frac{5}{60}\underset{\cdot 4}{=} \mathbf{\frac{20}{240}}$

$\frac{3}{40}\underset{\cdot 6}{=} \mathbf{\frac{18}{240}}$

$\frac{7}{80}\underset{\cdot 3}{=} \mathbf{\frac{21}{240}}$

$\frac{18}{240} < \frac{20}{240} < \frac{21}{240}$, somit ist $\frac{3}{40} < \frac{5}{60} < \frac{7}{80}$.

Das Glücksrad mit den 7 Gewinnfeldern bringt die besten Gewinnchancen.

41. a) $\frac{1}{8}+\frac{4}{8}+\frac{2}{8}+\frac{6}{8}=\frac{1+4+2+6}{8}=\frac{13}{8}=\mathbf{1\frac{5}{8}}$

b) $\frac{11}{45}+\frac{8}{45}+\frac{5}{45}+\frac{6}{45}=\frac{11+8+5+6}{45}=\frac{30}{45_{:5}}=\frac{6}{9_{:3}}=\mathbf{\frac{2}{3}}$

c) $\frac{19}{9}+\frac{8}{9}+\frac{12}{9}+\frac{31}{9}+\frac{1}{9}+\frac{10}{9}=\frac{19+8+12+31+1+10}{9}=\frac{81}{9}=\mathbf{9}$

d) $\frac{15}{70}+\frac{17}{70}+\frac{2}{70}+\frac{11}{70}=\frac{15+17+2+11}{70}=\frac{45}{70_{:5}}=\mathbf{\frac{9}{14}}$

42. $\left(\frac{22}{100}+\frac{45}{100}+\frac{60}{100}+\frac{65}{100}\right)\text{s}=\frac{192}{100}\text{ s}=\mathbf{1\frac{92}{100}\text{ s}}$

Beate kommt $1\frac{92}{100}$ Sekunden nach Franziska ins Ziel.

43. 1. Zeile: $3\frac{5}{12}+3\frac{8}{12}+12\frac{8}{12}=3+3+12+\frac{5+8+8}{12}=18\frac{21}{12}=19\frac{9}{12_{:3}}=\mathbf{19\frac{3}{4}}$

Diagonale: $5\frac{4}{12}+4\frac{7}{12}+12\frac{8}{12}=5+4+12+\frac{4+7+8}{12}=21\frac{19}{12}=\mathbf{22\frac{7}{12}}$

2. Spalte: $3\frac{8}{12}+4\frac{7}{12}+2\frac{10}{12}=3+4+2+\frac{8+7+10}{12}=9\frac{25}{12}=\mathbf{11\frac{1}{12}}$

44. $\left(8\frac{6}{8}+24+20\frac{4}{8}+5\frac{6}{8}\right)\text{kg}=\left(8+24+20+5+\frac{6+4+6}{8}\right)\text{kg}$

$=\left(57+\frac{16}{8}\right)\text{kg}=(57+2)\text{ kg}=\mathbf{59\text{ kg}}$

Das Gesamtgewicht beträgt nur 59 kg und nicht 60 kg.

45. a) $\frac{65}{25}-\frac{21}{25}-\frac{8}{25}=\frac{65-21-8}{25}=\frac{36}{25}=\mathbf{1\frac{11}{25}}$

b) $\frac{15}{5}-\frac{6}{5}-\frac{3}{5}-\frac{2}{5}=\frac{15-6-3-2}{5}=\mathbf{\frac{4}{5}}$

c) $\frac{34}{20}-\frac{13}{20}-\frac{7}{20}-\frac{4}{20}-\frac{5}{20}=\frac{34-13-7-4-5}{20}=\frac{5}{20_{:5}}=\mathbf{\frac{1}{4}}$

d) $\frac{17}{3}-\frac{14}{3}-\frac{2}{3}-\frac{1}{3}=\frac{17-14-2-1}{3}=\frac{0}{3}=\mathbf{0}$

46. $80\text{ m}-\left(20\frac{2}{3}+16\frac{2}{3}+24\frac{1}{3}\right)\text{m}=80\text{ m}-\left(20+16+24+\frac{2}{3}+\frac{2}{3}+\frac{1}{3}\right)\text{m}$

$=80\text{ m}-\left(60\frac{5}{3}\right)\text{m}=80\text{ m}-61\frac{2}{3}\text{ m}=\mathbf{18\frac{1}{3}\text{ m}}$

Von dem 80 m langen Kabel bleiben noch $18\frac{1}{3}$ m übrig.

47. 1. Zeile: $25\frac{17}{18}-8\frac{12}{18}-12\frac{4}{18}=25-8-12+\frac{17-12-4}{18}=\mathbf{5\frac{1}{18}}$

Diagonale: $25\frac{17}{18}-4\frac{2}{18}-2\frac{11}{18}=25-4-2+\frac{17-2-11}{18}=19\frac{4}{18_{:2}}=\mathbf{19\frac{2}{9}}$

2. Spalte: $8\frac{12}{18}-4\frac{2}{18}-2\frac{1}{18}=8-4-2+\frac{12-2-1}{18}=2\frac{9}{18_{:9}}=\mathbf{2\frac{1}{2}}$

48. $500\,\ell-\left(24\frac{24}{60}+25\frac{45}{60}+4\frac{20}{60}\right)\ell=500\,\ell-\left(53+\frac{24+45+20}{60}\right)\ell$

$=500\,\ell-\left(53\frac{89}{60}\right)\ell$

$=500\,\ell-54\frac{29}{60}\,\ell=\mathbf{445\frac{31}{60}\,\ell}$

In der Regentonne ist nach der Wasserentnahme noch eine Wassermenge von $445\frac{31}{60}\,\ell$.

49. a) $\frac{9}{14}+\frac{8}{14}=\frac{9+8}{14}=\frac{17}{14}=1\frac{3}{14}$

Schreibe die beiden Zähler auf einen gemeinsamen Bruchstrich. Der Nenner wird beibehalten.

b) $\frac{19}{9}+\frac{4}{9}=\frac{19+4}{9}=\frac{23}{9}=2\frac{5}{9}$

c) $\frac{112}{54}-\frac{87}{54}=\frac{112-87}{54}=\frac{25}{54}$

d) $\frac{11}{30}+\frac{151}{30}=\frac{11+151}{30}=\frac{162}{30}=5\frac{12}{30}_{:6}=5\frac{2}{5}$ Kürze mit 6.

e) $\frac{742}{215}-\frac{142}{215}=\frac{742-142}{215}=\frac{600}{215}=2\frac{170}{215}_{:5}=2\frac{34}{43}$ Kürze mit 5.

f) $\frac{188}{150}-\frac{28}{150}=\frac{188-28}{150}=\frac{160}{150}=1\frac{10}{150}_{:10}=1\frac{1}{15}$ Kürze mit 10.

50. a) $\frac{3+4}{8}=\frac{7}{8}$

b) $\frac{5-4}{10}=\frac{1}{10}$

c) $\frac{1+3+7}{4}=\frac{11}{4}$

d) $\frac{20-4-3}{5}=\frac{13}{5}$

e) $\frac{33+40}{12}=\frac{73}{12}=6\frac{1}{12}$

f) $\frac{19+11+4}{8}=\frac{34}{8}_{:2}=\frac{17}{4}$

g) $\frac{8+14-17}{15}=\frac{5}{15}_{:3}=\frac{1}{3}$

h) $\frac{2+4-1}{3}=\frac{5}{3}=1\frac{2}{3}$

i) $\frac{19+20}{36}=\frac{39}{36}_{:3}=\frac{13}{12}$

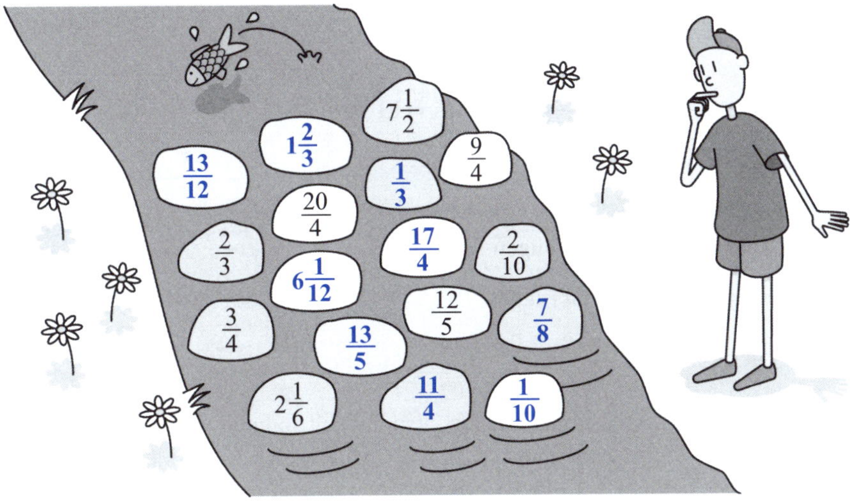

51. a) $\frac{\mathbf{16}}{28}+\frac{10}{28}=\frac{26}{28}$

Überlege dir, welche Zahl du zu 10 addieren musst, um 26 zu erhalten.

b) $\frac{38}{62}+\frac{18}{\mathbf{62}}=\frac{56}{62}$

Der Nenner bleibt gleich!

c) $\frac{146}{64}-\frac{78}{64}=\frac{\mathbf{68}}{64}$

Die Zähler werden subtrahiert.

d) $\frac{72}{106}+\frac{30}{106}=\frac{186}{106}-\frac{\mathbf{84}}{106}$

Berechne zuerst, was links neben dem = steht, und dann überlege, welche Zahl du von 186 abziehen musst, um 102 zu erhalten.

52. a) $\frac{11-10+32+13}{17}=\frac{46}{17}$ **L**

Schreibe alle Brüche auf einen gemeinsamen Bruchstrich und berechne.

b) $\frac{125-26-19-51}{20}=\frac{29}{20}$ **E**

c) $\frac{11+12-14+18}{13}=\frac{27}{13}$ **H**

d) $\frac{10+20+30-40}{6}=\frac{20}{6}\underset{:2}{=}\frac{10}{3}$ **R**

Hier sind die gemischten Brüche bereits in unechte Brüche umgewandelt worden.

e) $\frac{1}{3}+\frac{10}{3}-\frac{9}{3}=\frac{1+10-9}{3}=\frac{2}{3}$ **E**

f) $\frac{49}{4}-\frac{15}{4}+\frac{18}{4}=\frac{49-15+18}{4}=\frac{52}{4}=13$ **R**

Lösungswort: **LEHRER**

53. a) Eva: $\frac{5}{8}$ m übersprungen

Sonja: $\frac{10}{8}$ m übersprungen

$\frac{10}{8}\text{ m}-\frac{5}{8}\text{ m}=\frac{10-5}{8}\text{ m}=\frac{5}{8}\text{ m}$

Sonja ist $\frac{5}{8}$ m höher gesprungen, also doppelt so hoch wie Eva.

b) $\frac{5}{8}\text{ m}+\frac{10}{8}\text{ m}=\frac{5+10}{8}\text{ m}=\frac{15}{8}\text{ m}=1\frac{7}{8}\text{ m}$

Beide sind zusammen $1\frac{7}{8}$ m gesprungen.

54. $\frac{7}{25}+\frac{6}{25}+\frac{3}{25}=\frac{7+6+3}{25}=\frac{16}{25}$

$\frac{16}{25}$ von 1 200: $(1\,200:25)\cdot 16=48\cdot 16=768$

$1\,200-768=432$

In diesem Zeitraum landeten noch 432 Flugzeuge eines anderen Typs.

55. a) $\frac{8}{30}+\frac{12}{150}$ **HN: 150**

$=\frac{40}{150}+\frac{12}{150}=\frac{52}{150_{:2}}=\frac{26}{75}$; **S**

Erweitere $\frac{8}{30}$ mit 5. $\frac{12}{150}$ muss nicht erweitert werden.

b) $\frac{21}{8}-\frac{4}{3}$ **HN: 8 · 3 = 24**

$=\frac{63}{24}-\frac{32}{24}=\frac{31}{24}$ **A**

Der HN ist 24. Erweitere $\frac{21}{8}$ mit 3 und $\frac{4}{3}$ mit 8.

c) $\frac{6}{13}+\frac{19}{7}$ **HN: 13 · 7 = 91**

$=\frac{42}{91}+\frac{247}{91}=\frac{289}{91}$; **T**

Der HN ist 91. Erweitere $\frac{6}{13}$ mit 7 und $\frac{19}{7}$ mit 13.

d) $\frac{1}{12}-\frac{1}{15}$ **HN: 60**

$=\frac{5}{60}-\frac{4}{60}=\frac{1}{60}$; **U**

Der HN ist 60. Erweitere $\frac{1}{12}$ mit 5 und $\frac{1}{15}$ mit 4.

e) $\frac{163}{50}-\frac{16}{10}$ **HN: 50**

$=\frac{163}{50}-\frac{80}{50}=\frac{83}{50}$; **R**

Der HN ist 50. Erweitere $\frac{16}{10}$ mit 5. $\frac{163}{50}$ muss nicht erweitert werden.

f) $\frac{35}{256}+\frac{20}{16}$ **HN: 256**

$=\frac{35}{256}+\frac{320}{256}=\frac{355}{256}$; **N**

Lösungswort: **SATURN**

Der HN ist 256. Erweitere $\frac{20}{16}$ mit 16. $\frac{35}{256}$ muss nicht erweitert werden.

56. a) $\frac{2}{3}+\frac{4}{10}$ **HN:** $3\cdot 10=\mathbf{30}$

$=\frac{20}{30}+\frac{12}{30}=\frac{32}{30}_{:2}=\mathbf{\frac{16}{15}}$

Der HN ist 30. Erweitere beide Brüche auf den Nenner 30. Erweitere dazu $\frac{2}{3}$ mit 10 und $\frac{4}{10}$ mit 3.

b) $\frac{1}{4}+\frac{1}{6}$ **HN: 12**

$=\frac{3}{12}+\frac{2}{12}=\mathbf{\frac{5}{12}}$

Der HN ist 12. Erweitere $\frac{1}{4}$ mit 3 und $\frac{1}{6}$ mit 2.

c) $\frac{6}{8}-\frac{5}{12}$ **HN: 24**

$=\frac{18}{24}-\frac{10}{24}=\frac{8}{24}_{:2}=\frac{4}{12}_{:2}=\frac{2}{6}_{:2}=\mathbf{\frac{1}{3}}$

Der HN ist 24. Erweitere $\frac{6}{8}$ mit 3 und $\frac{5}{12}$ mit 2.

d) $\frac{16}{25}+\frac{11}{20}$ **HN: 100**

$=\frac{64}{100}+\frac{55}{100}=\mathbf{\frac{119}{100}}$

Der HN ist 100. Erweitere $\frac{16}{25}$ mit 4 und $\frac{11}{20}$ mit 5.

e) $\frac{6}{9}-\frac{6}{15}$ **HN: 45**

$=\frac{30}{45}-\frac{18}{45}=\frac{12}{45}_{:3}=\mathbf{\frac{4}{15}}$

Der HN ist 45. Erweitere $\frac{6}{9}$ mit 5 und $\frac{6}{15}$ mit 3.

f) $\frac{4}{5}-\frac{3}{4}$ **HN:** $5\cdot 4=\mathbf{20}$

$=\frac{16}{20}-\frac{15}{20}=\mathbf{\frac{1}{20}}$

Der HN ist 20. Erweitere $\frac{4}{5}$ mit 4 und $\frac{3}{4}$ mit 5.

g) $\frac{7}{9}-\frac{3}{8}$ **HN:** $9\cdot 8=\mathbf{72}$

$=\frac{56}{72}-\frac{27}{72}=\mathbf{\frac{29}{72}}$

Der HN ist 72. Erweitere $\frac{7}{9}$ mit 8 und $\frac{3}{8}$ mit 9.

h) $\frac{3}{5}+\frac{4}{6}$ **HN:** $5\cdot 6=\mathbf{30}$

$=\frac{18}{30}+\frac{20}{30}=\frac{38}{30}_{:2}=\frac{19}{15}=\mathbf{1\frac{4}{15}}$

Der HN ist 30. Erweitere $\frac{3}{5}$ mit 6 und $\frac{4}{6}$ mit 5.

i) $\frac{2}{10}+\frac{4}{40}$; **HN: 40**

$=\frac{8}{40}+\frac{4}{40}=\frac{12}{40}_{:4}=\mathbf{\frac{3}{10}}$

Der HN ist 40. Erweitere $\frac{2}{10}$ mit 4. $\frac{4}{40}$ muss nicht erweitert werden.

j) $\frac{9}{12}-\frac{2}{9}$; **HN: 36**

$=\frac{27}{36}-\frac{8}{36}=\mathbf{\frac{19}{36}}$

Der HN ist 36. Erweitere $\frac{9}{12}$ mit 3 und $\frac{2}{9}$ mit 4.

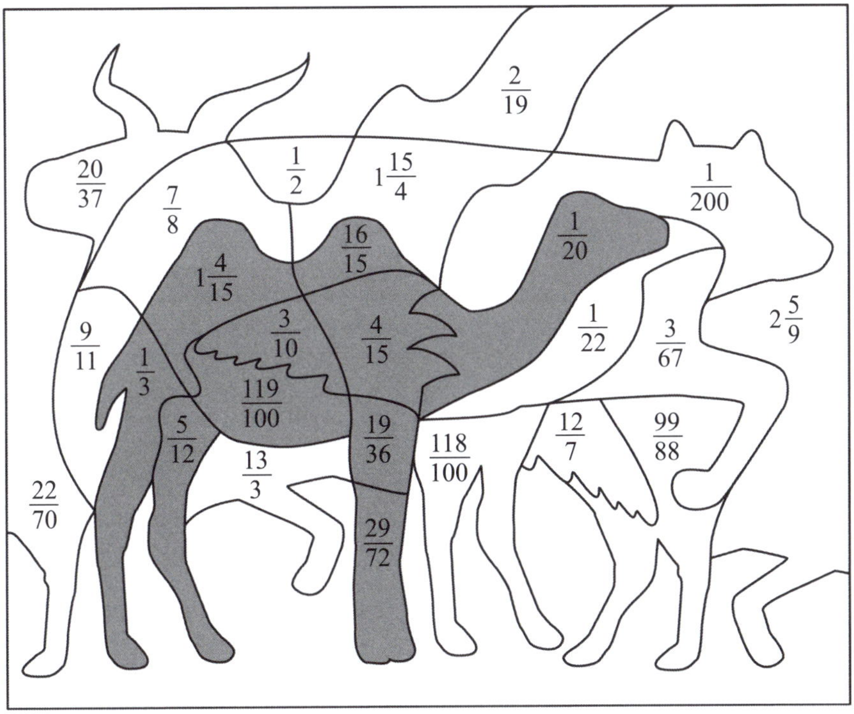

57. 1 $\frac{2}{3}+\frac{3}{4}$ **HN:** $3\cdot 4=\mathbf{12}$

$=\frac{8}{12}+\frac{9}{12}=\frac{8+9}{12}=\mathbf{\frac{17}{12}}=\mathbf{1\frac{5}{12}}$

Erweitere mit 4 und 3.

2 $\frac{7}{10}+2\frac{3}{20}=\frac{7}{10}+\frac{43}{20}$; **HN: 20**

$=\frac{14}{20}+\frac{43}{20}=\mathbf{\frac{57}{20}}=\mathbf{2\frac{17}{20}}$

Erweitere mit 2.

3 $\frac{6}{8}-\frac{9}{12}$

Erweitere mit 3 und 2.

$$\begin{array}{ll} 8 & =2\cdot 2\cdot 2 \\ 12 & =2\cdot 2\cdot 3 \\ \hline \text{kgV} & =2\cdot 2\cdot 2\cdot 3=\mathbf{24} \end{array}$$

HN: 24

$=\frac{18}{24}-\frac{18}{24}=\mathbf{0}$

4 $\frac{4}{6}-\frac{2}{7}$ **HN:** $6\cdot 7=\mathbf{42}$

Erweitere mit 7 und 6.

$=\frac{28}{42}-\frac{12}{42}=\frac{16}{42_{:2}}=\mathbf{\frac{8}{21}}$

5 $\frac{9}{6}-\frac{1}{3}+\frac{4}{5}$

Erweitere mit 5, 10 und 6.

$$\begin{array}{ll} 6 & =2\cdot 3 \\ 3 & =3 \\ 5 & =5 \\ \hline \text{kgV} & =2\cdot 3\cdot 5=\mathbf{30} \end{array}$$

HN: 30

$=\frac{45}{30}-\frac{10}{30}+\frac{24}{30}=\frac{45-10+24}{30}=\mathbf{\frac{59}{30}}=\mathbf{1\frac{29}{30}}$

6 $\frac{20}{6}+\frac{9}{2}$ **HN: 6**

Erweitere mit 3.

$=\frac{20}{6}+\frac{27}{6}=\mathbf{\frac{47}{6}}=\mathbf{7\frac{5}{6}}$

7 $\frac{10}{3}-\frac{23}{11}$ **HN:** $3\cdot 11=\mathbf{33}$

Erweitere mit 11 und 3.

$=\frac{110}{33}-\frac{69}{33}=\frac{110-69}{33}=\mathbf{\frac{41}{33}}=\mathbf{1\frac{8}{33}}$

8 $\frac{3}{8}+1\frac{1}{4}=\frac{3}{8}+\frac{5}{4}$ **HN: 8**

Erweitere mit 2.

$=\frac{3}{8}+\frac{10}{8}=\frac{3+10}{8}=\mathbf{\frac{13}{8}}=\mathbf{1\frac{5}{8}}$

9 $\frac{4}{7}+\frac{9}{14}-\frac{2}{28}$

Erweitere mit 4 und 2.

$$\begin{array}{lll} 7 & = & 7 \\ 14 & = 2\cdot & 7 \\ 28 & = 2\cdot 2\cdot 7 \\ \hline \text{kgV} & = 2\cdot 2\cdot 7 = \mathbf{28} \end{array}$$

HN: 28

$$=\frac{16}{28}+\frac{18}{28}-\frac{2}{28}=\frac{16+18-2}{28}=\frac{32}{28}{}_{:4}=\mathbf{\frac{8}{7}}=\mathbf{1\frac{1}{7}}$$

10 $\frac{12}{14}+\frac{6}{20}$

$$\begin{array}{lll} 14 & = 2\cdot & 7 \\ 20 & = 2\cdot 2\cdot 5 \\ \hline \text{kgV} & = 2\cdot 2\cdot 5\cdot 7 = \mathbf{140} \end{array}$$

HN: 140

$$=\frac{120}{140}+\frac{42}{140}=\mathbf{\frac{162}{140}}$$

$\frac{102}{70}-\frac{22}{140}$ **HN: 140**

$$\frac{204}{140}-\frac{22}{140}=\mathbf{\frac{182}{140}}$$

$$\frac{162}{140}<\frac{182}{140}$$

11 $\frac{17}{10}+\frac{12}{15}$

$$\begin{array}{lll} 10 & = 2\cdot & 5 \\ 15 & = & 3\cdot 5 \\ \hline \text{kgV} & = 2\cdot 3\cdot 5 = \mathbf{30} \end{array}$$

HN: 30

$$=\frac{51}{30}+\frac{24}{30}=\frac{75}{30}{}_{:3}=\frac{25}{10}{}_{:5}=\mathbf{\frac{5}{2}}=\mathbf{2\frac{1}{2}}$$

$\frac{17}{10}-\frac{12}{15}$ **HN: 30**

$$=\frac{51}{30}-\frac{24}{30}=\frac{27}{30}{}_{:3}=\mathbf{\frac{9}{10}}$$

12 $\frac{20}{30}+\frac{10}{20}$

$$\begin{array}{lll} 30 & = 2\cdot & 3\cdot 5 \\ 20 & = 2\cdot 2\cdot & 5 \\ \hline \text{kgV} & = 2\cdot 2\cdot 3\cdot 5 = \mathbf{60} \end{array}$$

HN: 60

$$= \frac{40}{60} + \frac{30}{60} = \frac{70}{60} \underset{:10}{=} \mathbf{\frac{7}{6}} = \mathbf{1\frac{1}{6}}$$

$$\frac{20}{30} - \frac{10}{20} \quad \textbf{HN: 60}$$

$$= \frac{40}{60} - \frac{30}{60} = \frac{10}{60} \underset{:10}{=} \mathbf{\frac{1}{6}}$$

58. Zeilen

$$\frac{1}{12} + \frac{3}{8} + \frac{1}{6}$$

$$= \frac{2}{24} + \frac{9}{24} + \frac{4}{24} = \mathbf{\frac{15}{24}}$$

$$\frac{7}{24} + \frac{5}{24} + \frac{1}{8}$$

$$= \frac{7}{24} + \frac{5}{24} + \frac{3}{24} = \mathbf{\frac{15}{24}}$$

$$\frac{1}{4} + \frac{1}{24} + \frac{2}{6}$$

$$= \frac{6}{24} + \frac{1}{24} + \frac{8}{24} = \mathbf{\frac{15}{24}}$$

HN: 12 = 2 · 2 · 3
8 = 2 · 2 · 2
6 = 2 · 3
4 = 2 · 2
kgV = 2 · 2 · 2 · 3 = 24

HN: 24

Brüche mit dem Nenner 6 werden mit 4 erweitert.

Brüche mit dem Nenner 8 werden mit 3 erweitert.

Brüche mit dem Nenner 12 werden mit 2 erweitert.

Brüche mit dem Nenner 24 brauchen nicht erweitert zu werden.

Spalten

$$\frac{1}{12} + \frac{7}{24} + \frac{1}{4} = \frac{2}{24} + \frac{7}{24} + \frac{6}{24} = \mathbf{\frac{15}{24}}$$

$$\frac{3}{8} + \frac{5}{24} + \frac{1}{24} = \frac{9}{24} + \frac{5}{24} + \frac{1}{24} = \mathbf{\frac{15}{24}}$$

$$\frac{1}{6} + \frac{1}{8} + \frac{2}{6} = \frac{4}{24} + \frac{3}{24} + \frac{8}{24} = \mathbf{\frac{15}{24}}$$

Diagonalen

$$\frac{1}{12} + \frac{5}{24} + \frac{2}{6} = \frac{2}{24} + \frac{5}{24} + \frac{8}{24} = \mathbf{\frac{15}{24}}$$

$$\frac{1}{6} + \frac{5}{24} + \frac{1}{4} = \frac{4}{24} + \frac{5}{24} + \frac{6}{24} = \mathbf{\frac{15}{24}}$$

Ergebnis: Bei jeder Spalte, Zeile und Diagonale ist das Ergebnis $\mathbf{\frac{15}{24}}$.

59. $\frac{3}{10}$ von 510 000 000 km^2

$(510\,000\,000\ km^2 : 10) \cdot 3 = 51\,000\,000\ km^2 \cdot 3 = 153\,000\,000\ km^2$

$\frac{20}{10000} + \frac{6}{2000} + \frac{5}{1000}$ HN: 10 000

$= \frac{20}{10000} + \frac{30}{10000} + \frac{50}{10000} = \frac{100}{10000} = \frac{1}{100}$

$\frac{1}{100}$ von 153 000 000 km^2

$(153\,000\,000\ km^2 : 100) \cdot 1 = 1\,530\,000\ km^2 \cdot 1 =$ **1 530 000 km^2**

Von den Naturkatastrophen wären 1 530 000 km^2 Land betroffen.

60. $\frac{2}{7} + \frac{2}{3}$ HN: $7 \cdot 3 = 21$

$= \frac{6}{21} + \frac{14}{21} = \frac{20}{21}$

$\frac{20}{21}$ von 2 100:

$(2\,100 : 21) \cdot 20 = 100 \cdot 20 =$ **2 000**

Die Marienkäfer und Florfliegenlarven tilgen pro Tag 2 000 von den 2 100 Blattläusen .

61. $\frac{5}{12} + \frac{1}{4} + \frac{1}{8}$ HN: 24

$4 = 2 \cdot 2$
$8 = 2 \cdot 2 \cdot 2$
$12 = 2 \cdot 2 \cdot 3$
$kgV = 2 \cdot 2 \cdot 2 \cdot 3 = 24$

$= \frac{10}{24} + \frac{6}{24} + \frac{3}{24} = \frac{19}{24}$

$\frac{24}{24} - \frac{19}{24} = \frac{5}{24}$

$\frac{5}{24}$ von 1 800:

$(1\,800 : 24) \cdot 5 = 75 \cdot 5 =$ **375**

375 Blätter des Essigbaums sind noch nicht gefärbt.

62. $0{,}7\,\ell = 700\,m\ell$

$\frac{1}{5} + \frac{1}{4}$ HN: $5 \cdot 4 = 20$

$= \frac{4}{20} + \frac{5}{20} = \frac{9}{20}$

$\frac{20}{20} - \frac{9}{20} = \frac{11}{20}$

$\frac{11}{20}$ von $700\,m\ell$:

$(700\,m\ell : 20) \cdot 11 = 35\,m\ell \cdot 11 = \mathbf{385\,m\ell}$

In der Wasserflasche befinden sich noch 385 $m\ell$ Wasser.

63. $1\,\ell = 1\,000\,m\ell$

$\frac{1}{3} + \frac{1}{4} + \frac{1}{6}$ HN: 12

$= \frac{4}{12} + \frac{3}{12} + \frac{2}{12} = \frac{9}{12_{:3}} = \frac{3}{4}$

$\frac{3}{4}$ von $12\,000\,m\ell$:

$(12\,000\,m\ell : 4) \cdot 3 = 3\,000\,m\ell \cdot 3 = 9\,000\,m\ell = 9\,000\,cm^3$

Die drei Körper haben zusammen ein Volumen von $9\,000\,cm^3$.

64. $A = 5\,m \cdot 2\frac{2}{5}\,m$

A = Länge × Breite
Schreibe auf einen gemeinsamen Bruchstrich und kürze!

$A = 5\,m \cdot \frac{12}{5}\,m = \frac{{}^{1}\cancel{5} \cdot 12}{{}_{1}\cancel{5}}\,m^2$

$A = \mathbf{12\,m^2}$

Die Fläche des Tisches beträgt $12\,m^2$.

65. $3 \cdot 40\frac{2}{6}\,\ell + 4 \cdot 10\frac{3}{4}\,\ell$

$= {}^{1}\cancel{3} \cdot \frac{242}{\cancel{6}_{2}}\,\ell + {}^{1}\cancel{4} \cdot \frac{43}{\cancel{4}_{1}}\,\ell$

$= \frac{242}{2}\,\ell + 43\,\ell$

$= 121\,\ell + 43\,\ell = \mathbf{164\,\ell}$

Die Tankstelle hat in der letzten Viertelstunde 164 ℓ Benzin abgegeben.

66. Eismann: $4 \cdot \frac{3}{4}\,\text{kg} = \frac{{}^{1}\not{4} \cdot 3}{\not{4}_{1}}\,\text{kg} = \mathbf{3\,kg}$; **C**

Schreibe auf einen gemeinsamen Bruchstrich und kürze.

Bootsverleih: $4\frac{5}{8}\,\ell \cdot 3 = \frac{37 \cdot 3}{8}\,\ell = \mathbf{\frac{111}{8}\,\ell}$; **H**

Wandle in einen unechten Bruch um, schreibe auf einen gemeinsamen Bruchstrich und berechne.

Imbiss: $7 \cdot \frac{\boxed{3}}{6} = \frac{21}{6}$; **S**

Mit welcher Zahl muss man 7 multiplizieren, um 21 zu erhalten?

Surfschule: $11 \cdot \frac{\boxed{5}}{110} = \frac{55}{110}$; **E**

Mit welcher Zahl muss man 11 multiplizieren, um 55 zu erhalten?

Umkleidekabinen: $8 \cdot \frac{5}{24} = \frac{{}^{1}\not{8} \cdot 5}{\not{24}_{3}} = \mathbf{\frac{5}{3}}$; **E**

Segelboot:

$12 \cdot 6\frac{4}{10}\,\text{m} = \frac{{}^{6}\not{12} \cdot 64}{\not{10}_{5}}\,\text{m} = \frac{6 \cdot 64}{5}\,\text{m} = \mathbf{\frac{384}{5}\,m}$; **M**

Liegefläche: $5 \cdot \frac{8}{10} = \frac{{}^{1}\not{5} \cdot 8}{\not{10}_{2}} = \frac{8}{2} = \mathbf{4}$; **E**

Kiosk: $6 \cdot 2\frac{3}{5}\,\text{m}^2 = \frac{6 \cdot 13}{5}\,\text{m}^2 = \mathbf{\frac{78}{5}\,m^2}$; **I**

Lösungswort: **CHIEMSEE**

67. ${}^{2}\not{6}\,\text{s} \cdot \frac{1}{\not{3}_{1}} \frac{\text{km}}{\text{s}} = \frac{2 \cdot 1}{1}\,\text{km} = \mathbf{2\,km}$

Das Gewitter ist noch 2 km entfernt.

68. Hinflug: $\frac{1}{375}$ von 150 000 000 km

Hin- und Rückflug: $\frac{2}{375}$ von 150 000 000 km

$(150\,000\,000\,\text{km} : 375) \cdot 2 = 400\,000\,\text{km} \cdot 2 = 800\,000\,\text{km}$

Die Flugstrecke einer Raumfähre von der Erde zum Mond und zurück beträgt ungefähr 800 000 km.

Bevor du anfängst zu rechnen, prüfe immer, ob du kürzen kannst. Das vereinfacht die Rechnung und spart dir viel Zeit.

69. a) $\frac{{}^{6}\cancel{12}}{{}_{1}\cancel{7}} \cdot \frac{\cancel{21}^{3}}{\cancel{26}_{13}} = \frac{6 \cdot 3}{1 \cdot 13} = \frac{18}{13} = \mathbf{1\frac{5}{13}}$

b) $\frac{{}^{3}\cancel{15}}{{}_{4}\cancel{24}} \cdot \frac{\cancel{36}^{6}}{\cancel{20}_{4}} = \frac{3 \cdot 6}{4 \cdot 4} = \frac{3 \cdot \cancel{6}^{3}}{4 \cdot \cancel{4}_{2}} = \frac{3 \cdot 3}{4 \cdot 2} = \frac{9}{8} = \mathbf{1\frac{1}{8}}$

c) $4\frac{1}{4} \cdot \frac{18}{15} = \frac{17}{{}_{2}\cancel{4}} \cdot \frac{\cancel{18}^{9}}{15} = \frac{153}{30} \underset{:3}{=} \frac{51}{10} = \mathbf{5\frac{1}{10}}$

d) $\frac{60}{49} \cdot 4\frac{4}{12} = \frac{{}^{5}\cancel{60} \cdot 52}{49 \cdot \cancel{12}_{1}} = \frac{5 \cdot 52}{49} = \frac{260}{49} = \mathbf{5\frac{15}{49}}$

e) $\frac{{}^{8}\cancel{224}}{{}_{5}\cancel{125}} \cdot \frac{\cancel{25}^{1}}{\cancel{28}_{1}} = \frac{8 \cdot 1}{5 \cdot 1} = \frac{8}{5} = \mathbf{1\frac{3}{5}}$

f) $\frac{{}^{28}\cancel{196}}{{}_{8}\cancel{64}} \cdot \frac{\cancel{40}^{5}}{\cancel{35}_{5}} = \frac{{}^{7}\cancel{28} \cdot \cancel{5}^{1}}{{}_{2}\cancel{8} \cdot \cancel{5}_{1}} = \frac{7}{2} = \mathbf{3\frac{1}{2}}$

g) $\frac{{}^{3}\cancel{99}}{{}_{6}\cancel{66}} \cdot \frac{\cancel{11}^{1}}{\cancel{33}_{1}} = \frac{{}^{1}\cancel{3} \cdot 1}{{}_{2}\cancel{6} \cdot 1} = \mathbf{\frac{1}{2}}$

h) $\frac{{}^{3}\cancel{12}}{13} \cdot \frac{38}{\cancel{8}_{2}} = \frac{3 \cdot \cancel{38}^{19}}{13 \cdot \cancel{2}_{1}} = \frac{3 \cdot 19}{13} = \frac{57}{13} = \mathbf{4\frac{5}{13}}$

i) $\frac{{}^{8}\cancel{16}}{{}_{1}\cancel{5}} \cdot \frac{\cancel{35}^{7}}{\cancel{6}_{3}} = \frac{8 \cdot 7}{1 \cdot 3} = \frac{56}{3} = \mathbf{18\frac{2}{3}}$

j) $\frac{{}^{2}\cancel{4}}{{}_{5}\cancel{10}} \cdot \frac{13}{5} = \frac{26}{25} = \mathbf{1\frac{1}{25}}$

k) $5\frac{1}{4} \cdot \frac{56}{77} = \frac{{}^{3}\cancel{21}}{{}_{1}\cancel{4}} \cdot \frac{\cancel{56}^{14}}{\cancel{77}_{11}} = \frac{3}{1} \cdot \frac{14}{11} = \mathbf{\frac{42}{11}}$

l) $\frac{{}^{184}\cancel{368}}{{}_{21}\cancel{315}} \cdot \frac{\cancel{75}^{5}}{\cancel{224}_{112}} = \frac{{}^{46}\cancel{184}}{21} \cdot \frac{5}{\cancel{112}_{28}}$

$= \frac{{}^{23}\cancel{46}}{21} \cdot \frac{5}{\cancel{28}_{14}} = \frac{23}{21} \cdot \frac{5}{14} = \mathbf{\frac{115}{294}}$

70. a) $\frac{1}{2}\cdot\frac{1}{2}=\frac{1\cdot 1}{2\cdot 2}=\frac{1}{4}$; richtig

Das Wort „von " bedeutet hier immer „mal".

b) $\frac{3}{4}\cdot\frac{4}{3}=\frac{{}^{1}\cancel{3}\cdot\cancel{4}^{1}}{{}_{1}\cancel{4}\cdot\cancel{3}_{1}}=1=\frac{3}{3}$; richtig

c) $\frac{2}{8}\cdot\frac{2}{5}=\frac{{}^{1}\cancel{2}\cdot 2}{{}_{4}\cancel{8}\cdot 5}=\frac{2}{4\cdot 5}=\frac{2}{20}$; falsch

d) $\frac{2}{50}\cdot\frac{10}{4}=\frac{{}^{1}\cancel{2}\cdot\cancel{10}^{1}}{{}_{5}\cancel{50}\cdot\cancel{4}_{2}}=\frac{1}{10}$; falsch

e) $\frac{1}{6}\cdot\frac{7}{2}=\frac{1\cdot 7}{6\cdot 2}=\frac{7}{12}$; richtig

f) $\frac{1}{3}\cdot\frac{3}{9}=\frac{1\cdot\cancel{3}^{1}}{{}_{1}\cancel{3}\cdot 9}=\frac{1}{9}$; richtig

g) $\frac{4}{5}\cdot\frac{5}{10}=\frac{{}^{2}\cancel{4}\cdot\cancel{5}^{1}}{{}_{1}\cancel{5}\cdot\cancel{10}_{5}}=\frac{2}{5}$; richtig

h) $\frac{9}{10}\cdot\frac{18}{100}=\frac{9\cdot 18}{10\cdot 100}=\frac{162}{1000}$; falsch

Hier ist es günstiger, nicht vollständig zu kürzen, da man mit Tausendstel vergleichen will.

i) $\frac{15}{10}\cdot\frac{1}{10}=\frac{15\cdot 1}{10\cdot 10}=\frac{15}{100}$; richtig

Hier möchte man mit Hundertstel vergleichen, also ist es besser, nicht vollständig zu kürzen.

71. a) $\frac{3}{4}:\frac{3}{2}=\frac{\cancel{3}^{1}}{\cancel{4}_{2}}\cdot\frac{\cancel{2}^{1}}{\cancel{3}_{1}}=\frac{1}{2}\cdot\frac{1}{1}=\frac{1}{2}$

Bruch : Bruch
= Bruch · Kehrbruch

b) $\frac{7}{9}:\frac{2}{15}=\frac{7}{\cancel{9}_{3}}\cdot\frac{\cancel{15}^{5}}{2}=\frac{7}{3}\cdot\frac{5}{2}=\frac{35}{6}$

c) $\frac{8}{5}:\frac{2}{10}=\frac{\cancel{8}^{4}}{\cancel{5}_{1}}\cdot\frac{\cancel{10}^{2}}{\cancel{2}_{1}}=\frac{4}{1}\cdot\frac{2}{1}=8$

d) $\frac{112}{96}:\frac{76}{48}=\frac{\cancel{112}^{28}}{\cancel{96}_{2}}\cdot\frac{\cancel{48}^{1}}{\cancel{76}_{19}}=\frac{\cancel{28}^{14}}{\cancel{2}_{1}}\cdot\frac{1}{19}=\frac{14}{19}$

e) $\frac{10}{12}:\frac{15}{6}=\frac{\cancel{10}^{2}}{\cancel{12}_{2}}\cdot\frac{\cancel{6}^{1}}{\cancel{15}_{3}}=\frac{\cancel{2}^{1}}{\cancel{2}_{1}}\cdot\frac{1}{3}=\frac{1}{3}$

f) $\frac{\frac{15}{8}}{\frac{20}{40}}=\frac{15}{8}:\frac{20}{40}=\frac{\cancel{15}^{3}}{\cancel{8}_{1}}\cdot\frac{\cancel{40}^{5}}{\cancel{20}_{4}}=\frac{3}{1}\cdot\frac{5}{4}=\frac{15}{4}$

g) $\frac{10}{3}:\frac{25}{6}=\frac{\cancel{10}^{2}}{\cancel{3}_{1}}\cdot\frac{\cancel{6}^{2}}{\cancel{25}_{5}}=\frac{2}{1}\cdot\frac{2}{5}=\frac{4}{5}$

h) $\frac{56}{27}:\frac{35}{72}=\frac{\cancel{56}^{8}}{\cancel{27}_{3}}\cdot\frac{\cancel{72}^{8}}{\cancel{35}_{5}}=\frac{8}{3}\cdot\frac{8}{5}=\frac{64}{15}$

i) $10:\frac{5}{4}=\cancel{10}^{2}\cdot\frac{4}{\cancel{5}_{1}}=2\cdot\frac{4}{1}=8$

j) $\frac{1}{4}:4:\frac{1}{32}=\frac{1}{4}\cdot\frac{1}{4}:\frac{1}{32}=\frac{1}{16}:\frac{1}{32}=\frac{1}{\cancel{16}_{1}}\cdot\frac{\cancel{32}^{2}}{1}$
$=2$

Schreibe zuerst den Doppelbruch als normalen Bruch.

k) $\frac{1}{2}:\left(\frac{\cancel{4}^{2}}{\cancel{7}_{1}}\cdot\frac{\cancel{21}^{3}}{\cancel{14}_{7}}\right)=\frac{1}{2}:\left(\frac{2}{1}\cdot\frac{3}{7}\right)=\frac{1}{2}:\frac{6}{7}=\frac{1}{2}\cdot\frac{7}{6}$
$=\frac{7}{12}$

Berechne zuerst die Klammer.

l) $\left(11\cdot\frac{11}{2}\right):\left(\frac{11}{\cancel{5}_{1}}\cdot\frac{\cancel{5}^{1}}{1}\right)=\frac{121}{2}:11=\frac{\cancel{121}^{11}}{2}\cdot\frac{1}{\cancel{11}_{1}}$
$=\frac{11}{2}$

Berechne zuerst die Klammern.

72. a) $3:\frac{1}{4}=3\cdot\frac{4}{1}=\mathbf{12}$

$\frac{2}{5}:4=\frac{\cancel{2}^{1}}{5}\cdot\frac{1}{\cancel{4}_{2}}=\mathbf{\frac{1}{10}}$

$\frac{3}{7}:\frac{2}{8}=\frac{3\cdot\cancel{8}^{4}}{7\cdot\cancel{2}_{1}}=\mathbf{\frac{12}{7}}$

$\frac{6}{4}:\frac{4}{7}=\frac{\cancel{6}^{3}}{4}\cdot\frac{7}{\cancel{4}_{2}}=\mathbf{\frac{21}{8}}$

Berechne, und bringe die Brüche dann auf denselben Nenner, um sie vergleichen zu können.

$$\frac{12 \cdot 8}{7 \cdot 8}; \frac{21 \cdot 7}{8 \cdot 7} \quad \text{HN: } 56$$

$$\frac{96}{56} < \frac{147}{56}, \text{ somit ist:}$$

$$\mathbf{\frac{1}{10} < \frac{12}{7} < \frac{21}{8} < 12}$$

b) $\frac{2}{3} : \frac{1}{3} = \frac{2}{\not{3}} \cdot \frac{\not{3}}{1} = \mathbf{2}$

$$\frac{12}{4} : \frac{6}{2} = \frac{\not{12}^{2}}{\not{4}_{2}} \cdot \frac{\not{2}^{1}}{\not{6}_{1}} = \frac{2}{2} \cdot \frac{1}{1} = \mathbf{1}$$

$$\frac{14}{8} : \frac{2}{4} = \frac{\not{14}^{7}}{\not{8}_{2}} \cdot \frac{\not{4}^{1}}{\not{2}_{1}} = \frac{7}{2} \cdot \frac{1}{1} = \mathbf{\frac{7}{2}}$$

$$\frac{2}{6} : \frac{1}{8} = \frac{2}{\not{6}_{3}} \cdot \frac{\not{8}^{4}}{1} = \frac{2}{3} \cdot \frac{4}{1} = \mathbf{\frac{8}{3}}$$

$$\mathbf{1 < 2 < \frac{8}{3} < \frac{7}{2}}$$

c) $15 : \left(1 \cdot \frac{2}{1}\right) = 15 : \frac{2}{1} = 15 \cdot \frac{1}{2} = \mathbf{\frac{15}{2}}$

$$\frac{20}{4} : \frac{5}{16} = \frac{\not{20}^{4}}{\not{4}_{1}} \cdot \frac{\not{16}^{4}}{\not{5}_{1}} = \frac{4}{1} \cdot \frac{4}{1} = \mathbf{16}$$

$$\frac{15}{3} : \frac{5}{21} = \frac{\not{15}^{3}}{\not{3}_{1}} \cdot \frac{\not{21}^{7}}{\not{5}_{1}} = \frac{3}{1} \cdot \frac{7}{1} = \mathbf{21}$$

$$\frac{1}{2} : \frac{1}{3} = \frac{1}{2} \cdot \frac{3}{1} = \mathbf{\frac{3}{2}}$$

$$\mathbf{\frac{3}{2} < \frac{15}{2} < 16 < 21}$$

d) $\frac{\not{2}^{1}}{\not{5}_{1}} \cdot \frac{\not{5}^{1}}{\not{2}_{1}} = \mathbf{1}$

$$\frac{22}{10} : \frac{11}{10} = \frac{\not{22}^{2}}{\not{10}_{1}} \cdot \frac{\not{10}^{1}}{\not{11}_{1}} = \frac{2}{1} \cdot \frac{1}{1} = \mathbf{2}$$

$$\frac{\not{3}^{1}}{\not{7}_{1}} \cdot \frac{\not{42}^{6}}{\not{6}_{2}} = \frac{1}{1} \cdot \frac{6}{2} = \mathbf{3}$$

$$\frac{\cancel{2}^{1}}{\cancel{12}_{1}} \cdot \frac{\cancel{60}^{5}}{\cancel{4}_{2}} = \frac{1}{1} \cdot \frac{5}{2} = \mathbf{\frac{5}{2}}$$

$$\mathbf{1 < 2 < \frac{5}{2} < 3}$$

73. **2** $\frac{21}{10} : \frac{14}{20} = \frac{\cancel{21}^{3}}{\cancel{10}_{1}} \cdot \frac{\cancel{20}^{2}}{\cancel{14}_{2}} = \frac{3}{1} \cdot \frac{2}{2} = \frac{6}{2} = \mathbf{3}$

5 $\frac{156}{18} : \frac{51}{12} = \frac{\cancel{156}^{52}}{\cancel{18}_{3}} \cdot \frac{\cancel{12}^{2}}{\cancel{51}_{17}} = \frac{52}{3} \cdot \frac{2}{17} = \mathbf{\frac{104}{51}}$

1 $\frac{4}{6} : \frac{2}{3} = \frac{4}{6} \cdot \frac{3}{2} = \frac{12}{12} = \mathbf{1}$

4 $\frac{10}{4} : \frac{11}{3} = \frac{{}^{5}\cancel{10} \cdot 3}{{}_{2}\cancel{4} \cdot 11} = \mathbf{\frac{15}{22}}$

3 $\frac{8}{32} : \frac{24}{12} = \frac{\cancel{8}^{1}}{\cancel{32}_{8}} \cdot \frac{\cancel{12}^{3}}{\cancel{24}_{3}} = \frac{1}{8} \cdot \frac{\cancel{3}^{1}}{\cancel{3}_{1}} = \mathbf{\frac{1}{8}}$

B $\frac{3}{12} : \frac{4}{2} = \frac{{}^{1}\cancel{3} \cdot \cancel{2}^{1}}{{}_{4}\cancel{12} \cdot \cancel{4}_{2}} = \mathbf{\frac{1}{8}}$

O $\frac{56}{84} : \frac{44}{45} = \frac{\cancel{56}^{28}}{\cancel{84}_{28}} \cdot \frac{\cancel{45}^{15}}{\cancel{44}_{22}} = \frac{\cancel{28}^{1}}{\cancel{28}_{1}} \cdot \frac{15}{22} = \mathbf{\frac{15}{22}}$

L $\frac{18}{28} : \frac{9}{14} = \frac{\cancel{18}^{2}}{\cancel{28}_{2}} \cdot \frac{\cancel{14}^{1}}{\cancel{9}_{1}} = \frac{2}{2} \cdot \frac{1}{1} = \mathbf{1}$

A $\frac{4}{2} : \frac{2}{3} = \frac{{}^{1}\cancel{4} \cdot 3}{{}_{1}\cancel{2} \cdot \cancel{2}_{1}} = \mathbf{3}$

R $\frac{4}{3} : \frac{17}{26} = \frac{4}{3} \cdot \frac{26}{17} = \mathbf{\frac{104}{51}}$

1	2	3	4	5
L	**A**	**B**	**O**	**R**

74. a) $\frac{2}{3}:\frac{16}{4}=\frac{\cancel{2}^{1}}{3}\cdot\frac{4}{\cancel{16}_{8}}=\frac{1}{3}\cdot\frac{4}{8}=\frac{4}{24}\,{}_{:4}=\mathbf{\frac{1}{6}}$

Berechne die Brüche und addiere.

$\frac{1}{2}:\frac{15}{3}=\frac{1\cdot\cancel{3}^{1}}{2\cdot\cancel{15}_{5}}=\mathbf{\frac{1}{10}}$

$\frac{3}{5}:\frac{30}{20}=\frac{\cancel{3}^{1}}{\cancel{5}_{1}}\cdot\frac{\cancel{20}^{4}}{\cancel{30}_{10}}=\frac{1}{1}\cdot\frac{\cancel{4}^{2}}{\cancel{10}_{5}}=\mathbf{\frac{2}{5}}$

$\frac{4}{3}:\frac{8}{2}=\frac{\cancel{4}^{1}}{3}\cdot\frac{2}{\cancel{8}_{2}}=\frac{1\cdot\cancel{2}^{1}}{3\cdot\cancel{2}_{1}}=\mathbf{\frac{1}{3}}$

$\Rightarrow\quad \frac{1}{6}+\frac{1}{10}+\frac{2}{5}+\frac{1}{3};\ \text{HN}:30$

$=\frac{5}{30}+\frac{3}{30}+\frac{12}{30}+\frac{10}{30}=\frac{30}{30}=\mathbf{1}$

Die Summe der Ergebnisse bei Kleeblatt 1 ergibt ein Ganzes.

b) $\frac{1}{4}:\frac{2}{5}=\frac{1}{4}\cdot\frac{5}{2}=\mathbf{\frac{5}{8}}$

$\frac{13}{17}:\frac{2}{3}=\frac{13}{17}\cdot\frac{3}{2}=\mathbf{\frac{39}{34}}$

$15:\frac{10}{4}=15\cdot\frac{4}{10}=\frac{60}{10}\,{}_{:10}=\mathbf{6}$

$\Rightarrow\quad \frac{5}{8}+\frac{39}{34}+6;\ \text{HN}:136$

$8 = 2\cdot2\cdot2$

$34 = 2\cdot 17$

$\text{kgV}=2\cdot2\cdot2\cdot17=136$

$=\frac{85}{136}+\frac{156}{136}+6=\mathbf{6\frac{241}{136}}$

75. Krebs

$\frac{3}{8}:\frac{3}{4}=\frac{\cancel{3}^{1}}{8}\cdot\frac{4}{\cancel{3}_{1}}=\frac{1\cdot\cancel{4}^{1}}{{}_{2}\cancel{8}\cdot1}=\mathbf{\frac{1}{2}}$

Juli

Skorpion

$\frac{9}{7}:\frac{3}{5}=\frac{\cancel{9}^{3}}{7}\cdot\frac{5}{\cancel{3}_{1}}=\frac{3\cdot5}{7\cdot1}=\mathbf{\frac{15}{7}}$

November

Fische

$2\frac{1}{2}:\frac{2}{5}=\frac{5}{2}:\frac{2}{5}=\frac{5}{2}\cdot\frac{5}{2}=\frac{5\cdot5}{2\cdot2}=\mathbf{\frac{25}{4}}$ März

Steinbock

$3\frac{1}{4}:2\frac{5}{8}=\frac{13}{4}:\frac{21}{8}=\frac{13}{\cancel{4}_1}\cdot\frac{\cancel{8}^2}{21}=\frac{13\cdot2}{1\cdot21}=\mathbf{\frac{26}{21}}$ Januar

Löwe

$\frac{125}{75}:\frac{5}{15}=\frac{\cancel{125}^{25}}{\cancel{75}_5}\cdot\frac{\cancel{15}^1}{\cancel{5}_1}=\frac{25\cdot1}{5\cdot1}=\frac{25}{5}=\mathbf{5}$ August

Schütze

$\frac{12}{30}:1\frac{3}{2}=\frac{12}{30}:\frac{5}{2}=\frac{12}{\cancel{30}_{15}}\cdot\frac{\cancel{2}^1}{5}=\frac{{}^4\cancel{12}\cdot1}{{}_5\cancel{15}\cdot5}=\mathbf{\frac{4}{25}}$ Dezember

Waage

$\frac{9}{21}:\frac{3}{7}=\frac{\cancel{9}^3}{\cancel{21}_3}\cdot\frac{\cancel{7}^1}{\cancel{3}_1}=\frac{{}^1\cancel{3}\cdot1}{{}_1\cancel{3}\cdot1}=\mathbf{1}$ Oktober

Zwilling

$\frac{324}{66}:\frac{9}{12}=\frac{\cancel{324}^{36}}{\cancel{66}_{22}}\cdot\frac{\cancel{12}^4}{\cancel{9}_1}=\frac{{}^{18}\cancel{36}\cdot4}{{}_{11}\cancel{22}\cdot1}=\mathbf{\frac{72}{11}}$ Juni

Widder

$\frac{27}{35}:\frac{45}{21}=\frac{\cancel{27}^3}{\cancel{35}_5}\cdot\frac{\cancel{21}^3}{\cancel{45}_5}=\frac{3\cdot3}{5\cdot5}=\mathbf{\frac{9}{25}}$ April

Jungfrau

$7\frac{2}{3}:\frac{7}{4}=\frac{23}{3}:\frac{7}{4}=\frac{23}{3}\cdot\frac{4}{7}=\mathbf{\frac{92}{21}}$ September

Stier

$\frac{2}{7}:12\frac{2}{6}=\frac{2}{7}:\frac{74}{6}=\frac{\cancel{2}^1}{7}\cdot\frac{6}{\cancel{74}_{37}}=\frac{1\cdot6}{7\cdot37}=\mathbf{\frac{6}{259}}$ Mai

Wassermann

$\frac{18}{16}:\frac{20}{32}=\frac{\cancel{18}^9}{\cancel{16}_1}\cdot\frac{\cancel{32}^2}{\cancel{20}_{10}}=\frac{9}{1}\cdot\frac{\cancel{2}^1}{\cancel{10}_5}=\frac{9}{1}\cdot\frac{1}{5}=\mathbf{\frac{9}{5}}$ Februar

76. $990\ \text{m}^3 : 3\frac{2}{3}\ \text{h} = 990\ \text{m}^3 : \frac{11}{3}\ \text{h} = 990\ \text{m}^3 \cdot \frac{3}{11}\frac{1}{\text{h}}$

$= \mathbf{270\ \frac{m^3}{h}}$

Es sind 270 m^3 Wasser pro Stunde in den Frachtraum geflossen.

Berechne, wie viel Wasser pro Stunde in den Frachtraum geflossen ist.

$990\ \text{m}^3 : 5\frac{2}{4}\ \text{h} = 990\ \text{m}^3 : \frac{22}{4}\ \text{h} = 990\ \text{m}^3 \cdot \frac{4}{22}\frac{1}{\text{h}}$

$= \mathbf{180\ \frac{m^3}{h}}$

Die Pumpen haben 180 m^3 Wasser pro Stunde abpumpen können.

Berechne, wie viel Wasser pro Stunde abgepumpt wurde.

77. Teerladung eines Tiefladers:

$34\frac{3}{5}\ \text{t} - 15\frac{2}{5}\ \text{t} = \mathbf{19\frac{1}{5}\ t}$

Teerladung = Gesamtgewicht minus Eigengewicht

Teerladung in m^3:

$19\frac{1}{5}\ \text{t} : \frac{6}{5}\frac{\text{t}}{\text{m}^3} = \frac{96\ \cancel{\text{t}}}{\cancel{5}_1} \cdot \frac{\cancel{5}^1}{6}\frac{\text{m}^3}{\cancel{\text{t}}} = \frac{96}{6}\ \text{m}^3 = \mathbf{16\ m^3}$

Teerladung in m^3 = Teerladung geteilt durch Teergewicht pro m^3

Anzahl der Tieflader:

$1\,200\ \text{m}^3 : 16\ \text{m}^3 = \mathbf{75}$

70 Tieflader würden nicht ausreichen, es werden 75 Tieflader benötigt.

78. Anzahl der Fliesen:

$1500\ \text{m}^2 : \frac{1}{15}\ \text{m}^2 = 1500 \cdot \frac{15}{1} = \mathbf{22\,500}$

Anzahl der Fliesen = Fläche der Saunalandschaft geteilt durch Fläche einer Fliese

Entstehende Kosten:

$22\,500 \cdot 15\ € = 337\,500\ €$

$\Rightarrow$ Rest: $400\,000\ € - 337\,500\ € = 62\,500\ €$

Der Betreiber hätte noch 62 500 € für Pflanzen oder Ähnliches zur Verfügung.

Kosten = Anzahl der Fliesen mal Preis pro Fliese

79. a) $\frac{4}{12}+\frac{1}{2}+\frac{2}{12} \overset{\text{Kommutativ-gesetz}}{=} \frac{4}{12}+\frac{2}{12}+\frac{1}{2}$

$= \frac{\not{6}^{1}}{\not{12}_{2}}+\frac{1}{2}$

$= \frac{1}{2}+\frac{1}{2}=1$

b) $3\frac{4}{9}+7+6\frac{5}{9}=\frac{31}{9}+7+\frac{59}{9}$

$\overset{\text{Kommutativ-gesetz}}{=} \frac{31}{9}+\frac{59}{9}+7$

$= \frac{{}^{10}\not{90}}{{}_{1}\not{9}}+7=17$

c) $\frac{12}{4}+\frac{14}{8}+\frac{20}{4}+\frac{10}{8} \overset{\text{Kommutativ-, Assoziativ-gesetz}}{=} \left(\frac{12}{4}+\frac{20}{4}\right)+\left(\frac{14}{8}+\frac{10}{8}\right)$

$= \frac{32}{4}+\frac{24}{8}$

$= 8+3=11$

d) $2\frac{3}{14}+1\frac{2}{6}+4\frac{12}{4}+\frac{19}{42}=\frac{31}{14}+\frac{8}{6}+\frac{28}{4}+\frac{19}{42}$

$\overset{\text{Kommutativ-, Assoziativ-gesetz}}{=} \left(\frac{31}{14}+\frac{19}{42}\right)+\left(\frac{8}{6}+\frac{28}{4}\right)$

$= \left(\frac{93}{42}+\frac{19}{42}\right)+\left(\frac{16}{12}+\frac{84}{12}\right)$

$= \frac{{}^{16}\not{112}}{{}_{6}\not{42}}+\frac{\not{100}^{25}}{\not{12}_{3}}=\frac{16}{6}+\frac{25}{3}$

$= \frac{16}{6}+\frac{50}{6}=\frac{66}{6} \underset{:6}{=} \frac{11}{1}=11$

e) $$\frac{3}{4}\cdot\frac{2}{7}\cdot\frac{4}{3} \overset{\substack{\text{Kommutativ-}\\ \text{gesetz}}}{=} \frac{3}{4}\cdot\frac{4}{3}\cdot\frac{2}{7}$$
$$=\frac{12}{12}\cdot\frac{2}{7}$$
$$=1\cdot\frac{2}{7}=\frac{2}{7}$$

f) $$1\frac{2}{5}\cdot\frac{3}{8}\cdot 2\frac{2}{4} \overset{\substack{\text{Kommutativ-}\\ \text{gesetz}}}{=} \frac{7}{5}\cdot\frac{3}{8}\cdot\frac{10}{4}$$
$$=\frac{7}{\cancel{5}_1}\cdot\frac{\cancel{10}^{2}}{4}\cdot\frac{3}{8}$$
$$=\frac{\cancel{14}^{7}}{4}\cdot\frac{3}{\cancel{8}_4}=\frac{21}{16}$$

g) $$\frac{19}{13}\cdot\frac{21}{36}\cdot\frac{39}{57}\cdot\frac{4}{7}\cdot 9 \overset{\substack{\text{Kommutativ-,}\\ \text{Assoziativ-}\\ \text{gesetz}}}{=} \left(\frac{\cancel{19}^{1}}{\cancel{13}_1}\cdot\frac{\cancel{39}^{3}}{\cancel{57}_3}\right)\cdot\left(\frac{\cancel{21}^{3}}{\cancel{36}_9}\cdot\frac{\cancel{4}^{1}}{\cancel{7}_1}\right)\cdot 9$$
$$=\left(\frac{1\cdot 3}{1\cdot 3}\right)\cdot\left(\frac{3\cdot 1}{9\cdot 1}\right)\cdot 9$$
$$=\frac{3}{3}\cdot\frac{3}{9}\cdot 9$$
$$=\frac{3}{3}\cdot\frac{3}{\cancel{9}_1}\cdot\frac{\cancel{9}^{1}}{1}$$
$$=1\cdot\frac{3}{1}\cdot 1=3$$

h) $$\frac{3}{54}\cdot\frac{12}{13}\cdot\frac{52}{16}\cdot\frac{9}{27}+\frac{17}{18} \overset{\substack{\text{Kommutativ-,}\\ \text{Assoziativ-}\\ \text{gesetz}}}{=} \left(\frac{\cancel{3}^{1}}{\cancel{54}_6}\cdot\frac{\cancel{9}^{1}}{\cancel{27}_9}\right)\cdot\left(\frac{\cancel{12}^{3}}{\cancel{13}_1}\cdot\frac{\cancel{52}^{4}}{\cancel{16}_4}\right)+\frac{17}{18}$$
$$=\left(\frac{1}{6}\cdot\frac{1}{9}\right)\cdot\left(\frac{3}{1}\cdot\frac{\cancel{4}^{1}}{\cancel{4}^{1}}\right)+\frac{17}{18}$$
$$=\frac{1}{\cancel{54}_{18}}\cdot\frac{\cancel{3}^{1}}{1}+\frac{17}{18}$$
$$=\frac{1}{18}+\frac{17}{18}=1$$

80. a) $\frac{1}{2}\cdot\frac{1}{4}+\frac{\not{3}^1}{\not{4}_2}\cdot\frac{\not{2}^1}{\not{3}_1}=\frac{1}{8}+\frac{1}{2}$; HN: 8

$=\frac{1}{8}+\frac{4}{8}=\mathbf{\frac{5}{8}}$

Punkt vor Strich! Berechne die Produkte und addiere.

b) $6\cdot\frac{17}{7}=\frac{102}{7}=\mathbf{14\frac{4}{7}}$

Forme so um, dass die natürliche Zahl im gemischten Bruch größtmöglich wird.

c) $\frac{2}{4}\cdot\left(\frac{3}{4}+\frac{1}{3}\right)$; HN: 12

$=\frac{2}{4}\cdot\left(\frac{9+4}{12}\right)=\frac{\not{2}^1}{4}\cdot\frac{13}{\not{12}_6}=\mathbf{\frac{13}{24}}$

Berechne zuerst die Klammer!

d) $\left(\frac{6}{14}-\frac{1}{4}\right)\cdot 3\frac{5}{2}$; HN: 28

$=\frac{12-7}{28}\cdot\frac{11}{2}=\frac{5}{28}\cdot\frac{11}{2}=\mathbf{\frac{55}{56}}$

Berechne zuerst die Klammer!

e) $\frac{2}{8}\cdot(9-3)=\frac{2}{8}\cdot 6=\frac{12}{8}\,{}_{:4}=\frac{3}{2}=\mathbf{1\frac{1}{2}}$

Berechne zuerst die Klammer!

f) $12\cdot\left(\frac{7}{6}+\frac{13}{10}-\frac{4}{5}\right)$; HN: 30

$=12\cdot\left(\frac{35+39-24}{30}\right)$

$=\not{12}^2\cdot\frac{50}{\not{30}_5}$

$=\frac{2\cdot\not{50}^{10}}{\not{5}_1}=\mathbf{20}$

Berechne zuerst die Klammer!

g) $\frac{2}{5}\cdot\left(\frac{7}{5}:\frac{1}{2}\right)=\frac{2}{5}\cdot\left(\frac{7}{5}\cdot\frac{2}{1}\right)=\frac{2}{5}\cdot\frac{14}{5}=\frac{28}{25}=\mathbf{1\frac{3}{25}}$

Berechne zuerst die Klammer!

h) $8\frac{1}{2}+2\frac{3}{5}:1\frac{2}{10}=\frac{17}{2}+\frac{13}{5}:\frac{12}{10}$ Punkt vor Strich!

$$=\frac{17}{2}+\frac{13}{\cancel{5}_1}\cdot\frac{\cancel{10}^2}{12}$$

$$=\frac{17}{2}+\frac{26}{12};\ \text{HN: }12$$

$$=\frac{102}{12}+\frac{26}{12}=\frac{128}{12}\underset{:4}{=}\frac{32}{3}=\mathbf{10\frac{2}{3}}$$

i) $\frac{4}{3}\cdot\frac{4}{7}-\frac{7}{4}:\frac{49}{12}=\frac{16}{21}-\frac{\cancel{7}^1}{\cancel{4}_1}\cdot\frac{\cancel{12}^3}{\cancel{49}_7}$ Punkt vor Strich!

$$=\frac{16}{21}-\frac{3}{7}$$

$$=\frac{16-9}{21}=\frac{7}{21}\underset{:7}{=}\mathbf{\frac{1}{3}}$$

j) $\frac{12}{5}:\frac{12}{15}+\frac{\cancel{3}^1}{\cancel{8}_2}\cdot\frac{\cancel{4}^1}{\cancel{6}_2}=\frac{\cancel{12}^1}{\cancel{5}_1}\cdot\frac{\cancel{15}^3}{\cancel{12}_1}+\frac{1}{4}$ Punkt vor Strich!

$$=\frac{3}{1}+\frac{1}{4}=\frac{12}{4}+\frac{1}{4}=\mathbf{\frac{13}{4}}$$

81. a) $\frac{1}{2}+\frac{2}{5};\ \text{HN: }10$

$$=\frac{5+4}{10}=\mathbf{\frac{9}{10}}$$

$$2\frac{3}{4}-\frac{2}{3}=\frac{11}{4}-\frac{2}{3};\ \text{HN: }12$$

$$=\frac{33-8}{12}=\mathbf{\frac{25}{12}}$$

$$\Rightarrow\ \frac{9}{10}\cdot\frac{25}{12}=\frac{\cancel{9}^3}{\cancel{10}_2}\cdot\frac{\cancel{25}^5}{\cancel{12}_4}=\frac{3}{2}\cdot\frac{5}{4}=\mathbf{\frac{15}{8}}$$

$$\frac{7}{15}:\frac{14}{25}=\frac{\cancel{7}^1}{\cancel{15}_3}\cdot\frac{\cancel{25}^5}{\cancel{14}_2}=\mathbf{\frac{5}{6}}$$

$$\Rightarrow \quad \frac{15}{8}+\frac{5}{6}; \text{ HN: } 24$$

$$= \frac{45+20}{24} = \frac{65}{24} = \mathbf{2\frac{17}{24}}$$

b) $$\frac{33}{24} : 1\frac{3}{8} = \frac{33}{24} : \frac{11}{8} = \frac{\cancel{33}^{3}}{\cancel{24}_{3}} \cdot \frac{\cancel{8}^{1}}{\cancel{11}_{1}} = \mathbf{1}$$

$$\frac{33}{24} : \frac{3}{12} = \frac{\cancel{33}^{11}}{\cancel{24}_{2}} \cdot \frac{\cancel{12}^{1}}{\cancel{3}_{1}} = \frac{11}{2} = \mathbf{5\frac{1}{2}}$$

c) $$2\frac{1}{5} : \frac{2}{11} = \frac{11}{5} : \frac{2}{11} = \frac{11}{5} \cdot \frac{11}{2} = \mathbf{\frac{121}{10}}$$

$$\Rightarrow \quad \frac{121}{\cancel{10}_{5}} \cdot \frac{\cancel{4}^{2}}{7} = \mathbf{\frac{242}{35}}$$

$$2\frac{3}{4} - 1\frac{1}{2} = \frac{11}{4} - \frac{3}{2}; \text{ HN: } 4$$

$$= \frac{11-6}{4} = \mathbf{\frac{5}{4}}$$

$$\Rightarrow \quad \frac{242}{35} + \frac{5}{4}; \text{ HN: } 140$$

$$= \frac{968+175}{140} = \frac{1143}{140} = \mathbf{8\frac{23}{140}}$$

82. a) $$\frac{\cancel{6}^{1}}{\cancel{15}_{5}} \cdot \frac{\cancel{12}^{4}}{\cancel{30}_{5}} = \frac{1}{5} \cdot \frac{4}{5} = \mathbf{\frac{4}{25}}$$

b) $$\frac{14}{9} - \frac{7}{12}; \text{ HN: } 36$$

$$= \frac{56-21}{36} = \mathbf{\frac{35}{36}}$$

c) $$\frac{7}{5} - \frac{2}{3} + \frac{2}{5}; \text{ HN: } 15$$

$$= \frac{21-10+6}{15} = \frac{17}{15} = \mathbf{1\frac{2}{15}}$$

d) $\frac{26}{4}-\frac{10}{7}$; HN: 28

$$\frac{182-40}{28}=\frac{142}{28}\underset{:2}{=}\frac{71}{14}=\mathbf{5\frac{1}{14}}$$

e) $$\frac{\cancel{15}^{3}}{\cancel{36}_{4}}\cdot\frac{\cancel{4}^{1}}{\cancel{30}_{6}}\cdot\frac{\cancel{9}^{1}}{\cancel{16}_{4}}=\frac{\cancel{3}^{1}}{4}\cdot\frac{1}{\cancel{6}_{2}}\cdot\frac{1}{4}=\mathbf{\frac{1}{32}}$$

f) $$\frac{49}{4}-\frac{\cancel{3}^{1}}{\cancel{4}_{2}}\cdot\frac{\cancel{6}^{3}}{\cancel{18}_{6}}=\frac{49}{4}-\frac{1}{2}\cdot\frac{3}{6}=\frac{49}{4}-\frac{3}{12};\ \text{HN: }12$$ Punkt vor Strich!

$$=\frac{147-3}{12}$$

$$=\frac{144}{12}=\mathbf{12}$$

g) $$\frac{4}{9}\cdot\frac{2}{11}+\frac{4}{9}\cdot\frac{5}{33}=\frac{8}{99}+\frac{20}{297};\ \text{HN: }297$$ Punkt vor Strich!

$$=\frac{24+20}{297}=\mathbf{\frac{44}{297}}$$

h) $$\frac{\cancel{32}^{4}}{\cancel{12}_{1}}\cdot\frac{\cancel{48}^{4}}{\cancel{8}_{1}}\cdot\frac{9}{2}=\frac{4}{1}\cdot\frac{\cancel{4}^{2}}{1}\cdot\frac{9}{\cancel{2}_{1}}=\mathbf{72}$$

i) $$\frac{\cancel{3}^{1}}{\cancel{7}_{1}}\cdot\frac{\cancel{21}^{3}}{\cancel{33}_{11}}=\frac{1}{1}\cdot\frac{3}{11}=\mathbf{\frac{3}{11}}$$

j) $\frac{7}{8}-\frac{1}{2}+\frac{2}{5}$; HN: 40

$$=\frac{35-20+16}{40}=\mathbf{\frac{31}{40}}$$

k) $\frac{18}{39}\cdot\left(\frac{24}{7}-\frac{3}{6}\right)$; HN: 42 Die Klammer zuerst!

$$=\frac{18}{39}\cdot\left(\frac{144-21}{42}\right)=\frac{\cancel{18}^{3}}{\cancel{39}_{13}}\cdot\frac{\cancel{123}^{41}}{\cancel{42}_{7}}$$

$$=\frac{3}{13}\cdot\frac{41}{7}=\frac{123}{91}=\mathbf{1\frac{32}{91}}$$

l) $\frac{17}{18}-\frac{5}{12}$; HN: 36

$$=\frac{34-15}{36}=\mathbf{\frac{19}{36}}$$

m) $\frac{14}{\cancel{9}_1}\cdot\frac{\cancel{27}^3}{11}+\frac{7}{11}\cdot\frac{6}{3}=\frac{42}{11}+\frac{42}{33}$; HN: 33

Punkt vor Strich!

$$=\frac{126+42}{33}=\frac{168}{33}$$

$$\underset{:3}{=}\frac{56}{11}=\mathbf{5\frac{1}{11}}$$

n) $\frac{12}{10}+\frac{19}{6}-\frac{41}{10}$; HN: 30

$$=\frac{36+95-123}{30}=\frac{8}{30}\underset{:2}{=}\mathbf{\frac{4}{15}}$$

o) $$\frac{57}{26}:\frac{12}{14}=\frac{\cancel{57}^{19}}{\cancel{26}_{13}}\cdot\frac{\cancel{14}^{7}}{\cancel{12}_{4}}=\frac{133}{52}=\mathbf{2\frac{29}{52}}$$

p) $$\frac{\cancel{11}^1}{5}\cdot\frac{17}{\cancel{22}_2}\cdot\frac{13}{4}=\frac{221}{40}=\mathbf{5\frac{21}{40}}$$

q) $$\frac{56}{3}:\left(\frac{8}{\cancel{7}_1}\cdot\frac{\cancel{56}^8}{9}\right)=\frac{56}{3}:\frac{64}{9}=\frac{\cancel{56}^7}{\cancel{3}_1}\cdot\frac{\cancel{9}^3}{\cancel{64}_8}=\frac{21}{8}$$

Die Klammer zuerst!

$$=\mathbf{2\frac{5}{8}}$$

r) $\cancel{3}^1\cdot\frac{31}{\cancel{6}_2}-\frac{13}{3}\cdot\frac{13}{6}=\frac{31}{2}-\frac{169}{18}$; HN: 18

Punkt vor Strich!

$$=\frac{279-169}{18}=\frac{110}{18}\underset{:2}{=}\frac{55}{9}=\mathbf{6\frac{1}{9}}$$

s) $$1\frac{2}{8}:\frac{5}{24}=\frac{\cancel{10}^2}{\cancel{8}_1}\cdot\frac{\cancel{24}^3}{\cancel{5}_1}=\mathbf{6}$$

t) $\left(4\frac{3}{5}-2\frac{3}{8}\right):\left(17\frac{1}{4}+18\frac{7}{20}\right)$

$=\left(\frac{23}{5}-\frac{19}{8}\right):\left(\frac{69}{4}+\frac{367}{20}\right)$

HN: 40 bzw. 20

$=\frac{184-95}{40}:\frac{345+367}{20}=\frac{89}{40}:\frac{712}{20}$

$=\frac{\not{89}^{1}}{\not{40}_{2}}\cdot\frac{\not{20}^{1}}{\not{712}_{8}}=\frac{1}{2}\cdot\frac{1}{8}=\mathbf{\frac{1}{16}}$

Klammern zuerst!

u) $\frac{5}{\not{12}_{3}}\cdot\frac{\not{8}^{2}}{7}-\frac{1}{7}\cdot\frac{5}{12}=\frac{10}{21}-\frac{5}{84}$; HN: 84

$=\frac{40-5}{84}=\frac{35}{84}\underset{:7}{=}\mathbf{\frac{5}{12}}$

Punkt vor Strich!

v) $\frac{\not{3}^{1}}{\not{14}_{2}}\cdot\frac{\not{7}^{1}}{\not{9}_{3}}=\frac{1}{2}\cdot\frac{1}{3}=\mathbf{\frac{1}{6}}$

w) $\frac{19}{\not{8}_{2}}\cdot\frac{\not{12}^{3}}{4}+\frac{\not{12}^{6}}{\not{32}_{2}}\cdot\frac{\not{16}^{1}}{\not{2}_{1}}=\frac{19}{2}\cdot\frac{3}{4}+\frac{6}{2}\cdot\frac{1}{1}$; HN: 8

$=\frac{57}{8}+\frac{24}{8}=\frac{81}{8}=\mathbf{10\frac{1}{8}}$

Punkt vor Strich!

x) $\left(\frac{\not{20}^{10}}{\not{6}_{1}}\cdot\frac{\not{12}^{2}}{\not{18}_{9}}\right)+\frac{9}{2}=\frac{10\cdot 2}{1\cdot 9}+\frac{9}{2}$

$=\frac{20}{9}+\frac{9}{2}$; HN: 18

$=\frac{40+81}{18}=\frac{121}{18}=\mathbf{6\frac{13}{18}}$

Die Klammer darf man hier weglassen, da Punkt vor Strich gilt.

83. a) $\frac{5}{6}+\frac{2}{3}+\frac{1}{2}+\frac{3}{5}+\frac{4}{9}$

Bestimmung des HN über das kgV:

$6 = 2\cdot 3$
$3 = 3$
$2 = 2$
$5 = 5$
$9 = 3\cdot 3$

$\text{kgV} = 2\cdot 3\cdot 3\cdot 5 = 90$

HN: 90

$$= \frac{75+60+45+54+40}{90} = \frac{274}{90} \underset{:2}{=} \frac{137}{45} = \mathbf{3\frac{2}{45}}$$

b) $\left(\frac{2}{3}+\frac{5}{6}+\frac{1}{2}\right):\left(\frac{3}{5}-\frac{4}{9}\right)$; HN: 6 bzw. 45

$$= \frac{4+5+3}{6} : \frac{27-20}{45} = \frac{12}{6} : \frac{7}{45} = \frac{\not{12}^{2}}{\not{6}_{1}} \cdot \frac{45}{7} = \frac{90}{7} = \mathbf{12\frac{6}{7}}$$

c) $\frac{\not{3}^{1}}{5} \cdot \frac{4}{\not{9}_{3}} + \frac{\not{2}^{1}}{3} \cdot \frac{5}{6} \cdot \frac{1}{\not{2}_{1}} = \frac{4}{15} + \frac{5}{18};$

Bestimmung des HN über das kgV:

$15 = 3 \cdot 5$

$18 = 2 \cdot 3 \cdot 3$

$\text{kgV} = 2 \cdot 3 \cdot 3 \cdot 5 = 90$

HN: 90

$$= \frac{24+25}{90} = \mathbf{\frac{49}{90}}$$

d) $\left(\frac{2}{3}+\frac{5}{6}+\frac{1}{2}\right) \cdot \left(\frac{3}{5}:\frac{4}{9}\right)$; HN: 6

$$= \frac{12}{6} \cdot \left(\frac{3}{5} \cdot \frac{9}{4}\right) = \frac{\not{12}^{3}}{\not{6}_{2}} \cdot \frac{\not{27}^{9}}{\not{20}_{5}} = \frac{27}{10} = \mathbf{2\frac{7}{10}}$$

e) $\left(\frac{3}{5}-\frac{4}{9}\right)+\left(\frac{2}{3}+\frac{5}{6}+\frac{1}{2}\right)$; HN: 45 bzw. 6

$$= \left(\frac{27-20}{45}\right) + \frac{12}{6} = \frac{7}{45} + \frac{12}{6};$$

Bestimmung des HN über kgV:

$45 = 3 \cdot 3 \cdot 5$

$6 = 2 \cdot 3$

$\text{kgV} = 2 \cdot 3 \cdot 3 \cdot 5 = 90$

HN: 90

$$= \frac{14+180}{90} = \frac{194}{90} \underset{:2}{=} \frac{97}{45} = \mathbf{2\frac{7}{45}}$$

84. Summenwert:

$$\frac{10}{16}+\frac{5}{12}+1\frac{1}{4}+\frac{2}{16};\ \text{HN: } 48$$

$$=\frac{30+20+60+6}{48}=\frac{116}{48}\,{:}4=\mathbf{\frac{29}{12}}$$

Die letzte Spalte ist vollständig. Dadurch lässt sich der Summenwert berechnen.

E $$\frac{29}{12}-\frac{22}{48}-\frac{2}{6}-1\frac{1}{4};\ \text{HN: } 48$$

$$=\frac{116-22-16-60}{48}=\frac{18}{48}\,{:}6=\mathbf{\frac{3}{8}}$$

Als Erstes wird E oder F berechnet.
Die 3. Zeile ist bis auf E komplett.

F $$\frac{29}{12}-\frac{10}{48}-\frac{1}{2}-\frac{2}{6};\ \text{HN: } 48$$

$$=\frac{116-10-24-16}{48}=\frac{66}{48}=\frac{22}{16}\,{:}2=\mathbf{\frac{11}{8}}$$

Die 2. Spalte ist komplett bis auf F.

A $$\frac{29}{12}-\frac{1}{2}-\frac{3}{8}-\frac{2}{16};\ \text{HN: } 48$$

$$=\frac{116-24-18-6}{48}=\frac{68}{48}\,{:}4=\mathbf{\frac{17}{12}}$$

Dann kann man A oder G berechnen.
Die Diagonale ist bis auf den Wert für A komplett.

G $$\frac{29}{12}-\frac{1}{4}-\frac{11}{8}-\frac{2}{16};\ \text{HN: } 48$$

$$=\frac{116-12-66-6}{48}=\frac{32}{48}\,{:}16=\mathbf{\frac{2}{3}}$$

Sobald man F weiß, kann man auch G berechnen.

B $$\frac{29}{12}-\frac{17}{12}-\frac{10}{48}-\frac{10}{16};\ \text{HN: } 48$$

$$=\frac{116-68-10-30}{48}=\frac{8}{48}\,{:}8=\mathbf{\frac{1}{6}}$$

Jetzt können B und C berechnet werden.

C $$\frac{29}{12}-\frac{17}{12}-\frac{22}{48}-\frac{1}{4};\ \text{HN: } 48$$

$$=\frac{116-68-22-12}{48}=\frac{14}{48}\,{:}2=\mathbf{\frac{7}{24}}$$

D $$\frac{29}{12}-\frac{7}{24}-\frac{1}{2}-\frac{5}{12};\ \text{HN: } 48$$

$$=\frac{116-14-24-20}{48}=\frac{58}{48}\,{:}2=\frac{29}{24}=\mathbf{1\frac{5}{24}}$$

Sobald man C weiß oder B, E und G kann man D berechnen.

85.

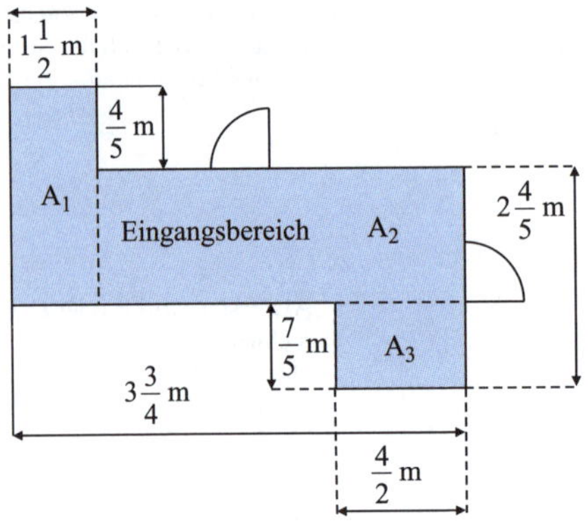

$$\begin{aligned}
A_{Gesamt} &= A_1 + A_2 + A_3; \quad \textbf{A = Länge} \cdot \textbf{Breite} \\
&= 1\frac{1}{2}\,m \cdot \left(\frac{4}{5} + 2\frac{4}{5} - \frac{7}{5}\right) m + \left(3\frac{3}{4} - 1\frac{1}{2}\right) m \cdot \left(2\frac{4}{5} - \frac{7}{5}\right) m + \frac{4}{2}\,m \cdot \frac{7}{5}\,m \\
&= \frac{3}{2}\left(\frac{4}{5} + \frac{14}{5} - \frac{7}{5}\right) m^2 + \left(\frac{15}{4} - \frac{3}{2}\right) \cdot \left(\frac{14}{5} - \frac{7}{5}\right) m^2 + \frac{{}^{2}\cancel{4} \cdot 7}{{}_{1}\cancel{2} \cdot 5}\,m^2 \\
&= \frac{3}{2} \cdot \frac{11}{5}\,m^2 + \left(\frac{15-6}{4}\right) \cdot \left(\frac{7}{5}\right) m^2 + \frac{14}{5}\,m^2 \\
&= \frac{33}{10}\,m^2 + \frac{9}{4} \cdot \frac{7}{5}\,m^2 + \frac{14}{5}\,m^2 \\
&= \frac{33}{10}\,m^2 + \frac{63}{20}\,m^2 + \frac{14}{5}\,m^2 \\
&= \frac{66 + 63 + 56}{20}\,m^2 \\
&= \frac{185}{20}\,m^2 \underset{:5}{=} \frac{37}{4}\,m^2 = \mathbf{9\frac{1}{4}\,m^2}
\end{aligned}$$

$$9\frac{1}{4}\,m^2 + \frac{3}{4}\,m^2 = \mathbf{10\,m^2}$$

Den Verschnitt muss man dazu zählen.

$$10\,\cancel{m^2} \cdot 150\,\frac{€}{\cancel{m^2}} = 1\,500\,€$$

Man kann auch Einheiten kürzen.

Das veranschlagte Geld von 1 200 € reicht nicht aus.

86. a) $22 \cdot 1\frac{1}{4} = 22 \cdot \frac{5}{4} = \frac{110}{4} \underset{:2}{=} \frac{55}{2} = 55:2 = \mathbf{27{,}5\ Überstunden}$

$$\frac{55}{2} \cdot 10\frac{4}{5}\ € = \frac{\cancel{55}^{11}}{\cancel{2}_1} \cdot \frac{\cancel{54}^{27}}{\cancel{5}_1}\ € = \frac{11}{1} \cdot \frac{27}{1}\ € = \mathbf{297\ €}$$

Herr Grohmann bekommt 297 € mehr ausbezahlt.

b) $\frac{1}{4} + \frac{2}{5} = \frac{5+8}{20} = \frac{13}{20}$; HN: 20

$$1 - \frac{13}{20} = \frac{20-13}{20} = \frac{7}{20}$$

$$\frac{7}{20} < \frac{1}{2}$$

Herr Grohmann hat die Richtlinie in diesem Monat nicht erfüllt.

87. Es wird berechnet, wie viel Abfall die beiden Forstarbeiter produzieren. Derjenige, der weniger Abfall produziert, hat Recht.

Forstarbeiter 1:

$\frac{1}{3} + \frac{2}{5}$; HN: 15

$$= \frac{5+6}{15} = \mathbf{\frac{11}{15}}$$

Forstarbeiter 2:

$\frac{2}{4} + \frac{1}{5}$; HN: 20

$$= \frac{10+4}{20} = \mathbf{\frac{14}{20}}$$

Vergleich von Brüchen bei gleichem Nenner möglich:

$$\frac{11}{15} \underset{\cdot 4}{=} \mathbf{\frac{44}{60}}$$

$$\frac{14}{20} \underset{\cdot 3}{=} \mathbf{\frac{42}{60}}$$

$$\underset{\text{weniger Abfall}}{\frac{42}{60}} < \frac{44}{60}$$

Der Forstarbeiter 2 würde den längeren Baumstamm erhalten. Er hat deshalb Recht.

88. Benzinverbrauch beider Generatoren pro Tag:

$$2 \cdot 10\frac{1}{2}\,\ell = {}^{1}\!\not{2} \cdot \frac{21}{\not{2}_1}\,\ell = \mathbf{21\,\ell}$$

$$\Rightarrow \quad 472\frac{2}{4}\,\ell : 21\frac{\ell}{d} = \frac{1890}{4} \cdot \frac{1}{21}\,\ell \cdot \frac{d}{\ell}$$

$$= \frac{\not{1890}^{945}}{\not{4}_2} \cdot \frac{1}{21}\,d$$

$$= \frac{945}{42}\,d \underset{:3}{=} \frac{315}{14}\,d \underset{:7}{=} \frac{45}{2}\,d = 45 : 2\,d = \mathbf{22{,}5\,d}$$

3 Wochen sind 21 Tage, somit ist die Stromgewinnung bis zur nächsten Lieferung gesichert.

89. a)

H	Z	E	z	h	t	zt
	1	2	3	4	6	

b)

H	Z	E	z	h	t	zt
			1	2		

c)

H	Z	E	z	h	t	zt
		7	3	4	8	9

d)

H	Z	E	z	h	t	zt
	1	0	0	4	3	

90. a) 141,047

b) 0,136

c) 24,3

Hunderter, Zehner und Einer stehen links neben dem Komma. Zehntel, Hundertstel, Tausendstel und Zehntausendstel stehen rechts neben dem Komma.

91. a) $23{,}17 = 23\frac{17}{100}$

Rechts neben dem Komma steht die Zahl 17. Schreibe 17 in den Zähler. Weil die letzte Ziffer an 2. Stelle hinter dem Komma steht, schreibe 100 in den Nenner.

b) $9{,}560 = 9\frac{560}{1\,000} = 9\frac{14}{25}$

Rechts neben dem Komma steht die Zahl 560. Weil die 0 an 3. Stelle hinter dem Komma steht, sind es Tausendstel. Kürze noch mit 40.

c) $0{,}8 = \frac{8}{10} = \frac{4}{5}$

Kürze noch mit 2.

d) $1{,}75 = 1\frac{75}{100} = 1\frac{3}{4}$

Kürze noch mit 25.

e) $345{,}2 = 345\frac{2}{10}$

f) $11{,}125 = 11\frac{125}{1\,000} = 11\frac{1}{8}$

Kürze noch mit 125.

g) $0{,}061 = \frac{61}{1\,000}$

h) $81{,}07 = 81\frac{7}{100}$

i) $913{,}001 = 913\frac{1}{1\,000}$

j) $2{,}5 = 2\frac{5}{10} = 2\frac{1}{2}$

Kürze noch mit 5.

92. a) $0{,}04 = \frac{4}{100_{:4}} = \mathbf{\frac{1}{25}}$

Zähle nach, an wievielter Stelle die letzte Ziffer hinter dem Komma steht. So viele Nullen bekommt der Nenner.

b) $0{,}25 = \frac{25}{100_{:25}} = \mathbf{\frac{1}{4}}$

c) $1{,}375 = 1\frac{375}{1\,000_{:5}} = 1\frac{75}{200_{:25}} = 1\frac{3}{8} = \mathbf{\frac{11}{8}}$

d) $0{,}42 = \frac{42}{100_{:2}} = \mathbf{\frac{21}{50}}$

e) $2{,}625 = 2\frac{625}{1\,000_{:25}} = 2\frac{25}{40_{:5}} = 2\frac{5}{8} = \mathbf{\frac{21}{8}}$

f) $3{,}5 = 3\frac{5}{10_{:5}} = 3\frac{1}{2} = \mathbf{\frac{7}{2}}$

g) $0{,}02 = \frac{2}{100_{:2}} = \mathbf{\frac{1}{50}}$

h) $2{,}25 = 2\frac{25}{100}_{:25} = 2\frac{1}{4} = \mathbf{\frac{9}{4}}$

93. a) $9\frac{2}{10} = 9{,}2$

b) $224\frac{51}{100} = 224{,}51$

c) $7\frac{13}{1000} = 7{,}013$

d) $1\frac{3}{100} = 1{,}03$

e) $32\frac{581}{1000} = 32{,}581$

f) $21\frac{131}{1000} = 21{,}131$

g) $81\frac{3}{5} = 81\frac{6}{10} = 81{,}6$

h) $0\frac{1}{8} = 0\frac{125}{1000} = 0{,}125$

i) $12\frac{3}{4} = 12\frac{75}{100} = 12{,}75$

j) $671\frac{4}{8} = 671\frac{1}{2} = 671\frac{5}{10} = 671{,}5$

Brüche mit Zehnteln, Hundertsteln, Tausendsteln usw. kannst du ohne Umformungen als Dezimalbruch schreiben.

Zehntel kommen an 1. Stelle hinter dem Komma.

Hundertstel kommen an 2. Stelle hinter dem Komma.

Tausendstel kommen an 3. Stelle hinter dem Komma.

Hier musst du erst erweitern: Erweitere mit 2 auf den Nenner 10.

Erweitere mit 125 auf den Nenner 1 000.

Erweitere mit 25 auf den Nenner 100.

Kürze erst mit 4 und erweitere dann mit 5 auf den Nenner 10.

94. a) $\frac{19}{100} = 0{,}19$

b) $\frac{85}{10} = 8\frac{5}{10} = 8{,}5$

c) $\frac{32}{1000} = 0{,}032$

d) $\frac{162}{100} = 1\frac{62}{100} = 1{,}62$

e) $\frac{6}{10} = 0{,}6$

f) $\frac{2}{100} = 0{,}02$

95. Kilometerstände:

a)	2	5	1	0	5	0
b)		4	2	0	1	7
c)			5	3	0	0
d)		6	2	1	2	0
e)			7	7	3	0
f)		2	1	0	5	0

96. a) $9:6=\mathbf{1{,}5}$

```
9 : 6 = 1,5
6
─
30
30
──
 0
```

9 geteilt durch 6 ist 1. 1 mal 6 ist 6. 9 minus 6 ist 3. Die Stellen des Zählers sind aufgebraucht. Setze ein Komma hinter das bisherige Ergebnis und eine 0 hinter die 3. 30 geteilt durch 6 ist 5. 5 mal 6 ist 30. 30 minus 30 ist 0. Die Division geht auf.

b) $45:12=\mathbf{3{,}75}$

```
45 : 12 = 3,75
36
──
 90
 84
 ──
  60
  60
  ──
   0
```

45 geteilt durch 12 ist 3. 3 mal 12 ist 36. 45 minus 36 ist 9. Die Stellen des Zählers sind aufgebraucht. Setze ein Komma hinter das bisherige Ergebnis und eine 0 hinter die 9. 90 geteilt durch 12 ist 7. 7 mal 12 ist 84. 90 minus 84 ist 6. Setze eine 0 hinter die 60. 60 geteilt durch 12 ist 5. 5 mal 12 ist 60. 60 minus 60 ist 0. Die Division geht auf.

c) $27:12=\mathbf{2{,}25}$

```
27 : 12 = 2,25
24
──
 30
 24
 ──
  60
  60
  ──
   0
```

27 geteilt durch 12 ist 2. 2 mal 12 ist 24. 27 minus 24 ist 3. Die Stellen des Zählers sind aufgebraucht. Setze ein Komma hinter das bisherige Ergebnis und eine 0 hinter die 3. 30 geteilt durch 12 ist 2. 2 mal 12 ist 24. 30 minus 24 ist 6. Setze eine 0 hinter die 6. 60 geteilt durch 12 ist 5. 5 mal 12 ist 60. 60 minus 60 ist 0. Die Division geht auf.

d) $7:16 = \mathbf{0{,}4375}$

$$\begin{array}{l} \underline{0} \\ 70 \\ \underline{64} \\ \;\;60 \\ \;\;\underline{48} \\ \;\;120 \\ \;\;\underline{112} \\ \;\;\;\;\;80 \\ \;\;\;\;\;\underline{80} \\ \;\;\;\;\;\;\;0 \end{array}$$

7 geteilt durch 16 geht nicht auf. Schreibe eine 0 und setze ein Komma. 0 mal 7 ist 0. 7 minus 0 ist 7. Setze eine 0 hinter die 7. 70 geteilt durch 16 ist 4. 4 mal 16 ist 64. 70 minus 64 ist 6. Setze eine 0 hinter die 6. 60 geteilt durch 16 ist 3. 3 mal 16 ist 48. 60 minus 48 ist 12. Setze eine 0 hinter die 12. 120 geteilt durch 16 ist 7. 7 mal 16 ist 112. 120 minus 112 ist 8. Setze eine 0 hinter die 8. 80 geteilt durch 16 ist 5. 5 mal 16 ist 80. 80 minus 80 ist 0. Die Division geht auf.

97. a) $5:3 = \mathbf{1{,}\overline{6}}$

$$\begin{array}{l} \underline{3} \\ \mathbf{2}0 \\ \underline{18} \\ \;\;\mathbf{2}0 \\ \;\;\underline{18} \\ \;\;\;\;\mathbf{2} \\ \;\;\ldots \end{array}$$

Es ergibt sich immer wieder ein Rest von 2 und dadurch immer wieder eine 6 im Ergebnis. Schreibe einen Querstrich über die 6. Das bedeutet, dass noch unendlich viele 6er folgen. Es ist ein periodischer Dezimalbruch.

b) $12:9 = \mathbf{1{,}\overline{3}}$

$$\begin{array}{l} \underline{9} \\ \mathbf{3}0 \\ \underline{27} \\ \;\;\mathbf{3}0 \\ \;\;\underline{27} \\ \;\;\;\;\mathbf{3} \\ \;\;\ldots \end{array}$$

Es ergibt sich immer wieder ein Rest von 3 und dadurch immer wieder eine 3 im Ergebnis. Schreibe einen Querstrich über die 3. Das bedeutet, dass noch unendlich viele 3er folgen. Es ist ein periodischer Dezimalbruch.

c) $2:8 = \mathbf{0{,}25}$

$$\begin{array}{l} 20 \\ \underline{16} \\ \;\;40 \\ \;\;\underline{40} \\ \;\;\;\;0 \end{array}$$

Hier geht das Ergebnis auf. Es ist ein endlicher Dezimalbruch.

d) $4:6 = \mathbf{0{,}\overline{6}}$

$$\begin{array}{l} 40 \\ \underline{36} \\ \;\;\mathbf{4}0 \\ \;\;\underline{36} \\ \;\;\;\;\mathbf{4}0 \\ \;\;\;\;\ldots \end{array}$$

Wieder ein periodischer Dezimalbruch. Es bleibt immer der Rest 4. 40 geteilt durch 6 ist 6, und deshalb ergibt sich eine Periodizität von 6.

98. a) $1\frac{27}{100} = 1,27$ aber $1\frac{27}{1\,000} = 1,027$ **falsch**

b) $0,031 = \frac{31}{1000}$ aber $0,31 = \frac{31}{100}$ **falsch**

c) $81,1 = 81\frac{1}{10}$

d) $91\frac{121}{100} = 92,21$ aber $91\frac{121}{1\,000} = 91,121$ **falsch**

e) $0,1 = \frac{1}{10}$ aber $\frac{2}{10} = 0,2$ **falsch**

f) $407\frac{331}{10\,000} = 407,0331$ **falsch**

aber $407\frac{331}{1\,000} = 407,331$

g) $33\frac{1}{100} = 33,01$ aber $33\frac{1}{10} = 33,1$ **falsch**

h) $2\,131\frac{3}{100} = 2\,131,03$

i) $4\frac{11}{1\,000} = 4,011$

7 + 12 + 213 + 19 + 87 + 28 = 366

99.

	45,3691	0,23489	892,236	13,5814	52,1235
Einer	45	0	892	14	52
Zehntel	45,4	0,2	892,2	13,6	52,1
Hundertstel	45,37	0,23	892,24	13,58	52,12
Tausendstel	45,369	0,235	892,236	13,581	52,124

Achte auf die Stelle nach der zu rundenden Stelle.

100.

Bodenerhebungen	a) in km	b) in km auf Hundertstel	c) in km auf Zehntel
Zugspitze	2,962	2,96	3,0
Höllentalspitze	2,745	2,75	2,7
Watzmann	2,713	2,71	2,7
Kreuzspitze	2,185	2,19	2,2
Säuling	2,047	2,05	2,0
Rotwand	1,884	1,88	1,9
Feldberg	1,493	1,49	1,5
Belchen	1,414	1,41	1,4
Schauinsland	1,284	1,28	1,3
Großer Arber	1,456	1,46	1,5
Großer Rachel	1,453	1,45	1,5
Dreisesselberg	1,332	1,33	1,3
Lemberg	1,015	1,02	1,0
Schneeberg	1,051	1,05	1,1

101.

Bundesland	a) männliche Bevölkerungszahl	b) weibliche Bevölkerungszahl
Baden-Württemberg	5,25	5,4
Bayern	6,08	6,3
Berlin	1,65	1,7
Brandenburg	1,27	1,3
Bremen	0,32	0,3
Hamburg	0,84	0,9
Hessen	2,98	3,1
Mecklenburg-Vorpommern	0,86	0,9
Niedersachsen	3,92	4,1
Nordrhein-Westfalen	8,80	9,3

Rheinland-Pfalz	1,99	2,1
Saarland	0,52	0,5
Sachsen	2,10	2,2
Sachsen-Anhalt	1,23	1,3
Schleswig-Holstein	1,38	1,4
Thüringen	1,17	1,2

102.

optische Linse	a)	b)	c)	d)	e)	f)	g)	h)	i)	j)
Durchmesser (mm)	**4,56**	4,54	**4,59**	**4,62**	4,68	4,51	**4,58**	**4,64**	**4,61**	4,65
gerundet	**4,6**	4,5	**4,6**	**4,6**	4,7	4,5	**4,6**	**4,6**	**4,6**	4,7

103.

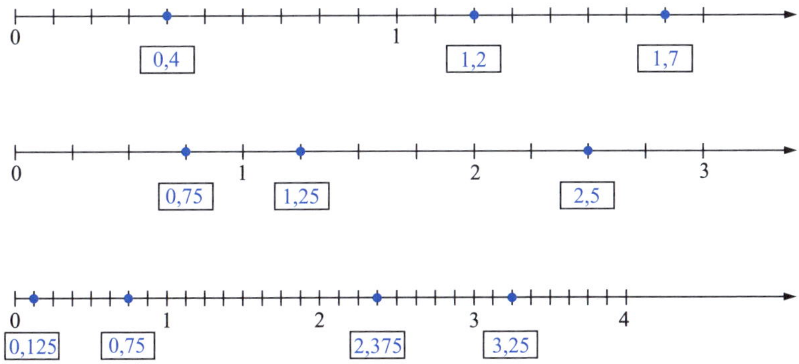

104. a) $3,78 < 3,79$

Entscheidend ist hier die zweite Stelle hinter dem Komma.

b) $21,583 > 21,581$

c) $11,17 > 11,16$

d) $3,5 = 3\frac{1}{2}$

$3\frac{1}{2} = 3\frac{5}{10}$

e) $141,50 = 141,50$

f) $0,3478 < 0,3488$

Hier ist die dritte Stelle hinter dem Komma entscheidend.

g) $1,379 > 1,37$

$1,37 = 1,370$

h) $7,45 < 7,48$

i) $17,01 < 17,015$

j) 111,011 **>** 111,0011

Hier ist die zweite Stelle hinter dem Komma entscheidend.

105. a) 17,91 > 17,53 > 17,42 > 17,35 > 16,86

b) 2,542 > 2,535 > 2,356 > 2,355 > 2,352

Schau dir zuerst die Zahlen links vom Komma an, dann rechts davon.

106.

Eva	**1**	mit 1,04 kg
Lisa	**2**	mit 1,01 kg
Stefan	**3**	mit 1,00 kg
Sabrina	**4**	mit 0,99 kg

Gehe die Ziffern von links nach rechts durch. Die erste unterschiedliche Ziffer entscheidet.

107. a)

$$\begin{array}{r} 3{,}87 \\ +\ 2{,}589 \\ \hline \mathbf{6{,}459} \end{array}$$

b)

$$\begin{array}{r} 12{,}04 \\ +\ 13{,}3 \\ \hline \mathbf{25{,}34} \end{array}$$

c)

$$\begin{array}{r} 214{,}871 \\ +\ 981{,}74 \\ \hline \mathbf{1\,196{,}611} \end{array}$$

d)

$$\begin{array}{r} 9{,}62 \\ -\ 3{,}54 \\ \hline \mathbf{6{,}08} \end{array}$$

e)

$$\begin{array}{r} 323{,}421 \\ -\ 78{,}39 \\ \hline \mathbf{245{,}031} \end{array}$$

f)

$$\begin{array}{r} 71{,}892 \\ -\ 12{,}345 \\ \hline \mathbf{59{,}547} \end{array}$$

Schreibe die Dezimalbrüche so untereinander, dass Komma unter Komma steht. Dann rechne wie gewohnt. Im Ergebnis ist das Komma an derselben Stelle.

108.

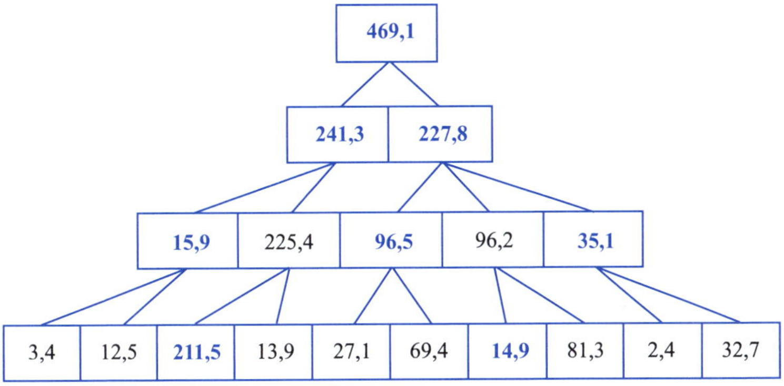

109. a) $2{,}7 + 4{,}25 = \mathbf{6{,}95}$

b) $12{,}3 - 2{,}15 = \mathbf{10{,}15}$

c) $0{,}45 + 0{,}59 = \mathbf{1{,}04}$

d) $78{,}34 + 19{,}52 = \mathbf{97{,}86}$

e) $212{,}3 - 13{,}9 = \mathbf{198{,}4}$

f) $83{,}41 - 21{,}2 = \mathbf{62{,}21}$

g) $13{,}4 + 35{,}5 + 2{,}25 = \mathbf{51{,}15}$

h) $41{,}4 - 14{,}5 - 3{,}8 = \mathbf{23{,}1}$

6,96	10,25	65,4	62,21	78,3
97,87	6,95	62,31	198,4	19,4
23,3	10,15	51,17	51,15	197,4
12,31	1,04	2,04	23,1	49,72
10,19	97,86	198,6	23,15	6,93
0,95	1,03	6,91	23,15	23,7

110.

·	10	100	1 000	10 000
0,378	3,78	37,8	378	3 780
3,0479	30,479	304,79	3 047,9	30 479
41,801	418,01	4 180,1	41 801	418 010
17,3474	173,474	1 734,74	17 347,4	173 474

111. Der Mond würde einen scheinbaren Durchmesser von **35 cm** haben.

$3{,}5\ \text{cm} \cdot 10 = \mathbf{35\ cm}$

112. a) $15{,}65\ \text{m} \cdot 10 = \mathbf{156{,}5\ m}$

Das Komma verschiebt sich um 1 Stelle nach rechts.

b) $15{,}65\ \text{m} \cdot 100 = \mathbf{1\,565\ m}$

Das Komma wird um 2 Stellen nach rechts verschoben.

c) $15{,}65\ \text{m} \cdot 100\,000 = \mathbf{1\,565\,000\ m}$

Das Komma wird um 5 Stellen nach rechts verschoben.

113. a) $19{,}73 \cdot 7{,}58$

$$\begin{array}{r} 13811 \\ 9865 \\ +\ 15784 \\ \hline \mathbf{149{,}5534} \end{array}$$

Die Faktoren haben insgesamt 4 Nachkommastellen. Das Ergebnis deshalb auch.

b) $2{,}379 \cdot 8{,}54$

$$\begin{array}{r} 19032 \\ 11895 \\ +\ 9516 \\ \hline \mathbf{20{,}31666} \end{array}$$

Genau wie die Faktoren insgesamt, hat das Ergebnis 5 Stellen hinter dem Komma.

c) $241{,}2 \cdot 4{,}32$

$$\begin{array}{r} 9648 \\ 7236 \\ +\ 4824 \\ \hline \mathbf{1041{,}984} \end{array}$$

Setzte das Komma im Ergebnis an die dritte Stelle von hinten.

d) $1{,}27 \cdot 3{,}6$

$$\begin{array}{r} 381 \\ +\ 762 \\ \hline \mathbf{4{,}572} \end{array}$$

114.

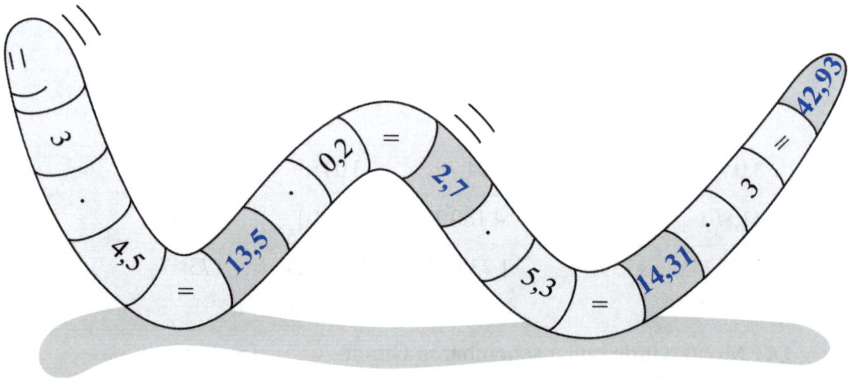

115. $55 \cdot 1{,}36 = \mathbf{74{,}8}$

55 kW entsprechen 74,8 PS.

$105 \cdot 0{,}735 = \mathbf{77{,}175}$

105 PS entsprechen 77,18 kW.

1 kW = 1,36 PS

55 kW = 55 · 1,36 PS

1 PS = 0,735 kW

105 PS = 105 · 0,735 kW

116. a) $2 \cdot 4{,}8 = 9{,}6$

b) $4 \cdot 0{,}6 = 2{,}4$

c) $1{,}5 \cdot 5 = 7{,}5$

d) $1\,000 \cdot 12{,}53 = 12\,530$

117. Fläche = 52,3 m · 31,45 m

Fläche = 1 644,835 m^2

Grundstücksgebühren $\Rightarrow$

$$\begin{array}{r} \underline{1644{,}835 \cdot 73{,}4} \\ 11513845 \\ 4934505 \\ \underline{+ \quad 6579340} \\ \mathbf{120730{,}8890} \end{array}$$

Der Bauherr muss 120 730,89 € an Grundstücksgebühren zahlen.

Fläche = Länge · Breite

118. a)

$$\begin{array}{r} \underline{14 \cdot 35{,}2} \\ 42 \\ 70 \\ \underline{+ \quad 28} \\ \mathbf{492{,}8} \end{array}$$

b)

$$\begin{array}{r} \underline{19{,}7 \cdot 21{,}03} \\ 394 \\ 197 \\ \underline{+ \quad 591} \\ \mathbf{414{,}291} \end{array}$$

c)

$$\begin{array}{r} \underline{0{,}4 \cdot 0{,}6} \\ 00 \\ \underline{+ \quad 24} \\ \mathbf{0{,}24} \end{array}$$

Hier kannst du auch rechen:

$4 \cdot 6 = 24$

Bei 2 Nachkommastellen ergibt sich 0,24.

d)

$$\begin{array}{r} \underline{0{,}03 \cdot 0{,}004} \\ 000000 \\ \underline{+ \quad 012} \\ \mathbf{0{,}00012} \end{array}$$

$3 \cdot 4 = 12$

Bei 5 Nachkommastellen ergibt sich 0,00012.

e)

$$\begin{array}{r} \underline{124{,}5 \cdot 3{,}87} \\ 3735 \\ 9960 \\ \underline{+ \quad 8715} \\ \mathbf{481{,}815} \end{array}$$

f) $7{,}3 \cdot 1{,}4$

```
      73
  +  292
   10,22
```

10,22

g) $62{,}403 \cdot 17$

```
     62403
  + 436821
  1060,851
```

1060,851

h) $13{,}43 \cdot 17{,}12$

```
    1343
     9401
      1343
  +    2686
  229,9216
```

229,9216

i) $0{,}75 \cdot 51{,}7$

```
    375
      75
  +    525
   38,775
```

38,775

j) $226{,}3 \cdot 4{,}53$

```
    9052
     11315
  +    6789
  1025,139
```

1025,139

119.

:	10	100	1 000	10 000
123,5	12,35	1,235	0,1235	0,01235
12,47	1,247	0,1247	0,01247	0,001247
528,91	52,891	5,2891	0,52891	0,052891
2 314,9	231,49	23,149	2,3149	0,23149
1,41	0,141	0,0141	0,00141	0,000141

Das Komma verschiebt sich um die Anzahl der Nullen der Stufenzahl nach links.

120. a) $78:3{,}2$

$780:32=\mathbf{24{,}375}$

$\underline{64}$
140
$\underline{128}$
120
$\underline{96}$
240
$\underline{224}$
160
$\underline{160}$
0

Bevor du anfängst zu rechnen, multipliziere Dividend und Divisor mit 10, um eine natürliche Zahl als Divisor zu erhalten.

b) $5{,}4:1{,}6$

$54:16=\mathbf{3{,}375}$

$\underline{48}$
60
$\underline{48}$
120
$\underline{112}$
80
$\underline{80}$
0

Multipliziere vorher Dividend und Divisor mit 10.

c) $45{,}6:2{,}85$

$4560:285=\mathbf{16}$

$\underline{285}$
1710
$\underline{1710}$
0

Multipliziere vorher Dividend und Divisor mit 100.

d) $542{,}35:5$

$54235:500=\mathbf{108{,}47}$

$\underline{500}$
4235
$\underline{4000}$
2350
$\underline{2000}$
3500
$\underline{3500}$
0

Multipliziere vorher Dividend und Divisor mit 100, dann kannst du einfacher rechnen.

e) $15{,}2:0{,}5$

$152:5=\mathbf{30{,}4}$

$\underline{15}$
020
$\underline{20}$
0

Multipliziere vorher Dividend und Divisor mit 10.

f) 0,55 : 0,25
55 : 25 = **2,2**
50
 50
 50
  0

Multipliziere vorher Dividend und Divisor mit 100.

121. 1. 25,6 : 0,1 = **256** R

3. 46,768 : 7,4 = **6,32** D

5. 147,2 : 23 = **6,4** N

7. 280,36 : 16,3 = **17,2** U

10. 0,36 : 0,15 = **2,4** N

ORDNUNG

122. a) $18{,}3-[(6{,}4-3{,}5)+5{,}3+(9{,}7-7{,}3)]=$
$18{,}3-[2{,}9+5{,}3+2{,}4]=$
$18{,}3-10{,}6=\mathbf{7{,}7}$

Berechne zuerst die inneren runden Klammern, dann die eckige Klammer und dann den Rest.

b) $(13{,}56+34{,}24)+[(256{,}3-246{,}8)\cdot 19{,}6]=$
$47{,}8+[9{,}5\cdot 19{,}6]=$
$47{,}8+186{,}2=\mathbf{234}$

Klammer vor Punkt vor Strich!

c) $[(96{,}4-89{,}3):4]+6{,}125=$
$[7{,}1:4]+6{,}125=$
$1{,}775+6{,}125=\mathbf{7{,}9}$

Zuerst die runde Klammer, dann die eckige Klammer.

123.

	1	2	3	4	5	6
1	4,12	0,68	3 082,05	15,847	3,5	☺
2	7,29	2,85	5	379,35	☺	17,435
3	☺	5,9	3,3	3,3	69,904	3,4
4	9,58	408,96	479,93	☺	1 014,4	203,7
5	161,28	☺	2,653	6,34	26,25	33,2
6	12,22	128,7	☺	17,64	98,46	14,01

124. a) $4 \cdot (1{,}8 + 1{,}9) = \mathbf{14{,}8}$

b) $4{,}3 \cdot 4{,}2 = \mathbf{18{,}06}$

c) $1{,}5 \cdot 1{,}5 = \mathbf{2{,}25}$

d) $(25{,}62 - 12{,}42) \cdot 0{,}25 = \mathbf{3{,}3}$

e) $(0{,}85 + 1{,}15) \cdot 15{,}2 = \mathbf{30{,}4}$

f) $(12{,}3 - 2{,}3) \cdot (252{,}74 + 8{,}25) = \mathbf{2\,609{,}9}$

g) $2\,225 \cdot 0{,}01 = \mathbf{22{,}25}$

h) $25{,}74 \cdot 10 = \mathbf{257{,}4}$

i) $6{,}3 : 2{,}1 = \mathbf{3}$

j) $(426{,}2 : 10) + 3{,}7 = \mathbf{46{,}32}$

k) $16 \cdot 9{,}55 = \mathbf{152{,}8}$

l) $30{,}24 : 3{,}6 = \mathbf{8{,}4}$

m) $28{,}122 : 4{,}3 = \mathbf{6{,}54}$

S_{5}	P_{12}	M_{11}	C_{9}	L_{7}	I_{3}	B_{8}	O_{4}
R_{6}	H_{10}	E_{1}	A_{2}			T_{13}	

ROSE	**16**	ATOME	**31**	PLASTE	**40**
OPA	**18**	MAST	**31**	SPALTE	**40**
ARME	**20**	BROTE	**32**	BARSCHE	**41**
AST	**20**	RASCH	**32**	SCHELM	**43**
POL	**23**	AMPEL	**33**	MARSCH	**43**
ROT	**23**	LAMPE	**33**	RATSCHE	**46**
TOR	**23**	LASCHE	**34**	SCHLEIM	**46**
ASCHE	**27**	OBLATE	**35**	LATSCHE	**47**
LESBAR	**29**	MATHE	**37**	MATSCH	**50**
REICH	**29**	BLEICH	**38**	TISCHLER	**54**
PROBE	**31**	TISCH	**40**	SCHLAMPER	**63**
				PROBLEMATISCH	**91**

125. a) $52{,}6\ \text{cm} = \mathbf{526\ mm}$ — $1\ \text{cm} = 10\ \text{mm}$

b) $2{,}3\ \text{mm}^2 = \mathbf{0{,}00023\ dm^2}$ — $1\ \text{mm}^2 = 0{,}0001\ \text{dm}^2$

c) $15{,}1\ m\ell = \mathbf{1{,}51\ c\ell}$ — $1\ m\ell = 0{,}1\ c\ell$

d) $38{,}2\ m^2 = \mathbf{3\,820\ dm^2}$ — $1\ m^2 = 100\ dm^2$

e) $7{,}23\ m = \mathbf{7\,230\ mm}$ — $1\ m = 1\,000\ mm$

f) $34{,}26\ c\ell = \mathbf{342{,}6\ m\ell}$ — $1\ c\ell = 10\ m\ell$

g) $47{,}985\ km = \mathbf{47\,985\ m}$ — $1\ km = 1000\ m$

h) $81{,}7\ t = \mathbf{81\,700\ kg}$ — $1\ t = 1000\ kg$

i) $5\,896\ mg = \mathbf{5{,}896\ g}$ — $1\ mg = 0{,}001\ g$

j) $98{,}3\ dm^3 = \mathbf{0{,}0983\ m^3}$ — $1\ dm^3 = 0{,}001\ m^3$

126. a) $51{,}3\ mm = 5{,}13\ cm$ — $1\ mm = 0{,}1\ cm$
$5{,}13\ cm + 2{,}46\ cm = \mathbf{7{,}59\ cm}$

b) $11{,}1\ m\ell = 1{,}11\ c\ell$ — $1\ m\ell = 0{,}1\ c\ell$
$22{,}2\ m\ell = 2{,}22\ c\ell$
$1{,}11\ c\ell + 1{,}1\ c\ell + 2{,}22\ c\ell = \mathbf{4{,}43\ c\ell}$

c) $2\,165\ mg = 2{,}165\ g$ — $1\ mg = 0{,}001\ g$
$12\ mg = 0{,}012\ g$
$2{,}165\ g - 1{,}562\ g - 0{,}012\ g = \mathbf{0{,}591\ g}$

d) $98\ cm^2 = 0{,}98\ dm^2$ — $1\ cm^2 = 0{,}01\ dm^2$
$1{,}5\ cm^2 = 0{,}015\ dm^2$
$0{,}98\ dm^2 + 75{,}2\ dm^2 - 0{,}015\ dm^2 = \mathbf{76{,}165\ dm^2}$

127. geg.: Stärke eines Blatts = 0,08 mm — Was ist gegeben?
Stärke des Buchs = 1,8 cm

ges.: Anzahl der Blätter — Was ist gesucht?

1,8 cm = 18 mm — Lege sinnvolle Maßeinheiten fest und rechne um.

18 mm : 0,08 mm = 1800 : 8 = 225 — Anzahl der Blätter = Stärke des Buchs : Stärke eines Blatts

```
1800 : 8 = 225
16
 20
 16
  40
  40
   0
```

Das Buch müsste 225 Blätter haben. — Antwortsatz

128. a) $62{,}78\ cm^2 : 7{,}3\ cm = \mathbf{8{,}6\ cm}$ — Fläche = Länge · Breite
$\Rightarrow$ Breite = Fläche : Länge

b) $91{,}52\ m^2 : 17{,}6\ m = \mathbf{5{,}2\ m}$ — $\Rightarrow$ Länge = Fläche : Breite

129. 3,4 Bayerische Ellen in cm:

$$\begin{array}{r} \underline{83,33 \cdot 3,4} \\ 24999 \\ \underline{+\ \ 33332} \\ \mathbf{283,322} \end{array}$$

3,4 Preußische Ellen in cm:

$$\begin{array}{r} \underline{66,69 \cdot 3,4} \\ 20007 \\ \underline{+\ \ 26676} \\ \mathbf{226,746} \end{array}$$

3,4 Sächsische Ellen in cm:

$$\begin{array}{r} \underline{56,6 \cdot 3,4} \\ 1698 \\ \underline{+\ \ 2264} \\ \mathbf{192,44} \end{array}$$

In Bayern waren 3,4 Ellen etwa 283 cm lang, in Preußen 227 cm und in Sachsen 192 cm.

130. Bayern:

$18 \cdot 34{,}07\ \text{a} = 613{,}26\ \text{a}$ — Wie groß ist die Fläche in a?

$613{,}26\ \text{a} \cdot 100 = 61\,326\ \text{m}^2$ — Wie groß ist die Fläche in m^2?

$61\,326\ \text{m}^2 : 10\,000 =$ **6,1326 ha** — Wie groß ist die Fläche in ha?

Preußen:

$18 \cdot 25{,}53\ \text{a} = 459{,}54\ \text{a}$

$459{,}54\ \text{a} \cdot 100 = 45\,954\ \text{m}^2$

$45\,954\ \text{m}^2 : 10\,000 =$ **4,5954 ha**

Sachsen:

$18 \cdot 27{,}67\ \text{a} = 498{,}06\ \text{a}$

$498{,}06\ \text{a} \cdot 100 = 49\,806\ \text{m}^2$

$49\,806\ \text{m}^2 : 10\,000 =$ **4,9806 ha**

131. a) Zuladung

$= 98{,}3\ \text{kg} + 77{,}6\ \text{kg} + 7{,}5\ \text{kg} + 26{,}3\ \text{kg} + 25{,}6\ \text{kg} + 120\ \text{kg} + 23{,}5\ \text{kg} + 100\ \text{kg} = 478{,}8\ \text{kg}$

Wandle alles in kg um und addiere.

Die Zuladung beträgt **478,8 kg**.

b) Überladung

$= 1\,075\ \text{kg} + 478{,}8\ \text{kg} - 1\,530\ \text{kg} =$ **23,8 kg**

Herr Maier müsste mindestens auf den kleinen Schuhschrank, den vollen Koffer oder zwei Hantelscheiben verzichten.

Addiere das Leergewicht und die Zuladung und ziehe davon das zulässige Gesamtgewicht ab.

132. a) $60\text{ g} : 32 = 1{,}875\text{ g}$
Eine Skatkarte wiegt **1,875 g**.

b) $1{,}54\text{ cm} : 7 = 0{,}22\text{ cm}$
Eine 20-Cent-Münze hat eine Höhe von **0,22 cm**.

133. a) $A_1 = 3{,}25\text{ m} \cdot 4{,}56\text{ m} = 14{,}82\text{ m}^2$
$A_2 = 3{,}52 \cdot 2{,}5 = 8{,}8\text{ m}^2$

Fläche = Länge · Breite

$$\begin{aligned}\text{Gesamtfläche} &= A_1 + A_2 \\ &= 14{,}82\text{ m}^2 + 8{,}8\text{ m}^2 \\ &= 23{,}62\text{ m}^2\end{aligned}$$

$$\begin{aligned}\text{Kosten} &= 23{,}62 \cdot 32\text{ €} \\ &= 755{,}84\text{ €}\end{aligned}$$

Kosten = Quadratmeter · Preis pro Quadratmeter

Die Kosten für den Parkettboden betragen **755,84 €**.

134. Entfernung $= 2 \cdot 780\text{ m} = 1\,560\text{ m}$

Der Schall geht zur Bergwand und wieder zurück.

$$\text{Geschwindigkeit} = 1\,560\text{ m} : 4{,}68\text{ s} = 333{,}\overline{3}\,\frac{\text{m}}{\text{s}}$$

Geschwindigkeit = Strecke : Zeit

Der Schall legt in einer Sekunde etwa **333 m** zurück.

135. Anzahl der Schritte $= 1\,832{,}6\text{ m} : 0{,}85\text{ m} = 2\,156$
Der Langläufer braucht für die Strecke **2 156** Schritte.

Anzahl der Schritte = Strecke : Schrittlänge

136. a) $2x - 1$

b) $\frac{x}{2} + 15$

c) $x + 3 + 4x$

d) $(x - 2) \cdot x$

e) $\frac{x}{3} \cdot 3x$

137. a) $T(8) = 3 \cdot 8 + 4 = \mathbf{28}$
$T(9) = 3 \cdot 9 + 4 = \mathbf{31}$
$T(11) = 3 \cdot 11 + 4 = \mathbf{37}$
$T(12) = 3 \cdot 12 + 4 = \mathbf{40}$

Setze, der Reihe nach, für x die Elemente der Grundmenge ein und berechne.

b) $T(1) = 2 \cdot 1 + 3 \cdot 1 = \mathbf{5}$
$T(2) = 2 \cdot 2 + 3 \cdot 2 = \mathbf{10}$
$T(3) = 2 \cdot 3 + 3 \cdot 3 = \mathbf{15}$
$T(4) = 2 \cdot 4 + 3 \cdot 4 = \mathbf{20}$

c) $T(2) = (2 + 2) : 2 = \mathbf{2}$
$T(4) = (4 + 2) : 2 = \mathbf{3}$
$T(6) = (6 + 2) : 2 = \mathbf{4}$
$T(8) = (8 + 2) : 2 = \mathbf{5}$
$T(10) = (10 + 2) : 2 = \mathbf{6}$

d) $T(1) = (20 - 1) \cdot 2 \cdot 1 = \mathbf{38}$
$T(2) = (20 - 2) \cdot 2 \cdot 2 = \mathbf{72}$
$T(3) = (20 - 3) \cdot 2 \cdot 3 = \mathbf{102}$

138. a)

x	5	6	7
$T(x) = 7 - x \cdot 1$	2	1	0

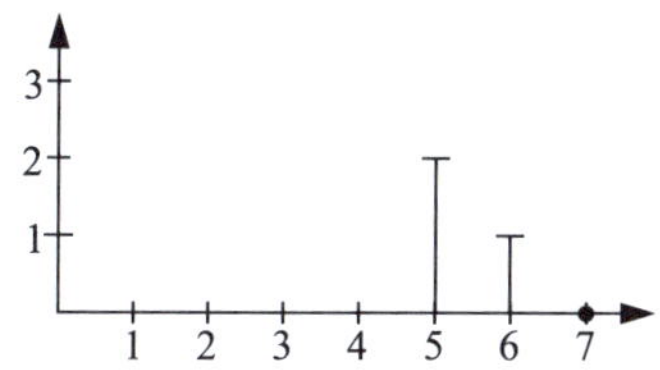

b)

x	2	4	6	8
$T(x) = 2 \cdot x - 0{,}5 \cdot x$	3	6	9	12

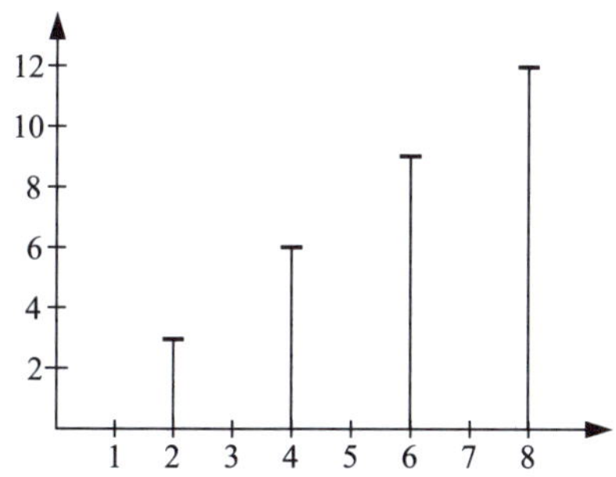

c)

x	2	3	4	5	6
$T(x) = 3 \cdot (x+2)$	12	15	18	21	24

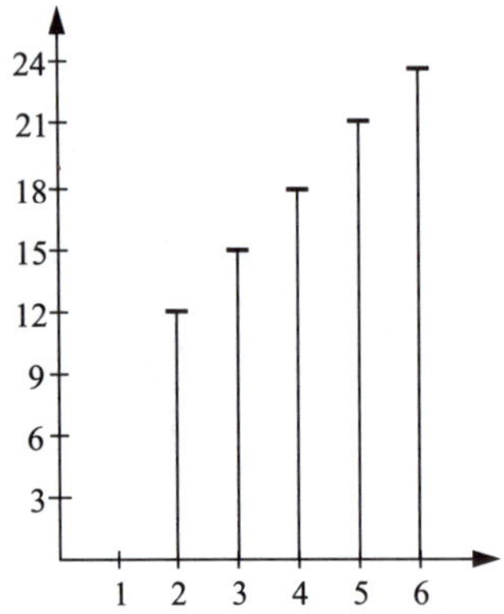

139. a)

Schritte	Meter
2	1
4	2
6	3
8	4
10	5
…	…

$T(x) = x : 2$ oder $T(x) = 0{,}5 \cdot x$

Bei 670 Schritten legt der Wanderer $T(x) = 0{,}5 \cdot 670 =$ **335 Meter** zurück.

Bei 2 250 Schritten legt der Wanderer $T(x) = 0{,}5 \cdot 2\,250 =$ **1 125 Meter** zurück.

b) Für 550 Meter benötigt der Wanderer **1 100 Schritte**, denn aus $0{,}5 \cdot x = 550$ folgt $x = 1\,100$.

Für 2 300 Meter benötigt der Wanderer **4 600 Schritte**, denn aus $0{,}5 \cdot x = 2\,300$ folgt $x = 4\,600$.

140. a) $T(x) = 2 \cdot x$
$T(50) = 2 \cdot 50 =$ **100**

b) $T(x) = x + 1$
$T(50) = 50 + 1 =$ **51**

c) $T(x) = 2 \cdot (x+1)$

$T(50) = 2 \cdot (50+1) = \mathbf{102}$

d) $T(x) = \frac{x}{x+1}$

$T(50) = \frac{50}{50+1} = \mathbf{\frac{50}{51}}$

141. a) $T(3) = \frac{3+3}{2 \cdot 3 - 6} = \mathbf{\frac{6}{0}}$; nicht definiert

$\mathbb{D} = \{1; 5; 7; 9\}$ oder $\mathbb{D} = \mathbb{G} \setminus \{3\}$ Grundmenge ohne 3.

b) $T(2) = \frac{7}{3 \cdot (2-2)} = \mathbf{\frac{7}{0}}$; nicht definiert

$\mathbb{D} = \{0; 1; 3\}$ oder $\mathbb{D} = \mathbb{G} \setminus \{2\}$ Grundmenge ohne 2.

c) $T(3) = \frac{3}{9 - 3^2} = \mathbf{\frac{3}{0}}$; nicht definiert

$\mathbb{D} = \{2; 4; 5\}$ oder $\mathbb{D} = \mathbb{G} \setminus \{3\}$ Grundmenge ohne 3

142. a) $T_1(x) = (x+2)^2$

x	1	2	3	5
$T_1(x)$	9	16	25	49

$T_2(x) = x^2 + 4x + 4$

x	1	2	3	5
$T_2(x)$	9	16	25	49

Die Terme stimmen bei allen Belegungen der Grundmenge überein und sind somit äquivalent.

b) $T_1(x) = 2x + 2$

x	7	9	11
$T_1(x)$	16	20	24

$T_2(x) = 2 \cdot (x+1)$

x	7	9	11
$T_2(x)$	16	20	24

Die Terme stimmen bei allen Belegungen der Grundmenge überein und sind somit äquivalent.

c) $T_1(x) = \dfrac{18}{2 \cdot x}$

x	1	3
$T_1(x)$	9	3

$T_2(x) = \dfrac{18}{2 + x}$

x	1	3
$T_2(x)$	6	3,6

Die Terme stimmen nicht bei allen Belegungen der Grundmenge überein und sind somit nicht äquivalent.

143. a) [0,5; 6] oder $\{x \mid 0{,}5 \le x \le 6\}$ geschlossenes Intervall

b)]0,3; 2,1] oder $\{x \mid 0{,}3 < x \le 2{,}1\}$ halboffenes Intervall

c)]1,2; 3,8] oder $\{x \mid 1{,}2 < x \le 3{,}8\}$ halboffenes Intervall

d) [1,25; 5,75[oder $\{x \mid 1{,}25 \le x < 5{,}75\}$ halboffenes Intervall

e)]12; 48[oder $\{x \mid 12 < x < 48\}$ offenes Intervall

f)]7; 22[oder $\{x \mid 7 < x < 22\}$ offenes Intervall

144. a)
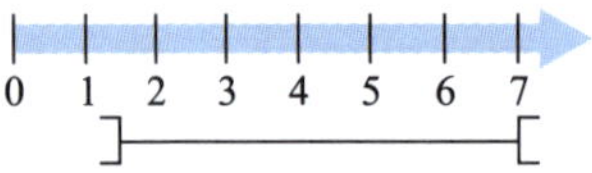

b)
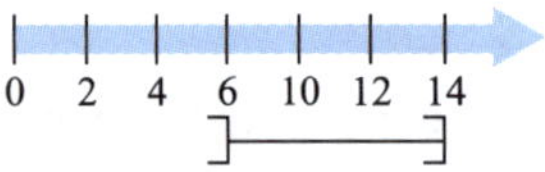

c)
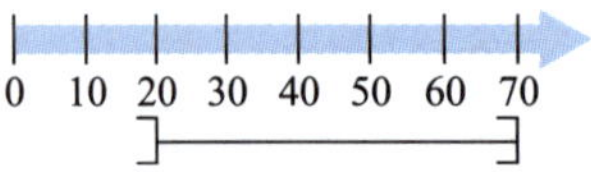

d)
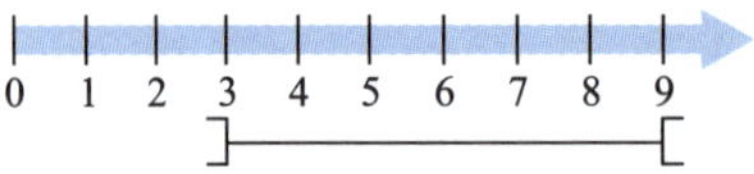

145. a)

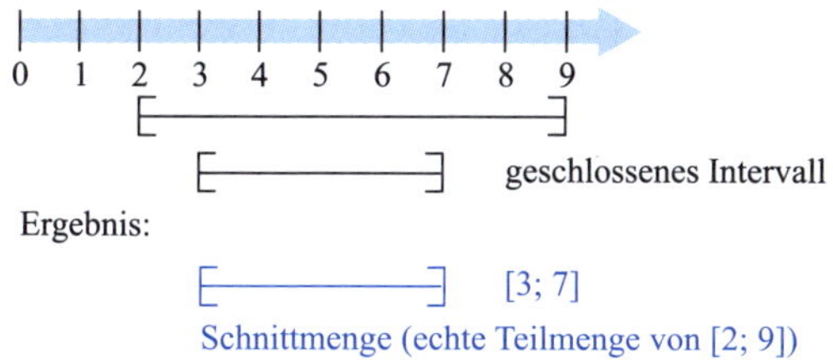

b)

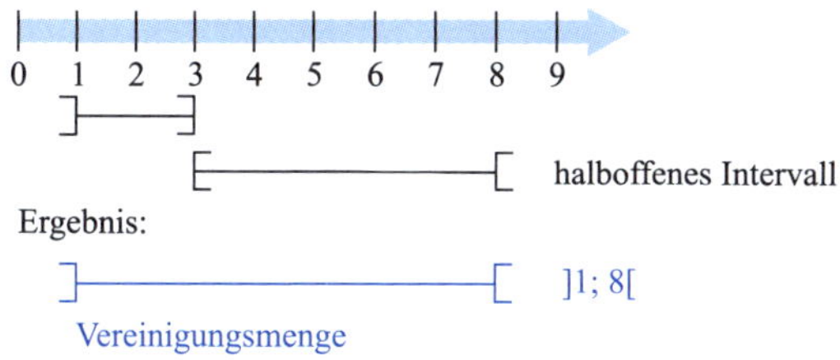

c)

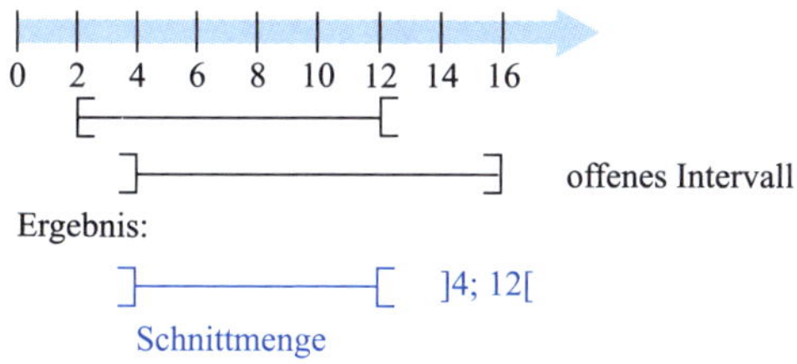

146. a) $\notin$

b) $\notin$

c) $\in$

d) $\in$

147. a)

$$\frac{1}{3}x + 5 = 12 \qquad |-5$$

$$\frac{1}{3}x = 7 \qquad |\cdot 3$$

$$\mathbf{x = 21}$$

$$\mathbb{L} = \{21\}$$

b)

$$9 + 4x = 19 \qquad |-9$$

$$4x = 10 \qquad |:4$$

$$\mathbf{x = 2{,}5}$$

$$\mathbb{L} = \{2{,}5\}$$

c) $5y - \frac{3}{4} = 19{,}25 \quad \left| + \frac{3}{4} \right.$

$5y = 19{,}25 + 0{,}75$

$5y = 20 \quad |:5$

$y = 4$

$\mathbb{L} = \{4\}$

d) $(0{,}7 + 0{,}3) \cdot 15 + x = 40{,}5$

$(1) \cdot 15 + x = 40{,}5$

$15 + x = 40{,}5 \quad |-15$

$x = 25{,}5$

$\mathbb{L} = \{25{,}5\}$

e) $2x - \frac{4}{8} + 6 = 9{,}5$

$2x - 0{,}5 + 6 = 9{,}5 \quad |-6$

$2x - 0{,}5 = 3{,}5 \quad |+0{,}5$

$2x = 4 \quad |:2$

$x = 2$

$\mathbb{L} = \{2\}$

f) $18 + 0{,}5x = 32\frac{4}{5}$

$18 + 0{,}5x = 32{,}8 \quad |-18$

$0{,}5x = 14{,}8 \quad \left| : \frac{1}{2} \right.$

$x = 14{,}8 \cdot \frac{2}{1}$

$x = 29{,}6$

$\mathbb{L} = \{29{,}6\}$

148. a) $11{,}5x = 1328{,}4 - 86{,}4$

$11{,}5x = 1242 \quad |:11{,}5$

$x = 108$

$\mathbb{L} = \{108\}$

1 m^2 Holzdecke kostet 108 €.

b) $120x = 300 \quad |:120$

$x = 2{,}5$

$\mathbb{L} = \{2{,}5\}$

Eine Leberwurst muss für 2,5 € verkauft werden.

149. a) $14{,}2x = 63{,}9 \quad |:14{,}2$

$\mathbf{x = 4{,}5}$

$\mathbb{L} = \{4{,}5\}$

b) $0{,}6y = 15 \quad |:0{,}6$

$\mathbf{y = 25}$

$\mathbb{L} = \{25\}$

c) $x + 9{,}8 \leq 12 \quad |-9{,}8$

$\mathbf{x \leq 2{,}2}$

$\mathbb{L} = \{0;\ 1;\ 2\}$

d) $y - \frac{3}{4} < 20\frac{1}{4} \quad \left|+\frac{3}{4}\right.$

$\mathbf{y < 21}$

$\mathbb{L} = \{0;\ 1;\ 2;\ 3;\ \ldots;\ 19;\ 20\}$

e) $x : 6 = 25 \quad |\cdot 6$

$\mathbf{x = 150}$

$\mathbb{L} = \{150\}$

f) $x - \frac{2}{10} = 76{,}8 \quad \left|+\frac{2}{10}\right.$

$\mathbf{x = 77}$

$\mathbb{L} = \{77\}$

g) $y : \frac{4}{5} = 20 \quad \left|\cdot\frac{5}{4}\right.$

$y = \frac{20 \cdot 5}{4} = \frac{100}{4}$

$\mathbf{y = 25}$

$\mathbb{L} = \{25\}$

h) $x - 2 < 3 \quad |+2$

$\mathbf{x < 5}$

$\mathbb{L} = \{0;\ 1;\ 2;\ 3;\ 4\}$

i) $36{,}4 + x = 98{,}4 \quad |-36{,}4$

$\mathbf{x = 62}$

$\mathbb{L} = \{62\}$

j) $2\frac{1}{2}x = 10 \quad |:2{,}5$

$x = 10 : 2{,}5$

$x = 4$

$\mathbb{L} = \{4\}$

k) $y + 24{,}5 = 60{,}5 \quad |-24{,}5$

$y = 36$

$\mathbb{L} = \{36\}$

l) $8{,}2 + x \leq 14 \quad |-8{,}2$

$x \leq 5{,}8$

$\mathbb{L} = \{0; 1, 2; 3; 4; 5\}$

Verkaufswert = (4,5 + 25 + 1 + 2 + 1 + 2 + 3 + ... + 19 + 20 + 150 + 77 + 25 + 1 + 2 + 3 + 4 + 62 + 4 + 36 + 1 + 2 + 3 + 4 + 5) € · 1 000 = **621 500 €**

150.

x	3	4	5	8	16
y	2,25	3	3,75	6	12

Multipliziere die x-Werte mit dem Proportionalitätsfaktor um die entsprechenden y-Werte zu erhalten.

151. a) Die Fahrzeit t ist direkt proportional zur Fahrstrecke s.

$$k = \frac{4}{1} = \frac{8}{2} = \ldots = \frac{44}{11} = 4$$

Wenn für alle Quotienten der Zahlenpaare gilt $\frac{y}{x} = k$, dann ist die Zuordnung direkt proportional.

b)

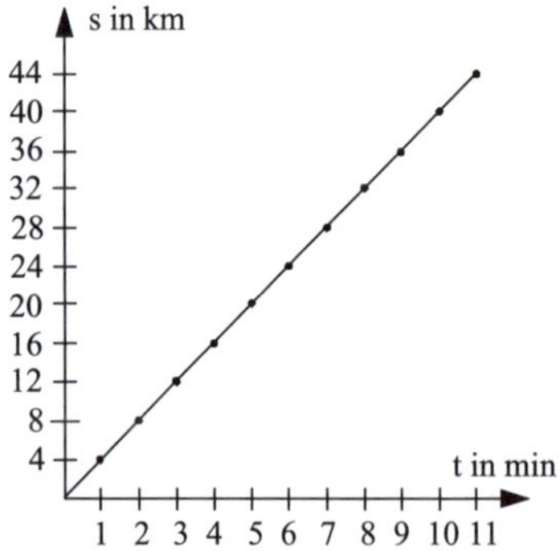

Zeichne die geordneten Zahlenpaare der Tabelle als Punkte in das Koordinatensystem. Die Fahrzeit ist der Wert auf der horizontalen Achse. Die Fahrstrecke ist der Wert auf der vertikalen Achse.
Verbinde die Punkte dann zu einer Ursprungshalbgeraden.

152.

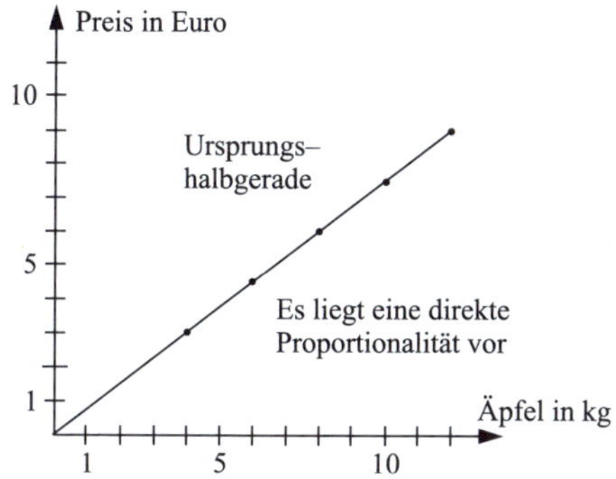

Zeichne die geordneten Zahlenpaare in das Koordinatensystem ein.
Da die Punkte alle auf einer Gerade liegen, die durch den Ursprung geht, liegt eine direkte Proportionalität vor.

153. a)

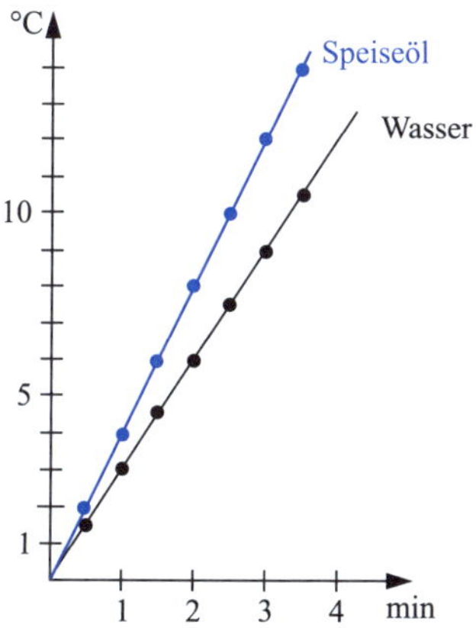

Auf der horizontalen Achse wird die Erwärmungszeit abgetragen, auf der vertikalen Achse die Temperaturerhöhung.

b) Das Speiseöl erwärmt sich in der gleichen Zeit schneller, da die Ursprungsgerade einen steileren Verlauf hat.

Je steiler die Gerade, umso schneller erwärmt sich der Stoff.

c) Das Speiseöl hat einen größeren Proportionalitätsfaktor als das Wasser:
Wasser: $1{,}5 : 0{,}5 = 3$
Speiseöl: $2{,}0 : 0{,}5 = 4$

Den Proportionalitätsfaktor berechnest du als Quotient eines der Zahlenpaare $\frac{y}{x}$.

154.

Liter Diesel	**4**	27	35	**40**	**64**
Preis in €	4,2	**28,35**	36,75	42	67,2

- $36{,}75 : 35 = 1{,}05$
  1 Liter kostet 1,05 €.
- $4{,}2 : 1{,}05 = \mathbf{4}$
  Für 4,20 € erhält man 4 Liter Diesel.

$\frac{y}{x} = k$; stelle die Gleichung nach der gesuchten Größe um.

- $27 \cdot 1{,}05 = \mathbf{28{,}35}$
  27 Liter kosten 28,35 €.
- $42 : 1{,}05 = \mathbf{40}$
  Für 42,00 € erhält man 40 Liter Diesel.
- $67{,}2 : 1{,}05 = \mathbf{64}$
  Für 67,20 € erhält man 64 Liter Diesel.

155. $36\ m^2 \triangleq 900$ Marmorfliesen
$1\ m^2 \triangleq 900 : 36 = 25$ Marmorliesen
$40\ m^2 \triangleq 25 \cdot 40 = 1\,000$ Marmorfliesen
Es müssen 1 000 Marmorfliesen gekauft werden.

Teile durch 36.
Multipliziere mit 40.

156. 65 Nougatschachteln $\triangleq$ 780 €
1 Nougatschachtel $\triangleq$ 780 € : 65 = 12 €
95 Nougatschachteln $\triangleq$ 12 € · 95 = 1140 €
Im Supermarkt kosten 95 Nougatschachteln
1 140 € + 95 · 1 € = **1 235 €**.

Teile durch 65.
Multipliziere mit 95.
Im Supermarkt kostet jede Nougatschachtel einen Euro mehr.

157. $12\,000\ m \triangleq 30$ min
$1\ m \triangleq 30\ min : 12\,000 = 0{,}0025$ min
$600\ m \triangleq 0{,}0025\ min \cdot 600 = 1{,}5$ min

Teile durch 12 000.
Multipliziere mit 600.

158. a) $200\ s \triangleq 3\,000\ m$
$1\ s \triangleq 3\,000\ m : 200 = 15\ m$
$14\ s \triangleq 15\ m \cdot 14 = 210\ m$
Rennfahrer 1 fährt 210 m in 14 s.

Teile durch 200.
Multipliziere mit 14.

b) $2\,500\ m \triangleq 200\ s$
$1\ m \triangleq 200\ s : 2\,500 = 0{,}08\ s$
$500\ m \triangleq 0{,}08\ s \cdot 500 = 40\ s$
Rennfahrer 2 braucht 40 s zur Bewältigung der Reststrecke.

Teile durch 2 500.
Multipliziere mit 500.

159.

Liter Super	12	20	**25**	**42**	65
Preis in €	13,20	**22**	27,50	46,20	**71,50**

- $13{,}20 : 12 = 1{,}1$
  1 Liter kostet 1,10 €.

$\frac{y}{x} = k$; stelle die Gleichung nach der gesuchten Größe um.

- $20 \cdot 1{,}1 = \mathbf{22}$
  20 Liter kosten 22 €.
- $27{,}50 : 1{,}1 = \mathbf{25}$
  Für 27,50 € erhält man 25 Liter Super.
- $46{,}20 : 1{,}1 = \mathbf{42}$
  Für 46,20 € erhält man 42 Liter Super.
- $65 \cdot 1{,}1 = \mathbf{71{,}50}$
  65 Liter kosten 71,50 €.

160.

$$\begin{aligned} 4\text{ Liter} &\triangleq 5\text{ Minuten} \\ 1\text{ Liter} &\triangleq 5:4 = 1{,}25\text{ Minuten} \\ 200\text{ Liter} &\triangleq 1{,}25 \cdot 200 = 250\text{ Minuten} \end{aligned}$$

Dividiere durch 4.
Multipliziere mit 200.

161.

Bruchteil	Prozentangabe	
$\frac{3}{20}$	15 %	$\frac{3}{20} \underset{\cdot 5}{=} \frac{15}{100}$
$\frac{3}{8}$	37,5 %	$\frac{3}{8} \underset{\cdot 125}{=} \frac{375}{1\,000} = \frac{37{,}5}{100}$
$\frac{7}{10}$	70 %	$\frac{7}{10} \underset{\cdot 10}{=} \frac{70}{100}$
$\frac{4}{5}$	80 %	$\frac{4}{5} \underset{\cdot 20}{=} \frac{80}{100}$
$\frac{1}{4}$	25 %	$\frac{1}{4} \underset{\cdot 25}{=} \frac{25}{100}$
$\frac{3}{4}$	75 %	$\frac{3}{4} \underset{\cdot 25}{=} \frac{75}{100}$
$\frac{1}{8}$	12,5 %	$\frac{1}{8} \underset{\cdot 125}{=} \frac{125}{1\,000} = \frac{12{,}5}{100}$
$\frac{2}{20}$	10 %	$\frac{2}{20} \underset{\cdot 5}{=} \frac{10}{100}$

162.

	Dirk	Frank
relativer Vergleich	$\frac{7}{10} = \frac{70}{100}$	$\frac{20}{25} = \frac{80}{100}$
Prozente	70 %	80 %

Dirk hat 70 % der Würfe und Frank hat 80 % der Würfe getroffen. Somit hat Frank besser abgeschnitten.

163. geg.: GW = 480 €
PW = 540 €
ges.: PS

Die nötigen Werte findest du in der Angabe.

$$PS = \frac{PW}{GW} \cdot 100$$

Setze die gegebenen Werte in die Formel ein.

$$= \frac{540\ €}{480\ €} \cdot 100$$

$$= 112{,}5$$

PS % = 112,5 %
112,5 % – 100 % = 12,5 %
Die Gehaltssteigerung beträgt 12,5 %.

Das erhöhte Gehalt beträgt 112,5 % des ursprünglichen. Um die Steigerung zu berechnen, musst du noch 100 % abziehen.

164. geg.: GW = 30 kg + 17,6 kg + 1,8 kg + 4,7 kg + 4,2 kg
GW = 58,3 kg
PW_1 = 30 kg PW_2 = 17,6 kg
PW_3 = 1,8 kg PW_4 = 4,7 kg
PW_5 = 4,2 kg
ges.: PS_1, PS_2, PS_3, PS_4, PS_5

$$PS = \frac{PW}{GW} \cdot 100$$

$$PS_1 = \frac{30\ kg}{58{,}3\ kg} \cdot 100 = 51{,}45\ldots \approx 51{,}5$$

$PS_1\ \% \approx 51{,}5\ \%$

$$PS_2 = \frac{17{,}6\ kg}{58{,}3\ kg} \cdot 100 = 30{,}18\ldots \approx 30{,}2$$

$PS_2\ \% \approx 30{,}2\ \%$

$$PS_3 = \frac{1{,}8\ kg}{58{,}3\ kg} \cdot 100 = 3{,}08\ldots \approx 3{,}1$$

$PS_3\ \% \approx 3{,}1\ \%$

$$PS_4 = \frac{4{,}7\ kg}{58{,}3\ kg} \cdot 100 = 8{,}06\ldots \approx 8{,}1$$

$PS_4\ \% \approx 8{,}1\ \%$

$$PS_5 = \frac{4{,}2\ kg}{58{,}3\ kg} \cdot 100 = 7{,}20\ldots \approx 7{,}2$$

$PS_5\ \% \approx 7{,}2\ \%$

165. geg.: PW = 747,50 €
PS % = 23 %

ges.: GW

$$GW = \frac{PW}{PS} \cdot 100$$

$$= \frac{747,50\ €}{23} \cdot 100 = \mathbf{3\,250\ €}$$

Das Aktienkapital betrug 3 250 €.

166. geg.: PS % = 132 %
PW = 330 €

ges.: GW

$$GW = \frac{PW}{PS} \cdot 100$$

$$= \frac{330\ €}{132} \cdot 100 = \mathbf{250\ €}$$

Der Nennwert der Aktie beträgt 250 €.

167. geg.: PS % = 3 %
GW = 42,70 €

ges.: PW

$$PW = \frac{PS \cdot GW}{100}$$

$$= \frac{3 \cdot 42,70\ €}{100} = 1,281\ € \approx \mathbf{1,28\ €}$$

Der Preisnachlass beträgt 1,28 €.

168. geg.: PS % = 148 %
GW = 250 €

ges.: PW

$$PW = \frac{PS \cdot GW}{100}$$

$$= \frac{148 \cdot 250\ €}{100} = \mathbf{370\ €}$$

Der Kurswert der Aktie beträgt 370 €.

169. a) geg.: GW = 30 Mio. €
PS % = 43 %

ges.: PW

$$PW = \frac{PS \cdot GW}{100}$$

$$= \frac{43 \cdot 30\,000\,000\ €}{100} = 12\,900\,000\ €$$

PW = **12,9 Mio. €**

Für die Programmgestaltung wurden 12,9 Mio. € ausgegeben.

b) geg.: PW = 930 000 €
GW = 30 Mio. €

ges.: PS

$$PS = \frac{PW}{GW} \cdot 100$$

$$PS = \frac{930\,000\ €}{30\,000\,000\ €} \cdot 100 = 3,1$$

PS % = **3,1 %**

Der Zuschuss des Hörfunks an das Fernsehen betrug 3,1 %.

170. geg.: GW = 582 €
PW = 567,45 €

ges.: PS

$$PS = \frac{PW}{GW} \cdot 100 = \frac{567,45\ €}{582\ €} \cdot 100 = 97,5$$

PS % = **97,5 %**

Der Kunde hat 2,5 % Skonto abgezogen.

171. geg.: GW = 180 €
PW = 25,20 €

ges.: PS

$$PS = \frac{PW}{GW} \cdot 100$$

$$= \frac{25,20\ €}{180\ €} \cdot 100 = 14$$

PS % = **14 %**

Der Anzug wurde um 14 % billiger verkauft.

172. a) geg.: Transporter: 3 000 € = GW
Pkw: 1 650 €
Verkaufspreis für Transporter: 3 360 €
⇒ Gewinn:
3 360 € – 3 000 € = 360 € = PW

ges.: PS

$$PS = \frac{PW}{GW} \cdot 100$$

$$PS = \frac{360\ €}{3000\ €} \cdot 100 = 12$$

PS % = **12 %**

Der Gewinn belief sich auf 12 % vom Einkaufspreis.

b) geg.: Selbstkostenpreis = Einkaufspreis + Unkosten
GW = 1 650 € + 397,62 € = 2 047,62 €
PS % = 10 %

ges.: PW

$$PW = \frac{PS \cdot GW}{100} = \frac{10 \cdot 2047{,}62\ €}{100} = 204{,}762\ € \approx \mathbf{204{,}76\ €}$$

⇒ Verkaufspreis
= 2 047,62 € + 204,76 € = **2 252,38 €**

Der Händler konnte den Pkw für 2 252,38 € verkaufen.

c) geg.: Gesamtgewinn = 360 € + 204,76 € = 564,76 € = PW
Selbstkostenpreis = 3 000 € + 2 047,62 € = 5 047,62 € = GW

ges.: PS

$$PS = \frac{PW}{GW} \cdot 100$$

$$PS = \frac{564{,}76\ €}{5\,047{,}42\ €} \cdot 100 = 11{,}189\ldots \approx 11{,}19$$

PS % ≈ **11,19 %**

Der Händler erzielte einen Gesamtgewinn von 564,76 €, das sind 11,19 % vom Selbstkostenpreis.

173. geg.: PS % = 3,5 %
GW = 184 244,75 €

ges.: PW

$$PW = \frac{PS \cdot GW}{100}$$

$$= \frac{3{,}5 \cdot 184\,244{,}75\text{ €}}{100} = 6\,448{,}566\ldots\text{ €} \approx \mathbf{6\,448{,}57\text{ €}}$$

Im folgenden Jahr kann das Schuhhaus 6 448,57 € für Werbung ausgeben.

174. geg.: GW = 4 h 34 min 16 s
PS % = 12 %

ges.: PW

NR: 4 h = 240 min
240 min + 34 min = 274 min
274 · 60 s = 16 440 s
16 440 s + 16 s = 16 456 s

$$PW = \frac{PS \cdot GW}{100}$$

$$= \frac{12 \cdot 16\,456\text{ s}}{100}$$

$$= 1\,974{,}72\text{ s}$$

$$\approx 1\,975\text{ s}$$

$$= 1\,975\text{ s} : 60\,\frac{\text{s}}{\text{min}} \approx 32{,}9\text{ min}$$

$$= \mathbf{32\text{ min }54\text{ s}}$$

1 min sind 60 s und 0,1 min sind 6 s, somit sind 0,9 min 54 s.

4 h 34 min 16 s + 32 min 54 s = 5 h 7 min 10 s
Man musste eine Zeit von 5 h 7 min 10 s fahren.

175. a)

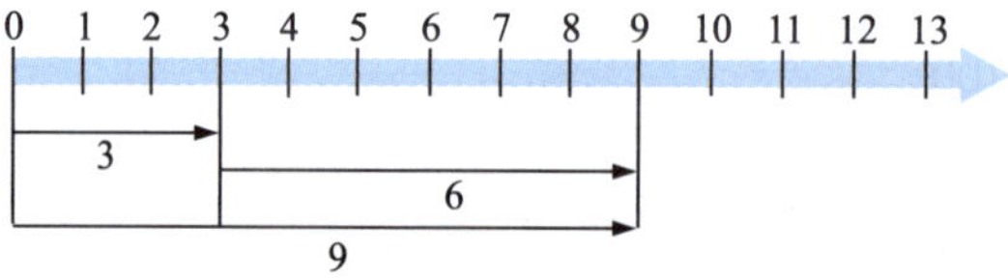

b)

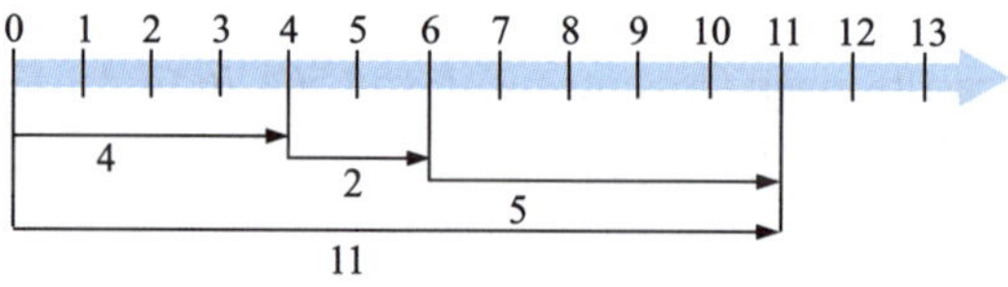

c)

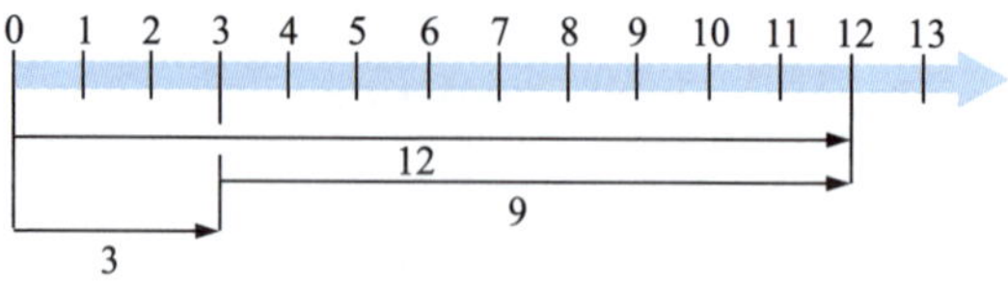

d) 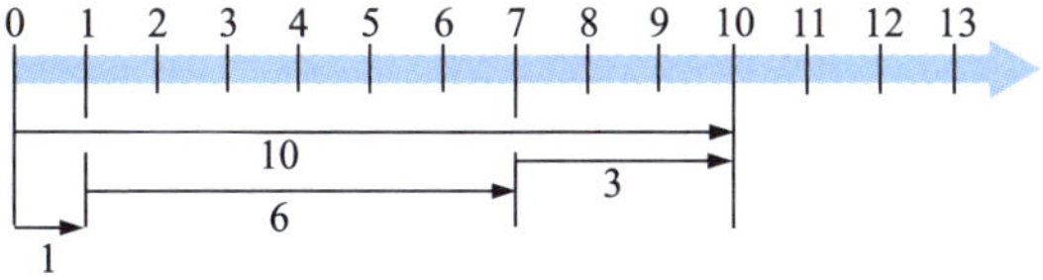

e) 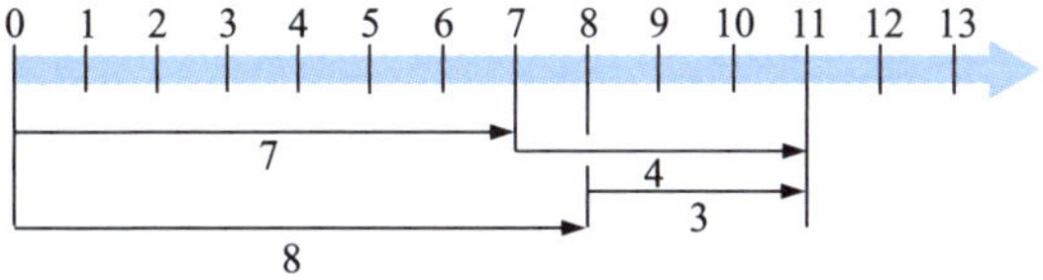

f) 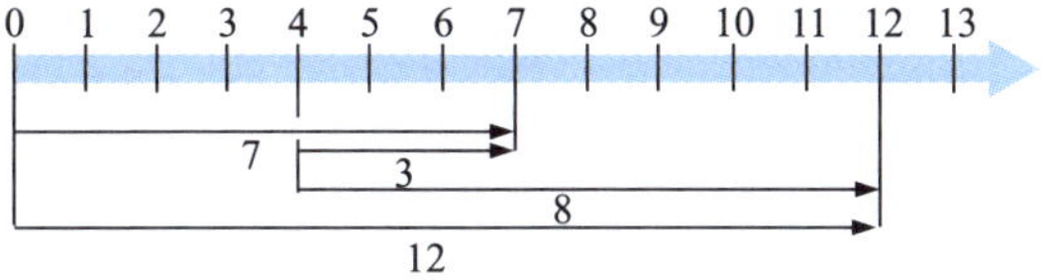

176. 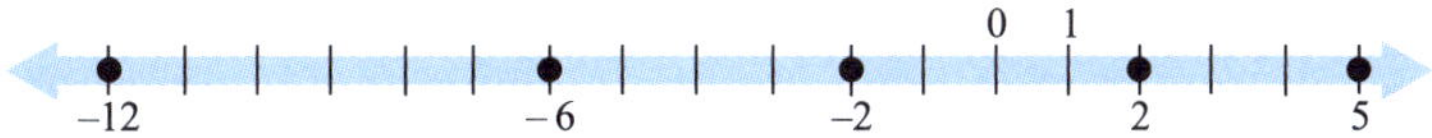

Zwischen –6 und +5 liegen die ganzen Zahlen –5, –4, –3, –2, –1, 0, 1, 2, 3 und 4.

177. a) +15 > +11 > +3 > 0 > –2 > –7 > –15

b) +225 > +78 > +17 > –18 > –25 > –125

178.

Stadt	Temperatur
Edmonton	–15 °C
Winnipeg	– 9 °C
Anchorage	– 5 °C
Chicago	0 °C
Denver	1 °C
Montreal	3 °C
Vancouver	5 °C
Havanna	7 °C
San Francisco	10 °C
Los Angeles	15 °C
New York	15 °C
Houston	25 °C
Mexico City	28 °C
Honolulu	30 °C

179. a) $-4 > -6$ b) $-11 < 0$

c) $+237 > -45$ d) $-71 < +70$

e) $+13 > -14$ f) $-300 < +250$

$-300 < -71 < -45 < -14 < -11 < -6 < -4 < 0 < 13 < 70 < 237 < 250$

180. a) $-57 < -56 < -55$

b) $11 < 12 < 13$

c) $-7 < -6 < -5$

d) $-112 < -111 < -110$

e) $-1 < 0 < 1$

f) $-2 < -1 < 0$

181. a) Helium, Wasserstoff, Stickstoff, Luft, Sauerstoff, Kohlenstoffdioxid, Chlor

b) Kohlenstoffdioxid und Sauerstoff

Entscheidend ist, welche Siedepunkte am nächsten an –104 °C liegen.

c) Chlor, Kohlenstoffdioxid, Luft, Sauerstoff

Welche Stoffe haben eine höhere Siedetemperatur als –196 °C?

182. a)

Müller:	+50 €
Mayer:	–120 €
Lehmann:	–460 €
Schmidt:	–610 €
Schröder:	+20 €

Schulden bekommen ein negatives Vorzeichen, Beträge, die zu viel überwiesen wurden, ein positives Vorzeichen.

b) 120 € + 460 € + 610 € = 1 190 €
50 € + 20 € = 70 €
Er bekommt noch 1 190 €. Es wurden 70 € zu viel überwiesen.

Addiere die Schuldbeträge.
Addiere die Beträge, die zu viel überwiesen wurden.

c) 1 190 € – 70 € = 1 120 €
Das ausstehende Geld würde zum Kauf der Kabel ausreichen.

Subtrahiere den noch ausstehenden Betrag von den Schulden.

183. a)

Troposphäre:	–20 °C
Stratosphäre:	–50 °C
Mesosphäre:	–70 °C
Thermosphäre:	–95 °C

b) (–20) – (–95) = 75 °C
Es herrscht ein Temperaturunterschied von 75 °C.

Berechne die Differenz der beiden Temperaturen.

c) Troposphäre, Stratosphäre, Mesosphäre, Thermosphäre

184. a) $4 + 5 = 9$

b) $17 - 8 = 9$

c) $8 + 11 - 9 = 10$

d) $-4 + 9 - 35 + 17 = -13$

e) $54 - 14 + 2 + 6 = 48$

f) $-12 - 4 + 28 - 8 = 4$

185. a)

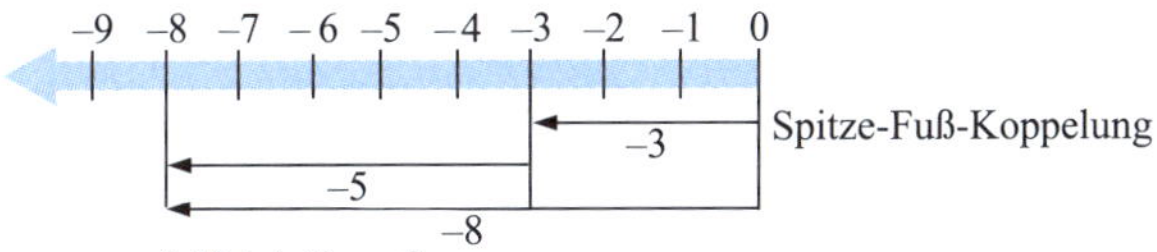

(–3) + (–5) = –8

b)

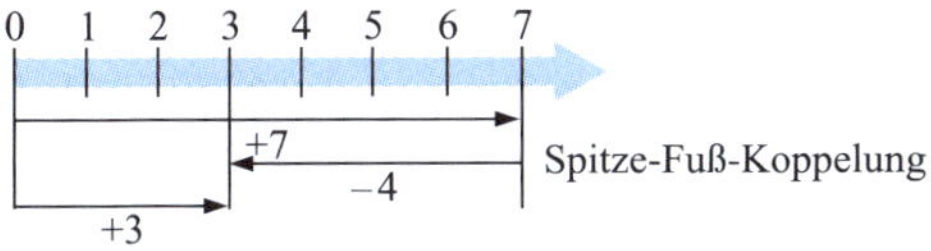

(+7) + (–4) = +3

c)

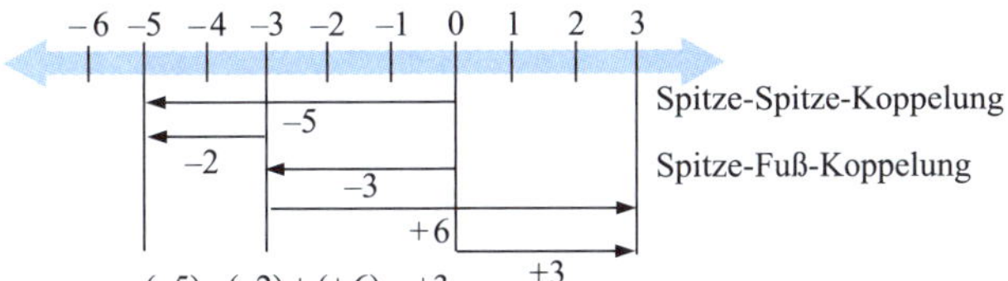

(–5) – (–2) + (+6) = +3

d)

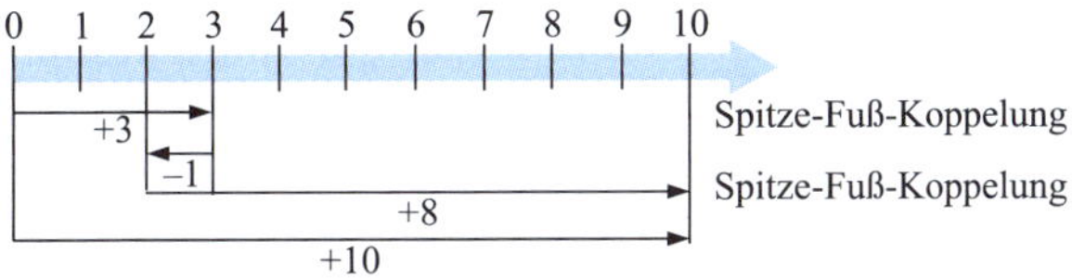

(+3) + (–1) + (+8) = +10

186. a) $(+3)+(-12)=3-12=-9$ + und – ergibt –

b) $(-14)+(-12)=-14-12=-26$ + und – ergibt –

c) $(-22)-(-21)=-22+21=-1$ – und – ergibt +

d) $(+18)-(-6)=18+6=+24$ – und – ergibt +

e) $(-34)+(+41)=-34+41=+7$ + und + ergibt +

f) $(+7)-(+2)=7-2=5$ – und + ergibt –

g) $(-65)-(+96)=-65-96=-161$ – und + ergibt –

h) $(+88)+(+12)=88+12=+100$ + und + ergibt +

187.

+	–22	–35	23	–50
–11	–33	–46	+12	–61
46	+24	+11	+69	–4
–26	–48	–61	–3	–76
–19	–41	–54	+4	–69

188. a)

$$[25-(-31)]+[25+(-31)]$$
$$=[25+31]+[25-31]$$
$$=56+(-6)$$
$$=56-6$$
$$=50$$

– und – ergibt +; + und – ergibt –

+ und – ergibt –

b)

$$[(-37)-(-78)]-(39+67)$$
$$=[-37+78]-(+106)$$
$$=41-106$$
$$=-65$$

– und – ergibt +
– und + ergibt –

189. a) $(-8)+(-12)=-20$

Überlege, welche Zahl du zu –8 addieren musst, um –20 zu erhalten. Die Lösung ist –12. Deswegen gehört in das Kästchen ein +, denn das Vorzeichen der (–12) ist –.
+ und – ergibt –

b) **(+45)** – (+30) = +15

Eine andere Schreibweise für diese Aufgabe ist:
☐ – 30 = 15
Überlege dir, von welcher Zahl du 30 subtrahieren musst, um 15 zu erhalten.

c) (+14) **–** (–17) = +31

14 + 17 = 31
Das Vorzeichen der 17 ist –. Deswegen muss auch das Rechenzeichen – sein, denn – und – ergibt +.

d) 5 **+** 9 **–** (–22) = 36

5 + 9 + 22 = 36
Das Vorzeichen der 9 ist +. Das Rechenzeichen muss deshalb auch + sein. Das Vorzeichen der (–22) ist –. Deshalb muss das Rechenzeichen ein – sein.

e) (–53) + **(–27)** = (–80)

Welche Zahl musst du von (–53) abziehen um (–80) zu erhalten?
–53 **– 27** = –80
Das Rechenzeichen ist ein +, schreibe deshalb (–27) in das Kästchen.

f) 7 **+** (–8) – **(–1)** = 0

7 – 8 + 1 = 0
Das Vorzeichen der 8 ist –. Das Rechenzeichen muss deshalb + sein. Das Vorzeichen der 1 ist –. Das Rechenzeichen muss deshalb – sein.

190.

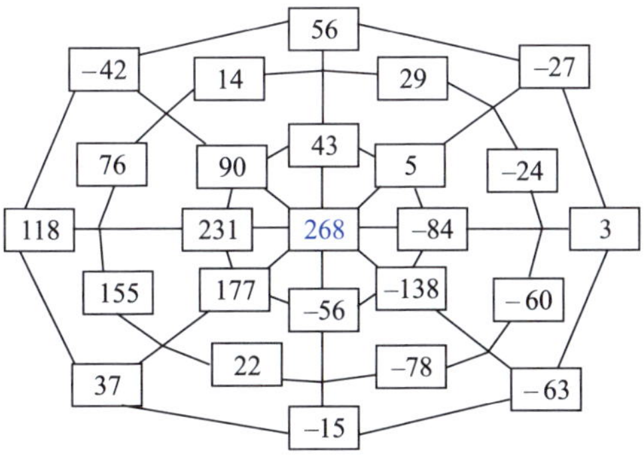

191. a) $-24+26-25+52=2-25+52=-23+52=\mathbf{29}$

b) $(16-32)+(-36+41)=-16+5=\mathbf{-11}$

c) $5-74-18+12=-69-18+12=-87+12=\mathbf{-75}$

d) $(-39+83-128)-(53-70)$
$=(44-128)-(-17)=-84+17=\mathbf{-67}$

e) $16-[38+(37-58)]=16-[38+(-21)]$
$=16-(38-21)=16-17=\mathbf{-1}$

f) $324-[5-(43-170)-(29+142)]$
$=324-[5-(-127)-171]$
$=324-(5+127-171)$
$=324-(132-171)$
$=324-(-39)$
$=324+39=\mathbf{363}$

192.

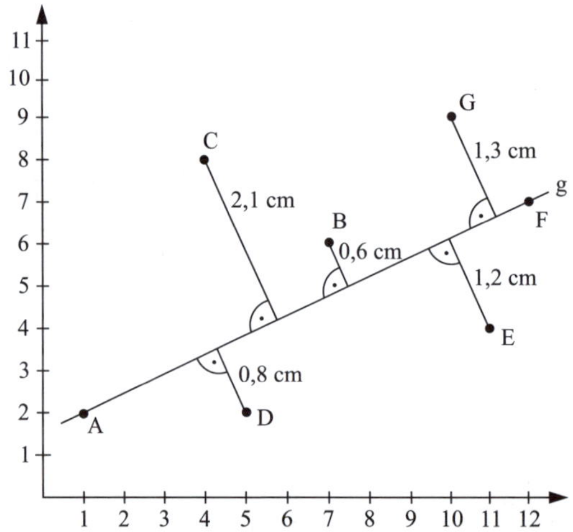

ge die Punkte in das Koordinatensystem ein und zeichne die Gerade AF. Zeichne von den Punkten Senkrechten zur Geraden AF und miss mit dem Lineal die Abstände der Punkte zur Geraden.

d(C; AF)	d(D; AF)	d(B; AF)	d(G; AF)	d(E; AF)
2,1 cm	0,8 cm	0,6 cm	1,3 cm	1,2 cm

193.

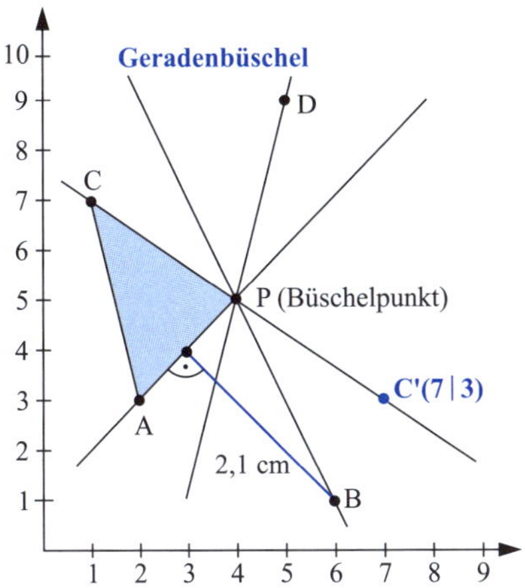

Zeichne die Punkte in ein Koordinatensystem ein. Da eine Gerade durch 2 Punkte eindeutig festgelegt ist, kannst du nun die Büschelgeraden durch den Punkt P zeichnen. Zeichne jetzt das Dreieck APC. Nun ist eine Senkrechte zur Strecke [AP] durch den Punkt B zu zeichnen und der Abstand des Punktes B zur Strecke [AP] zu messen. Der Kreis mit Mittelpunkt P und Radius $r = \overline{CP}$ schneidet die Gerade CP im Punkt C'. Lies nun einfach die Koordinaten ab.

194.

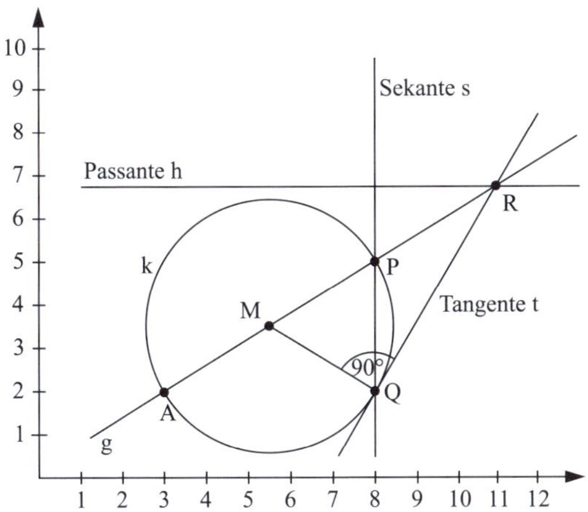

Zeichne die Punkte A und M. Der Kreisradius entspricht der Strecke [AM]. Zeichne nun den Kreis k, den Punkt P und die Sekante s. Die Sekante s muss parallel zur y-Achse und durch den Punkt P verlaufen. Der 2. Schnittpunkt der Sekante mit dem Kreis ist Q. Jetzt kannst du die Strecke [MQ] und die dazu senkrecht verlaufende Gerade, die Tagente t, durch Q zeichnen. Zeichne die Gerade AP = g und der Schnittpunkt mit der Tangente ist der Punkt R. Abschließend ist nur noch die Passante h, parallel zur x-Achse, durch den Punkt R zu zeichnen.

195. a) $H_1 \cap H_2$

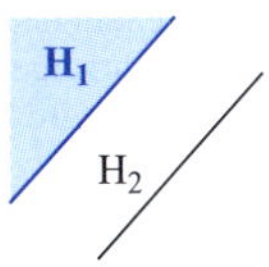

b) $H_1 \cap H_2$

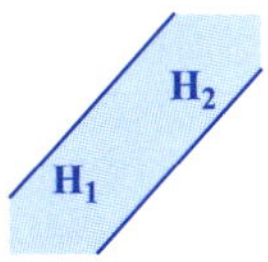

c) $H_1 \cup H_2$

d) $H_1 \cap H_2 \cap H_3$

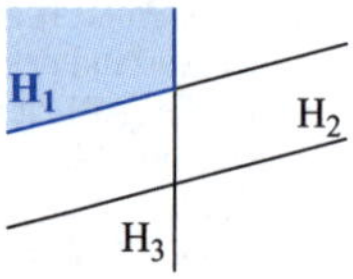

e) $H_1 \cap H_2$

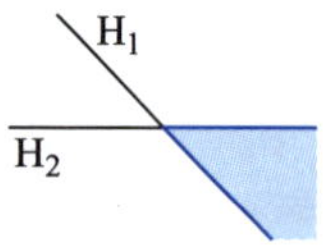

f) $H_1 \cup H_2$

g) $H_1 \cap H_2 \cap H_3$

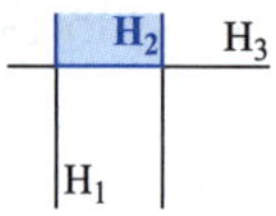

h) $H_1 \cup H_2 \cup H_3$

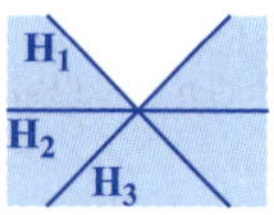

196. $\alpha = \sphericalangle BAC$
$\gamma = \sphericalangle RSP$
$\beta = \sphericalangle TSR$
$\delta = \sphericalangle WUV$
$\varepsilon = \sphericalangle VUW$

Die Drehrichtung ist immer gegen den Uhrzeigersinn gerichtet. Zuerst wird immer der Punkt auf dem „zu drehenden" Schenkel des Winkels bezeichnet.

197.

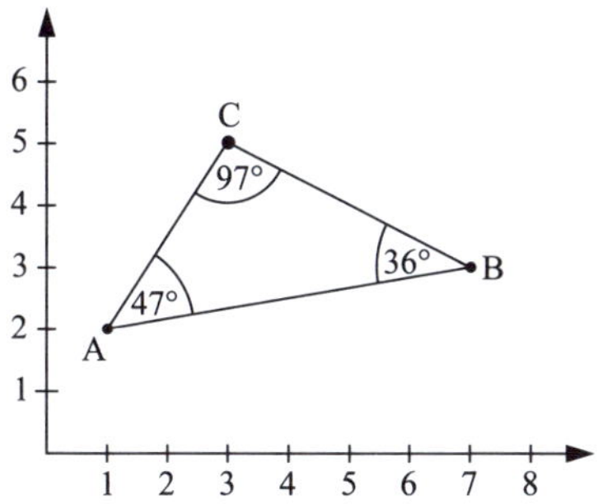

∢BAC = 47°
∢ACB = 97°
∢CBA = 36°

Zeichne das Dreieck ABC und messe, wie beschrieben, die angegebenen Winkel.

198.

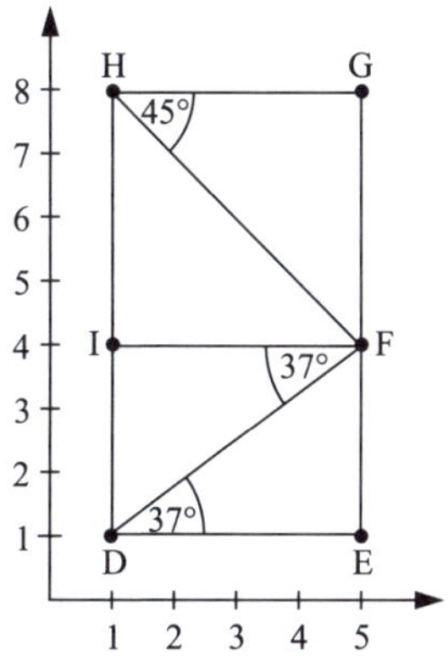

∢FHG = 45°
∢IFD = 37°
∢EDF = 37°

Zeichne das Viereck DEGH. Der Punkt I liegt auf der Strecke [DH] und der Punkt F auf der Strecke [EG]. Um den Winkel ∢ FHG zu erhalten, musst du die Stecke [FH] zeichnen. Um den Winkel ∢ IFD zu erhalten musst du die Stecke [IF] und die Stecke [DF] zeichnen. Messe nun, wie beschrieben, die angegebenen Winkel.

199. a)

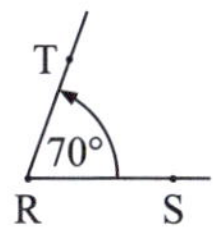

b)

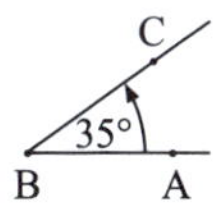

c)

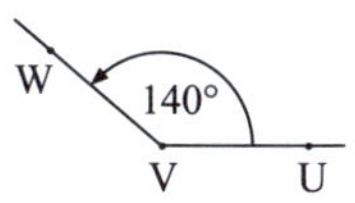

d)

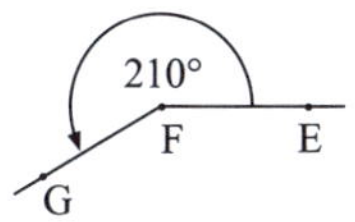

200. Winkel | Begründung

Winkel	Begründung
$\alpha = 66°$	Scheitelwinkel
$\beta = 180° - \alpha - 30° = 84°$	gestreckter Winkel
$\gamma = 30°$	Scheitelwinkel
$\delta = 180° - 30° - 66° = 84°$	gestreckter Winkel
oder	
$\delta = \beta = 84°$	Scheitelwinkel

201. a) $\beta = 180° - 108° = 72°$

b) $180° : 12 = 15°$
$\delta = 15°$ und $\gamma = 11 \cdot 15° = 165°$

c) $254° : 2 = 127°$
$\alpha = \varepsilon = 127°$

202.

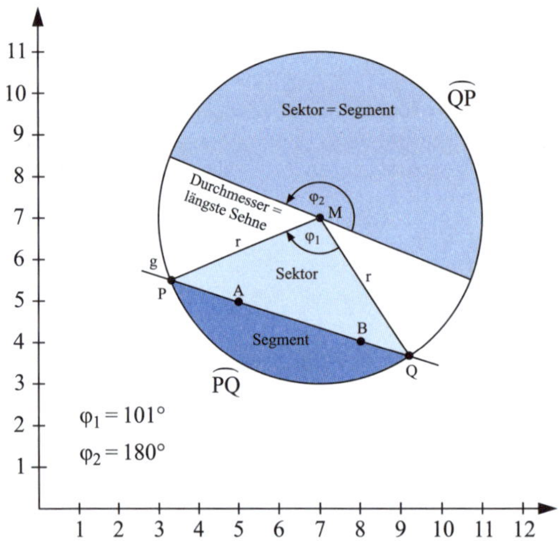

Zeichne den Kreis und die Gerade und schraffiere das Kreissegment, das durch den Bogen $\overset{\frown}{PQ}$ und die Sehne [PQ] begrenzt wird. Beachte, dass der Bogen im Punkt P beginnt und im Punkt Q, entgegen dem Uhrzeigersinn, endet. Schraffiere nun den Kreissektor MPQ und messe seinen Mittelpunktswinkel. Um den Sektor, der auch gleichzeitig ein Segment ist, zu schraffieren, musst du eine beliebige Mittelsehne zeichnen und jeder der beiden zugehörigen Kreisbögen schließt die gesuchte Fläche ein. Gib das Maß des Mittelpunktwinkels an.

203. $r = \dfrac{10{,}28\text{ cm} - 6{,}28\text{ cm}}{2} = 2\text{ cm}$

Der Radius des Kreises beträgt 2 cm.

Ziehe vom Umfang des Kreissektors die Länge des Kreisbogens ab. Das Ergebnis ist zweimal der Kreisradius. Um den Radius zu erhalten, dividiere nun noch durch zwei.

204.

4 Teile

5 Teile

6 Teile

7 Teile

205. Vorgehensweise:

1. Berechnung des Kreisradius:
   $U_{Dreieck} = 13$ cm
   Radius $r = (13\text{ cm} - 5\text{ cm}) : 2\text{ cm} = 4\text{ cm}$
2. Konstruktion des gleichschenkligen Dreiecks:
   1. Zeichnen der 5 cm langen Sehne mit Endpunkten A und B
   2. Zeichnen eines Kreises $k_1(A;\ r = 4\text{ cm})$
   3. Zeichnen eines Kreises $k_2(B;\ r = 4\text{ cm})$
   4. $k_1 \cap k_2 = \{M\}$
3. Konstruktion des Kreises k:
   Zeichnen des Kreises $k(M;\ r = 4\text{ cm})$

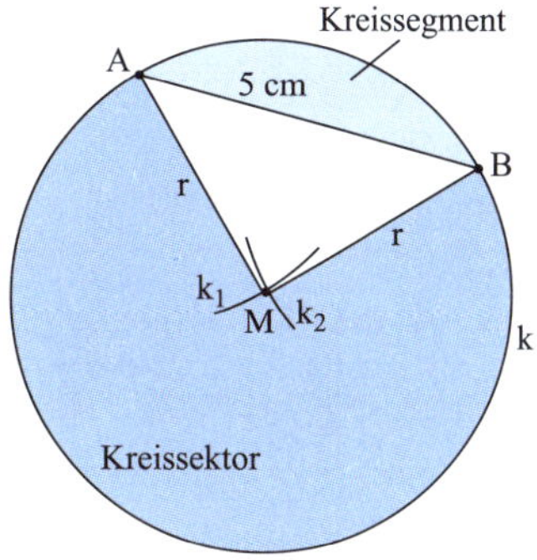

Skizze nicht maßstäblich

206. Vorgehensweise:

1. Zeichnen des Quadrates ABCD
2. Zeichnen der Diagonalen [AC] und [BD]
3. $[AC] \cap [BD] = \{M\}$
4. Zeichnen des Kreises $k(M;\ r = \overline{MB})$

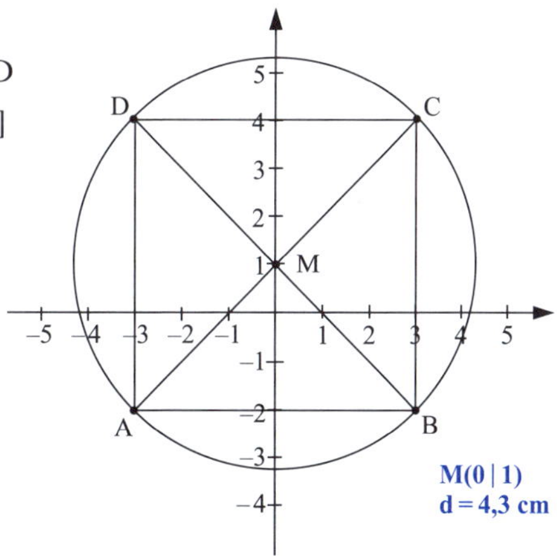

207. Radius $r = (9\text{ cm} - 3\text{ cm}) : 2 = 3\text{ cm}$

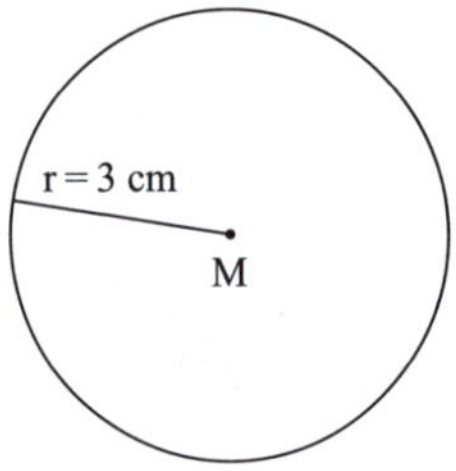

Skizze nicht maßstäblich

Vorgehensweise:

Berechne den Kreisradius, indem du vom Umfang des Kreissektors die Bogenlänge abziehst und das Ergebnis durch zwei dividierst.

Zeichne den Kreis k (M; r = 3 cm)

Der Mittelpunkt ist beliebig zu wählen.

208.

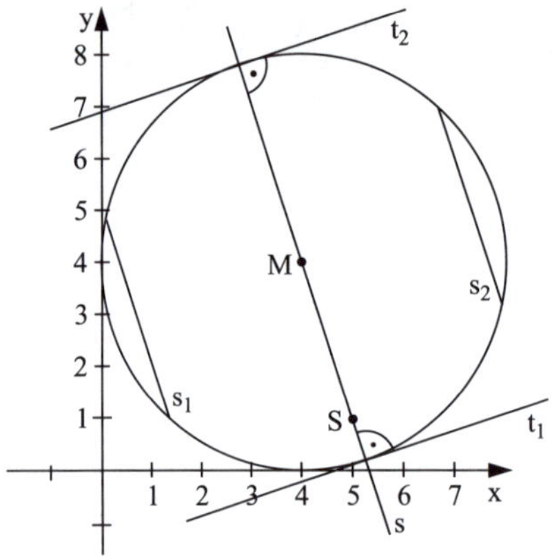

Vorgehensweise:

1. Zeichne den Kreis k und den Punkt S.
2. Zeichen die Sekante s = MS.
3. Zeichne die Sehnen s_1 und s_2.
4. Zeichne die Tangenten t_1 und t_2.

209.

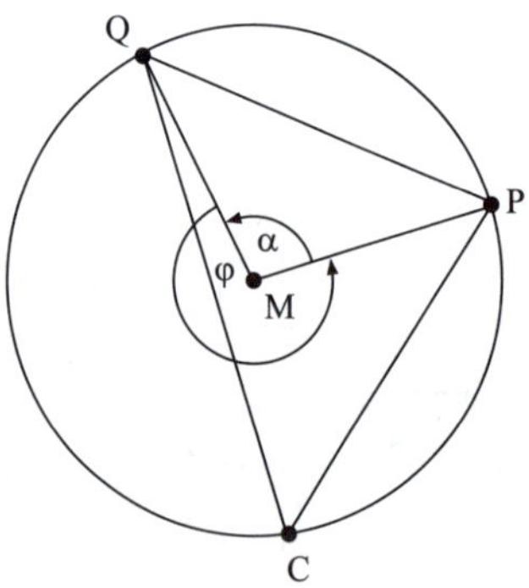

Vorgehensweise:

1. Zeichne eine Strecke [MP].
2. Trage in M den Winkel $\alpha = 100°$ an.
3. Zeichne die Strecke [MQ].
4. Zeichne auf dem Kreisbogen $\overset{\frown}{QP}$ einen beliebigen Punkt C. (Beachte: $\overset{\frown}{QP}$ verläuft von Q nach P entgegen dem Uhrzeigersinn)
5. Zeichne das Dreieck QCP.

a) 2 Kreissektoren (QMP, PMQ)
6 Kreissegmente ($\overset{\frown}{QP}$, $\overset{\frown}{PQ}$, $\overset{\frown}{QC}$, $\overset{\frown}{CQ}$, $\overset{\frown}{CP}$, $\overset{\frown}{PC}$)

b) $\varphi = 360° - \alpha = 360° - 100° = 260°$

210.

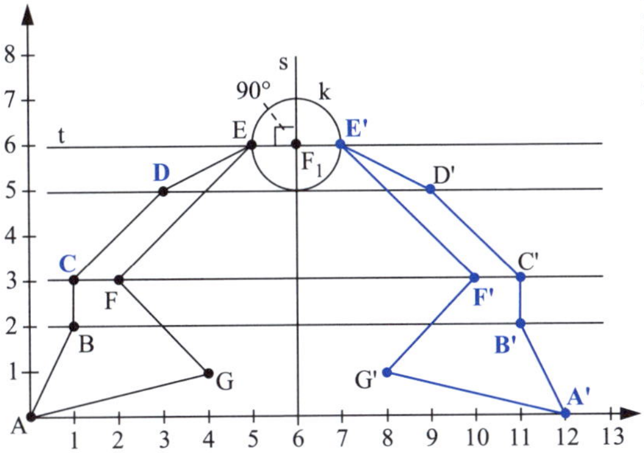

Der Punkt E' wurde beispielhaft mit einem Kreis um F_1 konstruiert, die restlichen Punkte mit dem Geodreieck.

211.

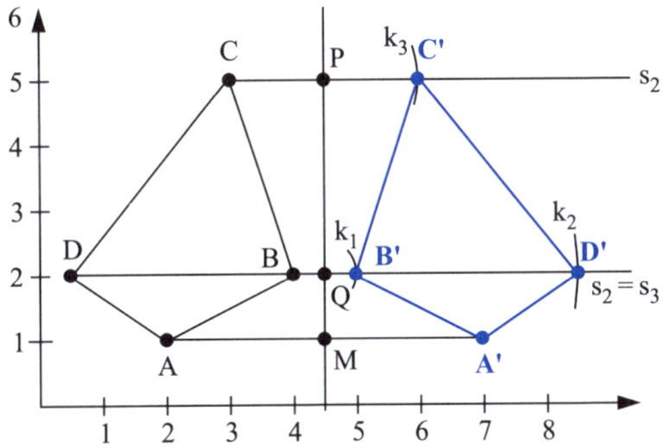

Konstruktionsbeschreibung:

1. Zeichnen der Strecke [AA'].
2. Finden des Mittelpunktes M der Strecke [AA'].
3. Zeichnen einer Senkrechten zur Strecke [AA'] durch den Punkt M (Senkrechte = Spiegelachse).
4. Zeichnen der Senkrechten s_1, s_2 und s_3 zur Spiegelachse durch die Punkte B, C und D.
5. $s_1, s_3 \cap s = \{Q\}$, $s_2 \cap s = \{P\}$.
6. Zeichnen der Kreise $k_1(Q; r = \overline{QB})$, $k_2(Q; r = \overline{DQ})$ und $k_3(P; r = \overline{PC})$.
7. $k_1 \cap s_1 = \{B'\}$, $k_2 \cap s_3 = \{D'\}$ und $k_3 \cap s_2 = \{C'\}$.
8. Zeichnen des Vierecks A'B'C'D'.

212.

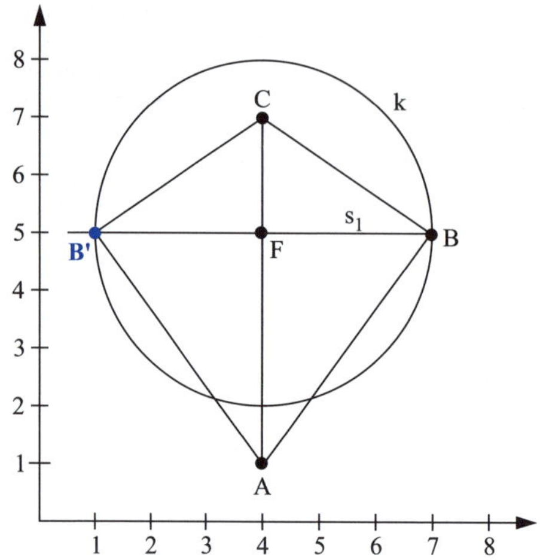

Konstruktionsbeschreibung:

1. Zeichnen der Senkrechten s_1 zur Strecke [AC] durch den Punkt B.
2. $s_1 \cap [AC] = \{F\}$.
3. Zeichnen des Kreises $k(F; r = \overline{FB})$.
4. $k \cap s_1 = \{B'\}$.
5. Verbinden der Punkte ABCB'.

Es entsteht ein achsensymmetrischer Drachen.

213.

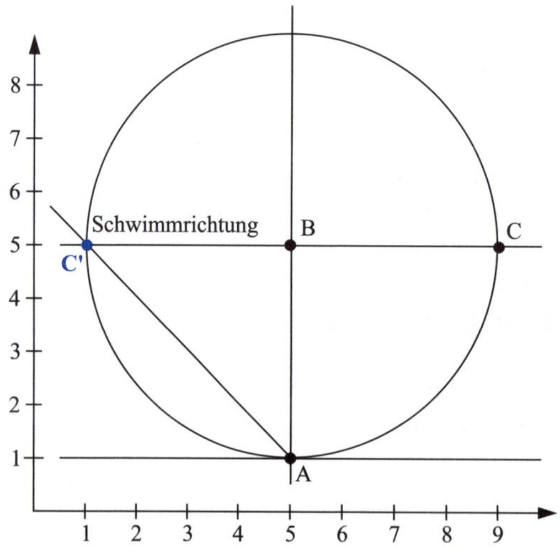

Konstruktionsbeschreibung:
1. Zeichnen der Geraden AB.
2. Zeichnen der Geraden BC.
3. Zeichnen des Kreises $k(B; r = \overline{BC})$.
4. $BC \cap k = \{C'\}$.
5. Zeichnen der Halbgeraden [AC'.

214.

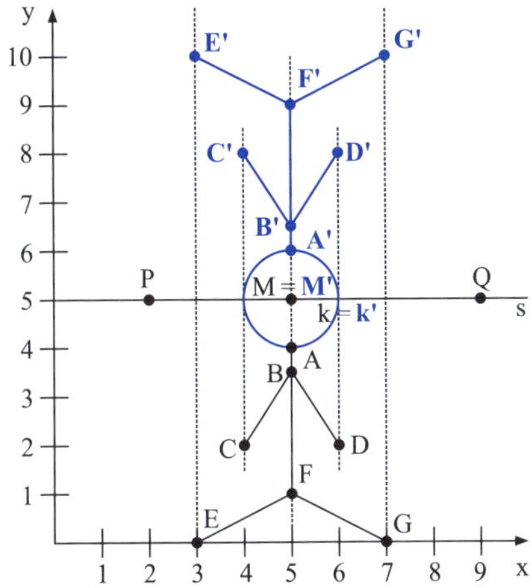

M'(5 | 5)
A'(5 | 6)
B'(5 | 6,5)
C'(4 | 8)
D'(6 | 8)
E'(3 | 10)
F'(5 | 9)
G'(7 | 10)

Konstruktionsbeschreibung:
1. Zeichnen der Figur ABCDEFGM und der Spiegelachse PQ.
2. Der Kreis k' ist der Kreis k, da der Mittelpunkt M ein Fixpunkt ist und die Achsenspiegelung kreistreu ist.
3. Abbilden der Punkte A, B, C, D, E, F und G und Ablesen der Koordinaten der Bildpunkte.
4. Zeichnen der Bildfigur A'B'C'D'E'F'G'M'.

215.

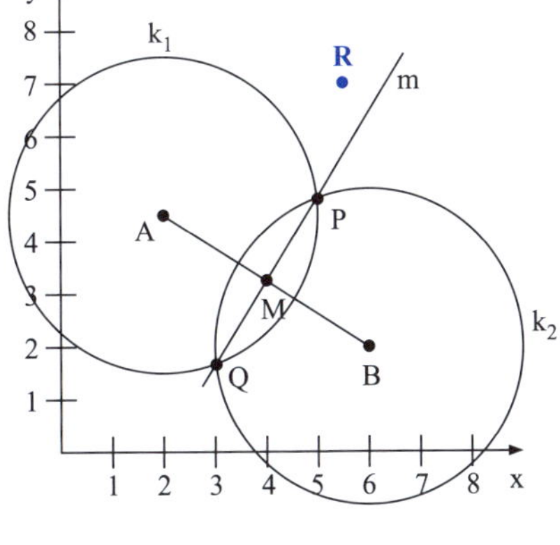

Konstruktionsbeschreibung:
1. Zeichnen der Strecke [AB].
2. Zeichnen des Kreises $k_1\left(A; r > \frac{\overline{AB}}{2}\right)$.
3. Zeichnen des Kreises $k_2(B; r)$.
4. $k_1 \cap k_2 = \{P; Q\}$.
5. Zeichnen der Geraden $PQ = m$.
6. $m \cap [AB] = \{M\}$.

Der Punkt R liegt nicht auf der Mittelsenkrechten m.

216. a)

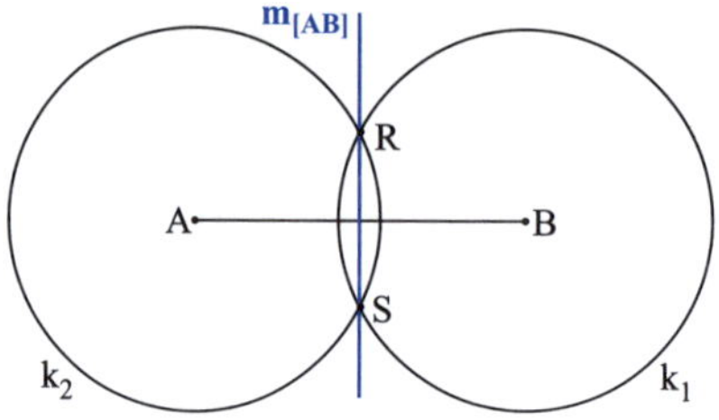

Konstruktionsbeschreibung:
1. Zeichnen der Strecke [AB].
2. Zeichnen des Kreises $k_1\left(B; r > \frac{\overline{AB}}{2}\right)$.
3. Zeichnen des Kreises $k_2(A; r)$.
4. $k_1 \cap k_2 = \{R; S\}$.
5. Zeichnen der Gerade $RS = m_{[AB]}$.

b)

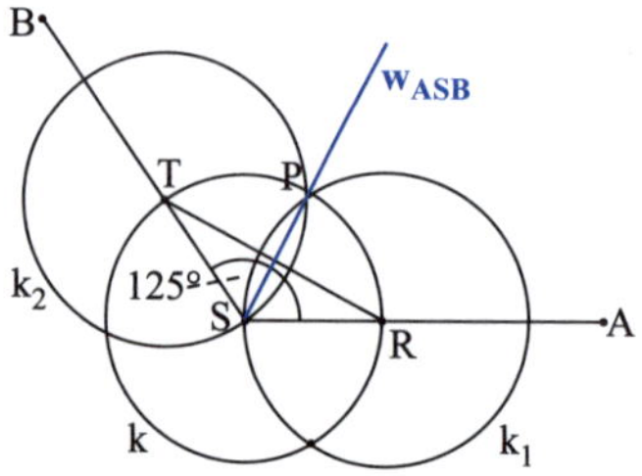

Konstruktionsbeschreibung:
1. Zeichnen des Kreises k(s; r = beliebig).
2. $k \cap [SA = \{R\}$.
3. $k \cap [SB = \{T\}$.
4. Zeichnen der Strecke [RT].
5. Zeichnen des Kreises $k_1\left(R; r_1 = \overline{SR} > \frac{\overline{TR}}{2}\right)$.

6. Zeichnen des Kreises $k_2(T; r_1)$.
7. $k_1 \cap k_2 = \{S; P\}$.
8. Zeichnen der $\underbrace{\text{Halbgeraden}}_{\text{(Winkelhalbierende)}}$ $[SP = w_{ASB}$.

217.

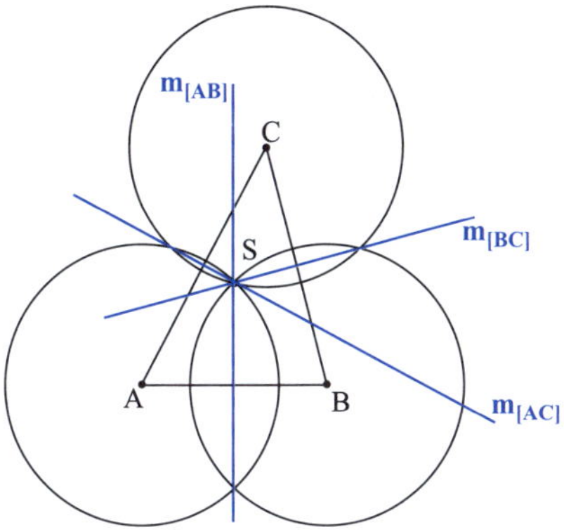

Konstruktionsbeschreibung:

1. Zeichnen eines beliebigen spitzwinkligen Dreiecks ABC (alle Winkel kleiner als 90°).
2. Konstruktion der Mittelsenkrechten $m_{[AB]}$, $m_{[AC]}$ und $m_{[BC]}$.
3. $m_{[AB]} \cap m_{[AC]} \cap m_{[BC]} = \{S\}$.

Die Mittelsenkrechten schneiden sich in einem gemeinsamen Punkt S.

218.

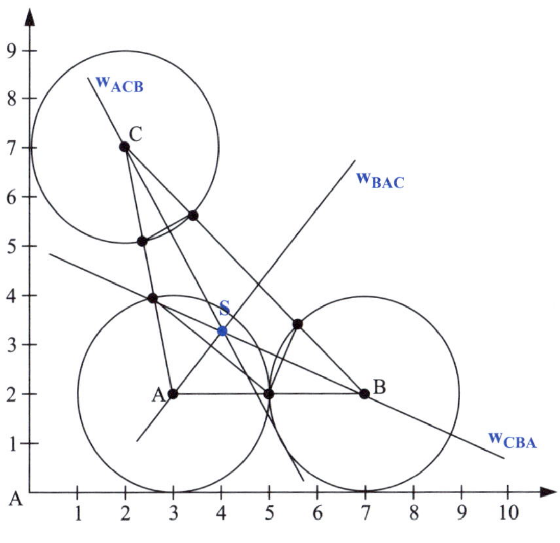

Konstruktionsbeschreibung:
1. Zeichnen eines beliebigen stumpfwinkligen Dreiecks ABC (ein Winkel größer als 90°).
2. Konstruktion der Winkelhalbierenden w_{BAC}, w_{ACB} und w_{CBA}.
3. $w_{BAC} \cap w_{ACB} \cap w_{CBA} = \{S\}$.

Die Winkelhalbierenden schneiden sich in einem gemeinsamen Punkt S.

219.

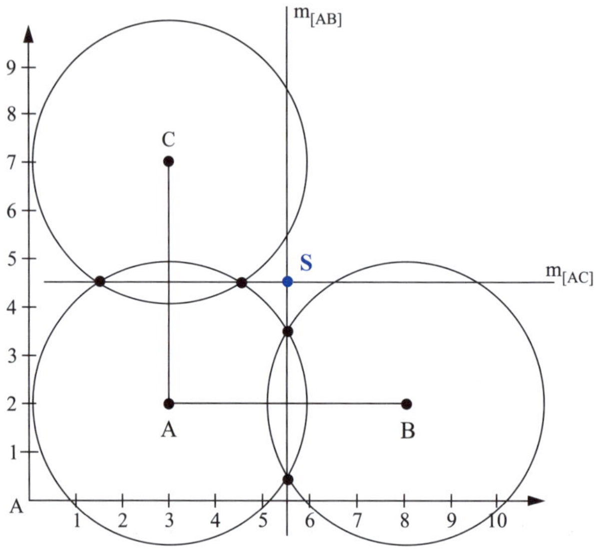

Konstruktionsbeschreibung:
1. Zeichnen der Strecken [AB] und [AC].
2. Konstruktion der Mittelsenkrechten der Strecken [AB] und [AC].
3. $m_{[AB]} \cap m_{[AC]} = \{S\}$.

Die Punkte auf $m_{[AB]}$ haben den gleichen Abstand zu A und B. Die Punkte auf $m_{[AC]}$ haben den gleichen Abstand zu A und C.
Damit hat S als Schnittpunkt von $m_{[AB]}$ und $m_{[AC]}$ den gleichen Abstand zu A, B und C.

Der Schnittpunkt der Mittelsenkrechten der Strecken [AB] und [AC] ist der gesuchte Punkt S.

220. Konstruktion der Winkelhalbierenden des Winkels BAC

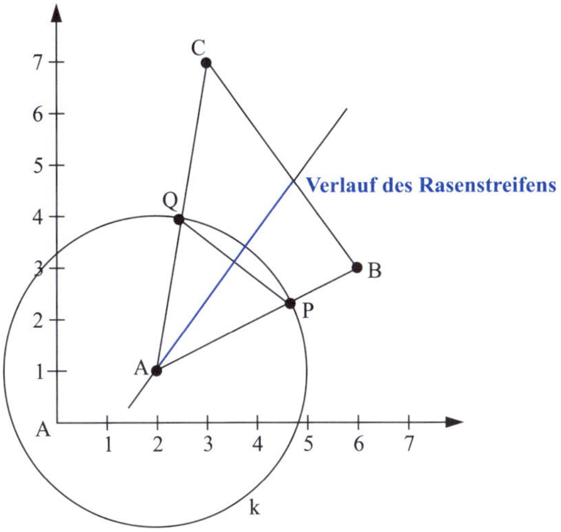

Konstruktionsbeschreibung:

1. Zeichnen des Dreiecks ABC.
2. Konstruktion der Winkelhalbierenden des Winkels BAC.
3. Die Winkelhalbierende ist zugleich die Mittelsenkrechte der Strecke [QP] und damit ist sie der gesuchte Rasenstreifen.

221.

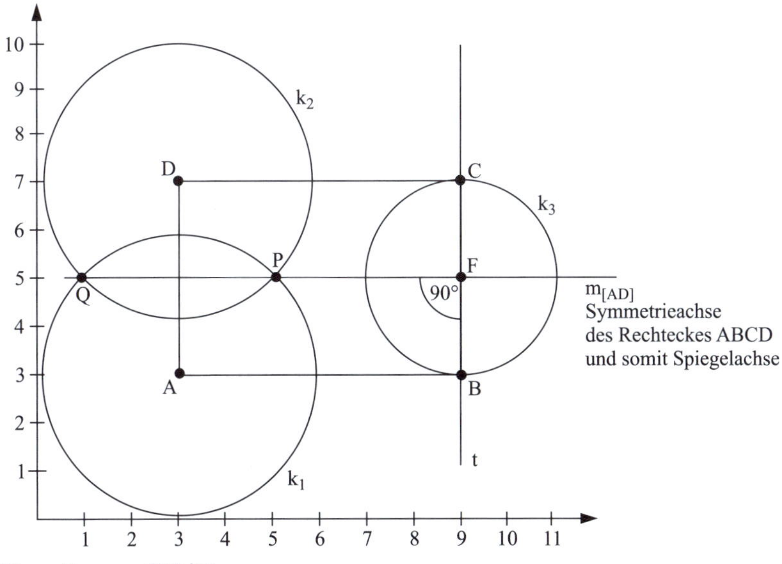

Koordinaten: C(9|7)

Konstruktionsbeschreibung:
1. Zeichnen der Punkte A, B und D.
2. Zeichnen der Strecken [AB] und [AD].
3. Konstruktion der Mittelsenkrechten m der Strecke [AD].
4. Zeichnen einer Senkrechten t durch den Punkt B zur Spiegelachse $m_{[AD]}$.
5. Die Senkrechte t schneidet die Spiegelachse $m_{[AD]}$ im Punkt F.
6. Zeichnen eines Kreises k_3 mit dem Mittelpunkt F und dem Radius $r = \overline{BF}$.
7. Der Kreis k_3 schneidet die Senkrechte t im Punkt C.
8. Zum Rechteck ABCD ergänzen.

222.

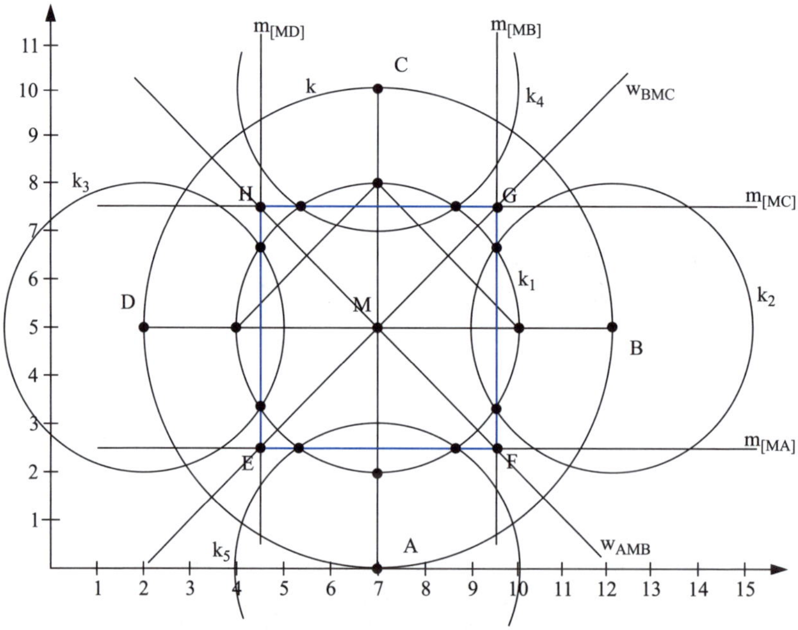

Koordinaten: E(4,5 | 2,5), F(9,5 | 2,5), G(9,5 | 7,5), H(4,5 | 7,5)

Konstruktionsbeschreibung:
1. Zeichnen des Kreises k mit dem Mittelpunkt M und dem Radius r.
2. Zeichnen der Punkte A, B, C und D.
3. Zeichnen der Strecken [MA], [MB], [MC] und [MD].
4. Konstruktion der Winkelhalbierenden des Winkels BMC.
5. Konstruktion der Winkelhalbierenden des Winkels AMB.
6. Konstruktion der Mittelsenkrechten $m_{[MA]}$, $m_{[MB]}$, $m_{[MC]}$, und $m_{[MD]}$.

7. Die Winkelhalbierende des Winkels BMC schneidet $m_{[MB]}$ im Punkt G und $m_{[MD]}$ im Punkt E.
8. Die Winkelhalbierende des Winkels AMB schneidet $m_{[MA]}$ im Punkt F und $m_{[MC]}$ im Punkt H.
9. Durch Verbinden der Punkte EFGH entsteht ein Quadrat.

223.

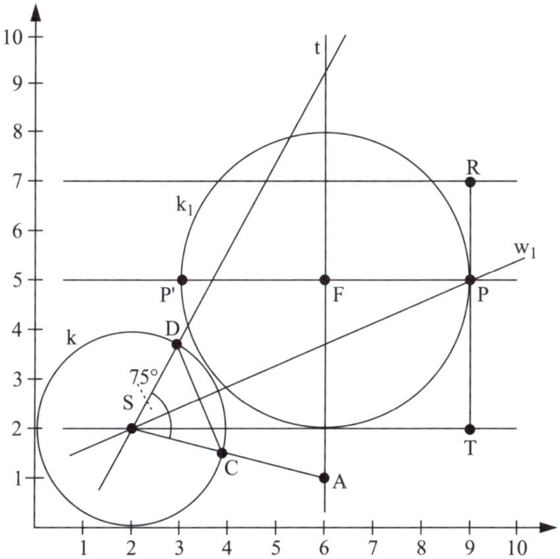

Koordinaten: P'(3 | 5)

Konstruktionsbeschreibung:

1. Zeichnen der Strecke [SA].
2. Antragen des Winkels α im Punkt S und Zeichnen des freien Schenkels.
3. Konstruktion der Winkelhalbierenden des Winkels α.
4. Zeichnen der Strecke [RT].
5. Die Winkelhalbierende schneidet die Strecke [RT] im Punkt P.
6. Zeichnen der Parallele t zur y-Achse durch den Punkt A.
7. Achsenspiegelung des Punktes P an der Spiegelachse t.

224.

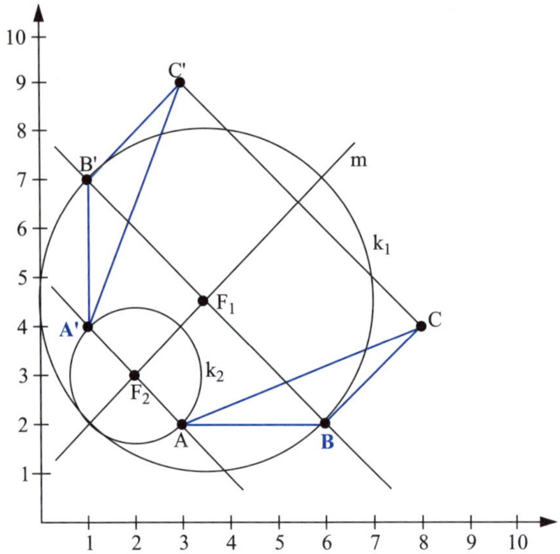

Konstruktionsbeschreibung:

1. Zeichnen der Punkte A, B', C und C'.
2. Zeichnen der Strecke [CC'].
3. Konstruktion der Mittelsenkrechten m der Strecke [CC'].
4. Konstruktion des Punktes B durch Achsenspiegelung des Punktes B' an der Spiegelachse m.
5. Konstruktion des Punktes A' durch Achsenspiegelung des Punktes A an der Spiegelachse m.
6. Zeichnen der Dreiecke ABC und A'B'C'.

225. a)

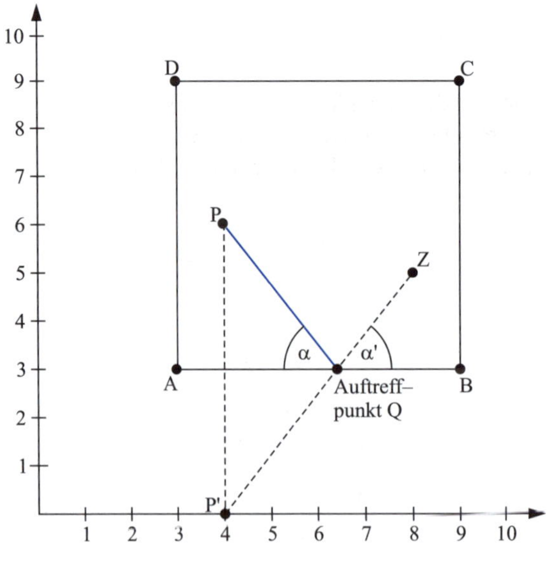

Konstruktionsbeschreibung:
1. Zeichnen der Punkte A, B, C, D, P und Z.
2. Zeichnen des Rechtecks ABCD.
3. Der Punkt P wird an der Spiegelachse AB auf den Punkt P' gespiegelt.
4. Zeichnen der Strecke [P'Z].
5. Die Strecke [P'Z] schneidet die Strecke [AB] im Auftreffpunkt Q.
6. Zeichnen der Strecke [PQ].

b)

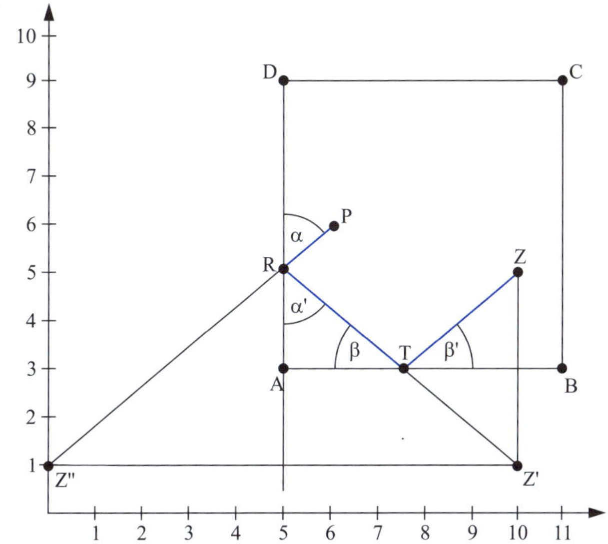

Konstruktionsbeschreibung:
1. Zeichnen der Punkte A, B, C, D, P und Z.
2. Zeichnen des Rechtecks ABCD.
3. Der Punkt Z wird an der Spiegelachse AB auf den Punkt Z' gespiegelt.
4. Der Punkt Z' wird an der Spiegelachse AD auf den Punkt Z'' gespiegelt.
5. Zeichnen der Strecke [Z''P].
6. Die Strecke [Z''P] schneidet die Strecke [AD] im Punkt R.
7. Zeichnen der Strecke [RZ'].
8. Die Strecke [RZ'] schneidet die Strecke [AB] im Punkt T.
9. Zeichnen der Strecke [TZ].

Ihre Meinung ist uns wichtig!

Ihre Anregungen sind uns immer willkommen. Bitte informieren Sie uns mit diesem Schein über Ihre Verbesserungsvorschläge!

Titel-Nr.	Seite	Vorschlag

Bitte hier abtrennen

Zutreffendes bitte ankreuzen!

Die Absenderin/der Absender ist:

- ☐ Lehrer/in in den Klassenstufen: ____
- ☐ Fachbetreuer/in
  Fächer: ____
- ☐ Seminarlehrer/in
  Fächer: ____
- ☐ Regierungsfachberater/in
  Fächer: ____
- ☐ Oberstufenbetreuer/in
- ☐ Schulleiter/in
- ☐ Referendar/in, Termin 2. Staats-
  examen: ____
- ☐ Leiter/in Lehrerbibliothek
- ☐ Leiter/in Schülerbibliothek
- ☐ Sekretariat
- ☐ Eltern
- ☐ Schüler/in, Klasse: ____
- ☐ Sonstiges: ____

Unterrichtsfächer: (Bei Lehrkräften!)

____

STARK Verlag
Postfach 1852
85318 Freising

16-V2X

Bitte ausfüllen und im frankierten Umschlag an uns einsenden. Für Fensterkuverts geeignet.

Kennen Sie Ihre Kundennummer?
Bitte hier eintragen.

Absender (Bitte in Druckbuchstaben!)

Name/Vorname

Straße/Nr.

PLZ/Ort

Telefon privat

Geburtsjahr

E-Mail-Adresse

Schule/Schulstempel (Bitte immer angeben!)

Bitte hier abtrennen

(Bitte blättern Sie um)